ネコはどうしてニャアと鳴くの？

すべてのネコ好きに贈る魅惑のモフモフ生物学

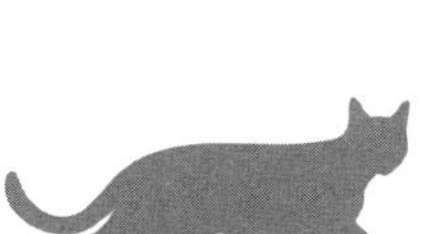

ジョナサン・B・ロソス 著　的場知之 訳

化学同人

The Cat's Meow
How Cats Evolved the Savanna Your Sofa

by Jonathan B. Losos

ネコへの愛と、そのほかたくさんのことを

わたしに授けてくれた

亡き父ジョセフ・ロソスへ

目次

1 モダン・キャットのパラドックス …… 1
ネコに魅了されたトカゲ研究者 10／新しいネコ学《アイルロロジー》 13／ネコはネコ!! 16

2 ネコはどうしてニャアと鳴くの？ …… 21
ネコはネコにニャアと鳴く？ 21／ニャアは聞き分けられる？ 24
ニャアが進化の鍵を握る？ 29／満足のゴロゴロ、懇願のゴロゴロ 33

3 優しきものが生き残る …… 37
イエネコの行動学 42／しっぽでコミュニケーション 47

4 数の力は偉大なり …… 51
イエネコの社会性 53／ネコの楽園・相島《あいのしま》 57／集団生活の優位性 62／野生ネコの定点観測 66
食料の豊富さと集団生活 71／食事をシェアするビッグキャット 73／きょうだいネコと非血縁ネコ 75

5 昔のネコと今のネコ …… 81
リビングルームのライオン？ トラ？ それともヒョウ？ 84／家畜化で腸は長く、脳は小さくなる？ 90
イエネコの祖先 94／家畜化の仮説を検証する 97

6 イエネコという「種」の起源 …… 101
ヤマネコを遺伝的に分類する 110／イエネコのルーツ 112
スコットランドヤマネコを絶滅から救え!! 115／イエネコとヤマネコの交雑 120

7 古代のネコを掘り起こす …… 125
ネコ家畜化の筋書き 125／ネコはネズミ捕りが上手くない？ 130
一番古いネコの記録 133／ネコの食べ物を推定する 138／動物考古学へのアプローチ 144

8 ミイラが明かす本当の故郷 …… 147
エジプトのネコミイラ 151／トルコ経由ヨーロッパ行き 157／ネコは広がり、日本にまで 163
ヴァイキングネコのウソ・ホント 164／世界征服への道のり 167

9 三毛柄トラがいないわけ …… 171
毛の色とネコもよう 173／魔女の相棒の悲劇 184／ネコの多様化を促すもの 186

10 モフモフネコの物語 …… 189
モフモフネコその1 メインクーン 190／モフモフネコその2 ノルウェージャン・フォレストキャット 192
モフモフネコその3 サイベリアン 193／ネコの見た目と自然淘汰 195／上書きされる人為淘汰 198

11 百花繚乱キャットショー …… 201
キャットショーで見えてくる人為淘汰 206／マンチカンにまつわる噂の検証 211
かぎしっぽはどうしてアジアに多い？ 214

12 しゃべりだしたら止まらない …… 217
愛猫ネルソンの反抗 222／サイアミーズはどうしておしゃべりなの？ 225

13 伝統品種と新品種 229
新しい品種のつくりかた 230／鼻消失事件は未解決 233／アメリカン・カールの誕生 239
新品種誕生の歩み 244／短足マンチカンとの交配 246

14 ヒョウ柄ネコと野生のよび声 251
サーバルの種間交雑 252／偶然の産物ベンガルはさらに美麗に 258／遺伝子の絵の具でデザインする 265
トラ縞模様のトイガー 270／変異にともなう負の影響 274／人間のご都合主義による悲劇 27

15 キャットアンセストリー・ドット・コム 285
ネコ遺伝学者、ライオンズ 286／ひと筋縄ではいかないウェーブヘア 289／難病ＰＫＤはヒトにもネコにも 293
血統品種と野良ネコの多様性 296／地名品種のウソ・ホント 302／遺伝子検査でわかること、わからないこと 304

16 どこ行ってたの、子猫ちゃん？ 311
追跡者を煙に巻くネコ 314／ウィンストンのお出かけ 318
キャットトラッカー・プロジェクト 321／知らぬは飼い主ばかりなり 328

17 照明、ネコカメラ、ノーアクション！ 335
ネコカメラプロジェクト：カメラ製作編 336／ネコカメラプロジェクト：動画解析編 340
ネコカメラを使ってみた！ 344／プロジェクトから見えてきたもの 347／狩りの哀しき事実 350
ネコの行動はだいたい同じ 352

18 ノネコの知られざる生活……357
オーストラリアのノネコ問題 359／動物への配慮と研究倫理 364／ネコ大移動の謎解き 366
狩りの動機は空腹、それとも本能？ 374／アライグマにネコパンチ 381

19 責任ある管理？ それとも過保護な束縛？……387
ドアの向こうへ！ 389／ネコ飼育のジレンマ 392
ネコにハンティングをやめさせる方法 396／外ネコ問題の当事者として 401

20 ネコの未来……405
剣歯ネコで億万長者を狙え 405／剣歯ネコを現代に蘇らせる方法 407／ネコの未来を変える遺伝子編集技術 409
進化の力を信じたサーベルイエネコ計画 413／ネコのサイズ革命 415／品種改良で狩猟しない都市型ネコをつくる 417
進化するノネコの生存戦略 420／イエネコから始まる適応放散 425／ネコ学者の新たな挑戦 427

謝辞 433
訳者あとがき 439
出典についての原注 461
索引 471

Chapter 1

モダン・キャットのパラドックス

ネコが大型犬サイズじゃなくてよかった、という古いジョークがある。続きは「もしそうだったら飼い主を食べてしまうから」。ネコ好きの科学者として、わたしの最初の反応は笑いで、すぐあとに「どうやったらこの仮説を検証できるだろう?」と考えはじめる。残念ながら、科学にも限界はある。体重35キロのイエネコをつくりだす方法が見つかるまで、決定的な答えは得られない。

だからといって、科学界がこの問いに沈黙を保っているわけではない。２０１４年のある研究論文は、「もしもネコがもっと大きかったらあなたは殺されている」と結論づけた、と広く報じられた。ちなみにこれは『オーランド・センティネル』紙の見出しだ。『ＵＳＡトゥデイ』紙は細部を省き、「愛猫はあなたを殺したがっているかも」と煽《あお》った。

実際の論文にそんなことは書かれていない。研究チームはイエネコからライオンまで、大小さまざまな5種のネコ科の種に見られる、攻撃性や社交性などの行動傾向を比較した。おもな結論は、性格特性に関するかぎり、サイズはどうあれネコ科にあまり違いは見られない、というものだ。わたしも動物園の飼育担当者から同じ話を聞いた。飼い猫の表情や姿勢の読み方さえ覚えれば、ライオンやトラが考えていることもわかるそうだ。研究者たちは、イエネコがもしライオン並みに大きかったら飼い主でお腹を満たそうとするはず、と主張したわけではない。飛躍した結論をだしたのはジャーナリストやブロガーだ[*1,2]。

人食いモギー[*3]がありうるかどうかはさておき、この研究は重要な事実を明らかにした。大きさにかかわらず、多くの面でネコはネコなのだ。この知見は、トラがレーザーポインターの光点を追いかけたり、ヒョウが段ボール箱に飛び込んだり、ライオンがマタタビに骨抜きにされたりするインターネット動画を見ているうちに何時間も経っていた経験がある人には、まったく驚くにあたらない。

わたしたちのルームメイトは野生の親戚とほとんど変わらない、という結論が腑《ふ》に落ちたのは、数年前に妻のメリッサと南アフリカを旅行したときだった。クルーガー国立公園の近くで夜のドライブをしていると、細身で黄褐色の、うっすらと斑点や縞模様が入った小柄なネコをよく見かけた。ネコはヘッドライトの光のなかで一瞬立ち止まったかと思うと、すぐに物陰に駆け込んだ。

最初の何匹かを見たのは宿泊先のゲームロッジのすぐそばで、大きさと外見から、わたしは公園職員のペットか、ネズミ退治のためにロッジで飼われているネコだろうと思った。いずれにせよ、アフリカの原野を徘徊するイエネコであることは間違いなさそうだった。大型肉食獣がうようよしているこんな場所では、ろくなことにならないと思ったけれど、かれらがそうしたいなら仕方ない。そんなわけで、わたしはこの放浪者たちをあまりよく見ていなかったし、あっという間にブッシュに消えても残念には思わなかった。キャンプに戻って見かけたら、ちょっとあいさつしてやるか、という程度

アフリカヤマネコ

だった。

けれどもある日、ロッジから何キロも離れた場所で例のネコに遭遇し、これはさすがに誰のペットでもないぞと、わたしは気づいた。そう、かれらは飼い猫ではなく、イエネコの祖先にあたる種、アフリカヤマネコだったのだ(この事実がどのように解明されたのか、詳しくは第6章で)[*4]。よく観察してみると、識別点は確かにあった。ほとんどのイエネコより脚が長く、尾の先端の黒がよく目立つ。とはいえ、もしキッチンの窓の外にいるのを見かけたとしても、あなたの口をついて出るセリフは「わあ、庭に綺麗なネコちゃんがいる」であって、「なんでアフリカヤマネコがニュージャージーにいるの?」ではないだろう。

行動面でも、ほとんどのイエネコは祖先とあまり変わっていない。確かにかれらはヒトに対してフレンドリー(あるいは少なくとも寛容)で、ほかのネコに対しても社交的にふるまうことがあるが、狩りや毛づくろい、睡眠、全体的な仕草といったその他の行動はヤマネコと瓜二つだ。捨てられたネコがすぐさま野山に順応し、身体に染みついた祖先の生き方に戻るのを見ても、イエネコがほとんど進化してこなかったことがわかる。

こうした理由から、イエネコはしばしば「ほとんど家畜化されていない」、あるいは「準家畜」とよばれる。家畜化とは、動植物がヒトとの相互作用を通じて改変され、ヒトにとって有益な形質を獲得していくプロセスのことだ[*5]。ここでの「改変」とは、祖先とは異なる行動的・生理的・形態的特徴をもたらす遺伝的変異を蓄積し、進化することをさす[*6]。

ネコとは対照的に、「完全に家畜化」された動物たちは、野生の原種とは大きく異なる。農場で飼われているブタ *domesticus* を考えてみよう。大きくでっぷりした体格、ピンク色の肌、くるりと巻いた尾、垂れた耳、薄い体毛。ブタは典型的な家畜動物であり、ヒトの手で形づくられ、祖先のイノシシ(*Sus scrofa*)から大幅に改変されている。あるいはウシを思い浮かべても、勇壮な野生の原種から大きく逸脱し、数千年にわたるわたしたちの選択交配を経て、肉とミルクの生産装置と化していることがわかる[*7]。同じような選択交配は、トウモロコシや小麦などの食用作物をつくりだす過程でもおこなわれ、原種とはかけ離れた植物が生まれた。

けれども、イエネコにはこれがあてはまらない。毛の長さや色、手触りのバリエーションといった「塗装」の下を覗《のぞ》いてみれば、大多数のイエネコはヤマネコとほとんど区別がつかない。たいていの家畜動物とその原種のあいだに見られる、数多くの形態的、生理的、行動的特徴の顕著な相違が、ネコには存在しないのだ。

近年のゲノム研究もこの見方を裏づけている。イヌとオオカミの分岐は多くの遺伝子から見てとれるが、イエネコとヤマネコで違いが見られる遺伝子はほんのわずかだ。ネコは本当に、ほとんど家畜化されていないのだ。

だが、この結論には重要なただし書きを添えなくてはならない。ネコのなかのごく一部は特定の品種に属する(残りは「ドメスティック・ショートヘアおよびロングヘア」という、「雑種《マット》」を丁寧にい換えたカテゴリーに一緒くたに放り込まれる)[*8]。品種とは、ひとまとまりの明確な特徴によって、同種他個体と区別される個体の集まりのことだ。品種の固有性は、何世代にもわたって同一品種の個体どうしを交配させることで維持され、これにより固有形質と結びついた遺伝子が品種全体にしっかりと定着する[*9]。

ネコの品種の固有性はまちまちだ。標準モデルからほとんど変化していない、典型的なイエネコに見える品種の場合、ちょっと体毛がカールしていたり、耳が垂れていたりといった程度の違いしかない。

一方、祖先の外見や行動から大きく逸脱した品種も少なくない。こうした品種の個体をアフリカのサバンナで見かけても、アフリカヤマネコと間違えることはありえない。

それどころか、一部の品種は標準的なイエネコと顕著に異なるだけでなく、オセロットやライオンやトラを含めた、ネコ科のすべての種と比較してもきわめて異質だ。いい換えれば、数百万年にわたるネコ科の進化が生みだしてきたものとは似ても似つかないネコが、選択交配によってつくられたのだ。

ここにネコのおおいなる謎がある。ほとんどのネコは原種からあまり変わっていないが、一部の少数派は劇的な変化をとげた。ネコはいったいどんなふうに、高速でも低速でも進化してきたのだろう？ *Felis catus* ことイエネコが、一枚岩にまとまって進化しているわけではないことは明らかだ。反対に、ネコのなかに複数の集団が存在し、それぞれが大きく異なる形で進化を続けているのだ。

その理由を考えるにあたっては、わたしたちの身のまわりで暮らすネコを複数のカテゴリーに分けて考える必要がある。第一に、家庭で飼われているペットのネコは、特定の品種に属する個体とそうでない個体に分けることができる。第二に、飼い主のいない、誰の家でも暮らしていないネコも、同じく2つのグループに大別される。完全に自力で生活しているネコと、ヒトから餌をもらい、少なくともある程度の世話をされているネコだ[*10]。

ネコがこうした集団ごとに異なる形で進化している可能性を踏まえると、未来に関する疑問が湧いてくる。ネコがサバンナを捨てて人為環境を選んだいま、わたしたちは種の起源、つまりイエネコが複数の系統に分岐し、それぞれが独自の進化の道程へと踏みだす瞬間に立ち会っているのだろうか？

こうした問いに取り組むために、それぞれのグループに対して作用する淘汰を考えてみよう。まずは特定の品種のネコからだ。チャールズ・ダーウィンは、動植物の育種家の仕事が、自然界で起こっている現象と相似の関係にあることを見抜いた。特定の形質をもつ個体は、それをもたない個体と比べて長生きし、多くの子を残す。もしもこうした形質に遺伝的基盤があれば、つまりその形質をもつ個体がもたない個体とは異なるバージョンの遺伝子をもっていれば、こうしたバージョンの遺伝子とそれがつくりだす形質は、次世代では集団内でより多く見られるようになる。このような淘汰が無数の世代にわたって繰り返されることで、ときに劇的な変化が生じる。これが自然界において自然淘汰を通じて種が進化するしくみであり、同じプロセスはヒトの手に委ねられた場合は人為淘汰とよばれ、新品種の作出と改良の基礎をなしている[*11]。

育種家がなぜ特定の形質を固定しようとするのか、そもそもなぜ新品種をつくりたがるのかという問題は、ここではいったん脇に置く。注目すべきポイントは、品種改良は進化のプロセスであり、まったく新しい特徴や、既存の特徴の新しい組合せを備えた動植物をつくりだすということだ。同じ品種の個体はすべて、こうした特徴を生みだす遺伝子をもっているため、品種の固有性は現在の世代から次の世代へと受け継がれる。だからこそ、育種家は特定個体の「血統」を重視する。血統はその個体の祖先を何世代もさかのぼっても同じ品種の個体ばかりであることの証明であり、だからこそ個体が確実に品種固有の特徴を示すと考える根拠になるのだ(こうした理由から、本書では特定品種に属するネコを「血統ネコ」とよぶ)。

だが、飼い猫のほとんどはどの品種にも属さない(アメリカで家庭飼育されるネコの85%、これに対して家庭犬では50%以下)。このカテゴリーには、家庭で飼われているほとんどのネコに加え、ペットショップやアニマルシェルターにいるネコの大多数が含まれる。複数品種の遺伝的ミックスである場合もあるが、血統が一切不明というケースのほうがはるかに多い。集団全体で見ると、かれらを定義する特徴はイエネコであるという以外に何もない。「うちのネコはドメスティック・ショートヘア」

といわれてわかることは、そのネコが短毛であることだけだ。対照的に特定の品種、たとえばシンガプーラを飼っているといわれたら、すぐにそのネコがどんな外見をしているかを思い浮かべることができるし、行動パターンの一部でさえ予測できる。

わたしたちの疑問に深くかかわる重要な事実として、アメリカでは家庭で飼われるネコの大多数（90％以上）が避妊・去勢手術を受けており、したがって次世代に遺伝子を受け渡さない。かれらは進化の袋小路だ。わたしたちの家にいるペットのネコはアフリカヤマネコを祖とする進化の産物だが、ほとんどは種の進化の未来を形成するプロセスに関与しないのだ。

むしろ、非血統ネコの繁殖の大部分は、家の外の路地や林や畑で、誰にもコントロールされずにおこなわれる。誰が子を残し、誰が残さないかを決めるのはネコ自身であり、そこに人為淘汰ははたらかない。繁殖個体と非繁殖個体を選別するのはわたしたちではないので、わたしたちが好みそうな形質が選択されることもない。

こうしたネコたちの一部は完全に自立し、人びとから離れて干渉を受けずに暮らしている。かれらの生活は祖先のヤマネコときわめてよく似ていて、自然淘汰はかれらのあるがままの姿を保存し、数百万年にわたるヤマネコの繁栄の方程式をなぞるように作用すると予想される*[12]。

一方、飼い主のいないネコの多くはヒトの近くに棲み、ヒトとしばしば相互作用し、ヒトから餌をもらう。こうしたネコたちには複合的な淘汰圧がはたらき、一面では野外のサバイバル生活に役立つ祖先のヤマネコの特徴が保存されるが、別の面では人間のそばで生活し餌をねだるのに有利な特徴が選択されると考えられる。

もちろん、ただ想像するだけでなく、こうしたネコたちにはたらく自然淘汰に関する科学的データはあるほうが望ましい。後述するように、自然淘汰がネコの集団に与える影響を観測した研究は驚くほど少ないが、いまや状況を変えるのに機は熟している。

そういうわけで、現代のネコの世界は分断されている。ひとつの枝は進化の新たな領域に入りつつあり、地球史上かつてない姿のネコが生みだされ、完全な家畜とよぶにふさわしい品種さえつくられている。一方、多くのネコは祖先と大差ないライフスタイルを維持し、自然のなかで風雨に耐えながら、他種と相互作用し、生態系に影響を与えている。かれらの性生活を管理するのはかれら自身であるため、かれらは進化の未来の道筋をみずから選び、驚くにはあたらないが、由緒正しきヤマネコの青写真を踏襲しつづけている。中間にある第三の枝は先のふたつの折衷案であり、野外の過酷な生活に適応しつつ、ヒトを食料供給源として活用する、飼い主のいないネコたちがこれにあたる。

ネコがこの進化の三叉路までの道程をどのように歩んできたかが本書のテーマだ。自然淘汰と人為淘汰が、過去数千年にわたりどのように作用して現代のネコをつくりあげ、いま現在もネコを変えつつあるのか、ネコはどのように周囲の環境と相互作用しているのか、イエネコ *Felis catus* の未来に何が待ち受けているのかについて、じっくり考察していきたい。

ネコに魅了されたトカゲ研究者

それはいいとして、進化生物学者でトカゲの環境への適応を専門に研究しているわたしが、どうしてこんな本を書くことになったのか? 告白すると、わたしは5歳のとき、母に連れられてミズーリ動物愛護協会を訪ね、1匹のサイアミーズを父の誕生日のサプライズとして里子にもらったとき以来、ずっとネコが大好きなのだ。仕事から帰ってきた父がキッチンに向かったとき、わたしはひょろひょろの脚の後ろにタミーを隠そうとしたが、ニャアニャア鳴く声でサプライズがばれてしまったのを、いまもよく覚えている。あれからずっと、わたしはネコに首ったけだ。

けれども、進化生物学者として歩みはじめたとき、わたしにネコを研究するという発想はまるでなかった。かれらの名高い隠密行動は、自然のなかで動物たちの日常生活を観察したい人びとにとって魅力的とはいえない。その点、トカゲはずっと扱いやすそうに思えた。数が多く、見つけやすく、フィールドでもラボでもさまざまな操作ができる。わたしはトカゲを選び、後ろを振り返ることはなかった。キャリアを積み重ねるなかで、わたしがネコに学術的関心を向けることはあまりなかった(隙あらば撫《な》でてはいたが)。ネコ研究はあまりさかんでなく、ひと握りの進行中の研究もあまり面白いものではない、というのがわたしの印象だった。

だが、わたしは間違っていた。わたしは数年前にようやく、イエネコを調べる研究者たちもまた、わたしのような進化生物学者がトカゲ、ライオン、ゾウ、その他の野生動物の研究に利用する、ありとあらゆるアプローチを駆使していると知った。ネコカメラ、GPS追跡、ゲノムシークエンシングといった多様な手法に、わたしは驚き目を見張った。こんなに多くの科学者たちがネコに関心をもち、ヒトの小さな友について生物学的知見を積み重ねているなんて、誰が想像しただろう?

そしてわたしは、控えめにいっても最高のアイデアを思いついた。大学1年生向けの講義のテーマを、ネコの科学にしよう。狙いは、ネコの話題で学生たちの注意を惹きつけておいて、ネコについて学んでいると思っているかれらが気づかないうちに、生態学、進化学、遺伝学の最先端研究にたっぷり親しんでもらうことだ。

この作戦は魔法のようにうまくいった。12人の聡明なハーバードの新入生たちがわたしの講義を受講した。講義では、エジプト考古学者をゲストに迎えて古代のネコについて話してもらったり、ケープコッドでキャットショーを観覧したり、フォッグ美術館でネコの肖像画を調べたり、ボストン南部の空き家の裏で明け方に野良ネコに餌をやったりした。わたしたちはネコについて多くを学び、もちろんその過程で、学生たちは現代の生物学者が生物多様性を研究する手法を学んだ。

それだけでなく、意外なことも起こった。ネコを題材に学生たちに科学を教えるつもりだったわたし自身も、ネコの科学に夢中になったのだ。

わたしはとりわけ、現代のネコの品種の多様性に魅了された。わたしの研究の大部分は、トカゲが数千年から数百万年の時間をかけて、ひとつの祖先種からたくさんの子孫種へと分岐し、それぞれが自然環境のなかの異なる部分に適した形態や行動へと特化していく過程(専門用語では「適応放散」とよばれる現象）に着目したものだ。それに比べ、数千年どころか数十年のあいだに形成されたネコの多様性は、驚異的というほかない。

『ナショナル・ジオグラフィック』の1938年11月号にはネコについての記事があり、ペルシャとサイアミーズの写真が添えられているのだが、どちらも大差ない見た目をしている。だが、現代の両品種を見たら、誰もそんなことはいわないはずだ。わずか85年のあいだに、サイアミーズはちょっと頬がこけている以外はありふれた外見のネコから、並外れて手足が長く、スレンダーで、「妖艶な」ネコになった。頭の形はまるで槍の穂先で、誰かが1938年のサイアミーズを捕まえて、鼻先をぐっと引き伸ばして眼から離したかのようだ。一方、ペルシャは真逆の方向に改変されて、寸詰まりの体格のがっしりしたネコになり、鼻はないに等しい。いい換えれば、たった数十年のうちに育種家はこの2品種のネコの形態を、互いと似ても似つかないものへ、そしてネコの歴史上類を見ないものへと変化させたのだ。加えて、短足品種のマンチカンを思い浮かべてみてほしい。もしも古生物学者がこんな形態をしたネコの化石を発見したら、きっと *Felis catus* とはまったく違う何かに分類するだろう。

要するに、ネコは進化的多様化の見事な実例であり、それが異例のスピードで進行してきたことも含めて、科学研究の題材にふさわしいのだ。このことに気づいたわたしは、トカゲ屋の仕事を辞めはしなかったものの、いまではネコ研究にも手をだし、かれらがどのように進化してきて、これからも進化を続けるのか、それが進化のプロセス全般にどのような示唆を与えるのかを考察し、探究に勤しんでいる。

新しいネコ学《アイルロロジー》

ネコ研究者たちはひどくイヌを羨んでいて、それにはもっともな理由がある。イヌは実験科学者と、その研究成果を報じるジャーナリストの寵愛を受けている。『ニューヨーク・タイムズ』のいうとおりなら、イヌ研究は現代科学のカッティングエッジであり、ネコ研究は中世にとどまっている。確かにイヌ研究は、遺伝学などいくつかの分野で重要な進展をとげた。だが、メディア露出こそ少ないものの、ネコ研究もイヌに引けを取らないくらい充実しており、イヌ研究と同じ分野だけでなく、イヌでは未開拓の分野でも成果を積み重ねている。わたしたちはいま、多くの面で、愛しのペットの科学的理解がおおいに進展する黄金時代にいる。驚異の現代技術のおかげで、ネコが秘めてきた多くの謎が、新世代のネコ学《アイルロロジー》[*13]研究者の手で急速に解明されつつあるのだ。

こうした研究の成果は本書の題材だ。現代のネコを理解するには、かれらのルーツを知る必要がある。祖先は誰で、なぜ、どんなふうに変化してきたのか。考古学や遺伝学、行動観察、音響スペクトル分析は、ネコが過去1万年のあいだにどう進化してきたかを明らかにする調査手法のごく一部だ。ネコが周囲の環境と相互作用する方法を探るため、研究者たちが利用しているハイテクアプローチも紹介しよう。裏口からするりと抜け出たあと、かれらがどこで何をしているかに関する研究だ。自然環境の健全性はこうした議論の核心であり、ネコが他種に与える影響と、わたしたちがこの問題にどう対処すべきかについても検討する。最後には総括として、ネコの未来に思いを馳せ、ネコの世界がどこへ向かうのか、どんな可能性が待ち受けているのかを考察したい。

加えて本書では、ネコについてわかっていないことにも注目したい。ネコに特化した無数の書籍やウェブサイトや雑誌にはいくらでも情報があふれているが、一科学者として、わたしはもどかしい思いをすることが少なくない。事実と都市伝説を切り分けるのが難しいのだ。たとえば、多くのネコの品種名を考えてみよう。エジプシャン・マウは本当に、ファラオが愛したネコからほとんど変わっていない直系の子孫なのだろうか？ それにペルシャ、アビシニアン、サイアミーズ、バリニーズは、それぞれの名前が示す土地の出身なのだろうか[*14]？

わたしはまた、ネコたちが見せる突飛な行動について、キャット・ウィスパラー〔動物と心が通じ合える人〕が語る進化的説明にも疑問を抱いている。愛猫のベラがあなたの枕元に死んだネズミを置くのは、本当にあなたの狩りのスキルを高めてあげようという親切心からなのだろうか？ ネコが窓に向かって口をぱくぱくさせるのは、外にいた鳥を見たことで獲物を解体するときのすばやい顎の運動が誘発されるからというのは本当か？ それに、あなたのお腹でパン生地をこねるのは？ かわいくてちょっと鬱陶《うっとう》しいのはさておき、なぜあんなことをするのだろう？ 進化的なぜなぜ話をでっちあげて、ある生物がある固有の特徴をもつ理由を説明するのはたやすい。けれども、こうした考えを科学的に検証するのは、たいていはるかに難しい。そのため、わたしたちはネコの進化の道程についてわかっていることだけでなく、まだ解明されていないことや、科学が永遠に答えをだせそうにない疑問についても、考慮する必要がある。

もちろん、ネコの進化の叙事詩にはネコだけでなくヒトも登場する。これから見ていくように、数千年にわたって、わたしたちの役割は意図を伴わないものだった。運転席に座るのはネコで、気の向くままに進化してきたかれらは、やがてわたしたちの近くに暮らすようになった。だが、直近の150年で主役と脇役は入れ替わり、わたしたちはネコの進化を――少なくとも一部のネコの進化を――これまでにない新たな方向へと追いやった。ネコ愛好家がなぜ、どのように新品種を作出するのか、そのしくみについて科学で何がわかるかについて、掘り下げていこう。

血統ネコのブリーディングや購入は、一部の界隈でおおいに批判を浴びている。こうした批判についても吟味するが、確かに的を射たものもある。同時に、選択交配によって現代世界で家畜動物として生きるのにより適したネコをつくりだせる見込みはあるのか、という観点からも考察していく。

いうまでもなく、本書の主役はネコたちだ。かれらを理解するために、かれらが暮らし、かれらを対象とした研究がおこなわれる場所を訪れよう。郊外住宅の寝室から、実験室、島のリゾート、オーストラリアのアウトバックまで。そこではネコの世界にどっぷり浸かり、さまざまな理由からみずからの人生をネコに捧げるようになった、科学者やブリーダーといった人びとにも出会うだろう。

ネコはネコ!!

人びとはネコに強い思い入れをもっているので、ネコをどうよぶかはときにやっかいな問題になる。ネコを「ペット」とよぶことにさほど異論はないだろう。だが、この関係の人間側はどうよぶべきなのか？「イヌには飼い主が、ネコには下僕がいる」といういい回しは定番だが、冗談はさておき、多くの人びとは、ともに暮らすネコを所有物というより、友達や家族に近い存在とみなしている。そのため、「キャット・オーナー」という表現は多くの界隈では廃《すた》れている。

代わりに人気を博しつつある表現は「ペット・ペアレント」だ。こうした表現を好む人がいる理由はわかるけれど[*15]、本書では使用を避ける。というのは、わたしはネコが小さなライオンでも、小さなヒトでもないという説明に力を入れたいからだ。ネコはネコなのだ！

「友達」、「伴侶」、その他さまざまな単語もよく使われる。わたしの考えでは、これらはいずれも一抹の真実を含むものの、どれも完璧とはいえない。本書ではこうしたさまざまな単語を同義とみなし、互換的に使用する。

わたしにとっては、ネコはモノではないと強調することのほうが重要だ。かれらは生命と意識をもち、わたしたちはそうした前提に基づいてかれらと相互作用する。そのため、ネコを示す代名詞として「それ(it)」は使わない。「彼／彼女(he／she)」やその他のぎこちない決まりごとを避けるため、ネコ一般を示す代名詞については、偶数章では女性形、奇数章では男性形を用いる。もちろん、特定のネコの個体の話をするときは、実際の性別に従った代名詞を用いる。

もうひとつ、種名をどうするかという問題もある。学術的には *Felis catus* が万能だが、日常表現ではどうしたらいいだろう？ わたしは昔から「イエネコ(housecat)」というよび方に慣れ親しんできた。だが、なかにはこの表現にカチンとくる人もいるようだ。『ナショナル・ジオグラフィック』のウェブサイトに寄稿した記事で「イエネコ」という単語を使ったところ、1通の横柄な手紙が届いた。それによると、この単語は完全室内飼育のネコだけをさすものだという[*16]。手紙の送り主や、彼に賛同する知ったかぶりの人びとの意見は尊重するが、現実にはイエネコ(housecat)という単語は、暮らしぶりを問わず *Felis catus* のすべての個体をさすことが多い。また、同じくイエネコを意味する“domestic cat”という表現も広く使われるが、わたしの感覚では味気なく、ときに紛らわしく思える。すべてのネコのうち、かなりの数の個体については、とても「家庭的(domestic)」とはいえないからだ。

もちろん、わたしたちが普段そうしているように、ただ「ネコ」とよぶこともできる。だが、この単語はライオンやオオヤマネコも含めた、ネコ科に含まれるすべての種をさす場合もある(なぜイヌにはイヌ科のほかの動物とは別の名前が与えられ、ネコはそうならなかったのかは興味深い疑問だが、ここでは深入りしない)。

解決策は？ 本書では、これらすべてを互換的に用いる。何をさしているかが明らかなときには「ネコ」を優先的に使うが、ネコ科のどこまでをいっているのか紛らわしくなりそうな場合には「イエネコ」を意味する2つの表現(housecat/domestic cat)を気分で使い分けた。

最後に、生活様式の違いによってネコをよび分ける表現には無数のバリエーションがある。それぞれの定義は微妙に異なり、そのせいでカテゴリーが乱立しているのだが、まずは単純に「ペット」と「飼い主のいないネコ」に（両者のあいだにグレーゾーンがあることを認識しつつ）分けることにした。「飼い主のいないネコ」のうち、大規模集団で生活し、人びとに餌をもらっているものは、「コロニーネコ」とよばれる。完全に自立し、ふつう単独で、人から給餌やその他の世話を受けずに生活しているネコは「ノネコ」と表現するが、ここでもノネコとコロニーネコの境界線はときに曖昧であることには留意が必要だ。一般に、「野良ネコ」と「ノネコ」の違いとして、前者が過去の相互作用の結果としてヒトに馴れているのに対し、後者はそうではなく、ヒトの存在に恐怖反応を示す点があげられる。長く放っておかれた野良ネコは、社会化の効果が薄れ、ノネコになることがある。

用語解説はここまで！ ネコに関する本のほとんどは古代エジプトで幕を開け、アフリカヤマネコがいかにしてヒトのそばで暮らすようになり、やがて家畜化されたかを解説する。最初はネズミ捕りだったのが、のちにペットとなり、ついには神と崇められた、といった具合だ。魅惑の物語で、本書でものちに取り上げる。だが、ここでは趣向を変えて、最初に現代のネコの話をしようと思う。

すでに述べたとおり、ほとんどのネコは祖先からあまり変化していないが、だからといってまったく進化してこなかったわけではない。最初の話題は、非血統ネコに共通する数少ない祖先からの変化、ネコの家畜化の「準」の部分だ。多くの種において、家畜化プロセスの最初のステップは行動と気質の変化だった。そんなわけで、わたしたちの出発点となるのは、アフリカヤマネコの血を引く*Felis catus*が進化によって獲得した特異な行動だ。

＊1　人食いの話題については、こうしたジャーナリストの多くが指摘するとおり、人が自宅で亡くなって誰にも気づかれなかった場合、イヌはネコよりもはるかに頻繁に飼い主の遺体を食べる。たとえば、ある医学誌には、イヌが遺体を食べた身の毛もよだつようなケーススタディが3件も掲載されているが、ネコは1件だけだ。

＊2　脚注の脚注：わたしの頭はネコに関するありとあらゆる魅惑の情報や洞察でいっぱいだ。関連の薄い情報や、追加のディテールの部分は脚注に移すことにした。無視してもかまわないが、楽しい話題を見落とすことになる、とだけいっておこう。出典とコメントは巻末の参考文献に記載した。さらに詳細な参考文献のリストが必要な方は、以下をご覧いただきたい：www.jonathanlosos.com/books/the-cats-meow-extended-endnotes.

＊3　イギリス人以外の読者へ：モギー（moggy）はイングランド英語でネコを意味する単語で、とくに非血統ネコをさす。

＊4　後述するが、近年の研究により、かつてアフリカヤマネコとして知られていた動物は、実際には遺伝的に異なる2つの系統からなることがわかった。キタアフリカヤマネコ〔リビアヤマネコ〕とミナミアフリカヤマネコ〔狭義のアフリカヤマネコ〕だ。2種は非常によく似ていること、また古い文献は両者を区別していないことから、本書では「アフリカヤマネコ」の表現を多用した。

＊5　学問の世界における多くの物事がそうであるように、家畜化の定義は何か、家畜化された種はそのプロセスからなんらかの恩恵を得たのか、その他の家畜化に関連する話題については論争が尽きない。こうした議論の入口となる文献を巻末の参考文献にあげた。

＊6　進化の生物学的定義は、生物集団における遺伝的基盤をもつ経時的変化だ。家畜化によって生じるこのような変化は、自然界で進行する変化と同じように、まぎれもなく進化である。

＊7　たとえば、現代のウシは巨大な乳房をもち、1日に30リットルもの牛乳を生産できる。これに対し、ウシの祖先のオーロックスの乳房はほとんど目立たなかった。

*8 「ランダムブレッド(randombred)」という表現もある。

*9 より厳密な定義では、「品種」とは「動植物のあるひとつの種に含まれる集団のなかで、顕著な特徴をもち、ふつう人間が選択交配によって作出し維持するもの」となる。第13章と第14章で解説するように、品種の作出と維持はときに、ここでわたしが説明したよりもずっと複雑なものになる。

*10 飼い主のいないネコをさらに細かくたくさんのカテゴリーに分ける考えもあるが、ここで示した二分法により、本書の目的に沿って重要な違いを抑えることができる。

*11 じつは、ダーウィンが『種の起源』で提示した自然淘汰の作用に関する証拠のほとんどは、農家や愛好家による選択交配の事例に基づくものだった(当時は自然のなかで進化を研究する人が誰もいなかったのだから当然だ)。ダーウィンはのちに、全編にわたってこのテーマを掘り下げた著書『家畜と栽培作物における変異』を上梓した。

*12 同じ姿を保とうとする淘汰のことを「安定化淘汰」という。

*13 残念ながら、英語にはネコの研究を意味する単語が欠けている。ネットでは「felinology」という単語が散見されるが、言葉をつくるなら正しい方法をとるべきだ(“felinology” はギリシャ語とラテン語の混成)。「ailurophile」や「ailurophobia」は辞書に掲載された正式な単語で、それぞれネコ好きとネコ恐怖症を意味し、古代ギリシャ語でネコをさす単語 αἴλουρος[ailouros] に由来する(文字どおりの意味は「尻尾を揺らすもの」)。となれば、ネコの研究は「ailurology」とよぶべきだろう。

*14 ネタバレ：答えは「なさそう」、「ある意味」、「ややこしい」、「イエス」、「ノー」だ。

*15 このよび方をひどく嫌う人もいる。気になる方はちょっとググって、剣呑なネット議論を覗いてみてほしい。

*16 ナショジオのウェブサイトでは、タイトルには “house cat” が、本文では “housecat” が使われた。ここから、イエネコをさす英語表現には等しく一般的な2つの綴りがあることがわかる。本書では、種全体をさすときは “housecat” に統一し、“house cat” は完全に室内だけで生活するネコに限定して用いた。

Chapter
2
ネコはどうしてニャアと鳴くの？

ニャアアアォオ！

ネコと暮らしたことのある人にも、そうでない人のほとんどにも、おなじみの鳴き声だ。ニャアはネコの典型的な行動形質であり、多くの人びとにとってネコを定義する決定的な特徴だ。だが、ネコはニャアと鳴くとき、誰に何を伝えようとしているのだろう？ もしわたしたちに話しかけているのだとしたら、ニャアは家畜化の過程で進化したイエネコの形質といえるのだろうか？

ネコはネコにニャアと鳴く？

わたしは昔から、ネコはネコどうしでニャアニャア鳴き交わしてコミュニケーションをとるもので、ただ仲間の枠をヒトにまで拡大しただけなのだろうと思っていた。ところが、専門家の見解は違う。ネコのコミュニケーションに関するどの総説論文を読んでも、おとなのネコどうしが相互作用するときにニャアと鳴くことはほとんどないと書かれている(その他の発声は、とくに友好的でないやりとりの際によく聞かれる)。

ただし、これらの論文にはひとつ妙なところがある。科学者は論文のなかで何かを断言するとき、その根拠となるほかの論文を引用する(論文のなかで自分自身が提示したデータの解釈を述べる場合は例外)。そして、ネコがネコにニャアと鳴くことはめったにないという論文の記述はどれも、たったひとつの研究に基づいているのだ。

ということは、ネコどうしではめったにニャアと鳴かないという主張の根拠は、イングランドで野外生活する避妊去勢されたネコのコロニーを対象におこなわれた、たったひとつの研究しかないことになる。この研究の知見を疑うわけではないし、確かにうちのネコたちが互いにニャアと鳴き交わしているのを聞いた記憶はない(シャーや唸り声はときどきある)。

それでも、野外コロニーでのひとつの研究結果を、家庭で暮らすすべてのネコにあてはめることがはたして妥当なのかという思いはある。そこから一歩踏み込んで、もしほかのネコに話しかけるネコがいるとしたら、どんなネコだろうと考え、そして閃《ひらめ》いた。サイアミーズ(シャムネコ)に決まってる！かれらはネコ界きってのおしゃべりで、ひっきりなしにヒトに話しかけることで有名だ。でも、ほかのネコに対してはどうだろう?

あいにく厳密な科学的調査をする時間も予算もなかったので、わたしは次善策をとった。Facebookで手軽なアンケートをとったのだ。「サイアミーズ・キャッツ」という非公開グループのフィードに、わたしはこんな投稿をした。「サイアミーズは飼い主によく話しかけることで有名ですが、みなさんのネコはほかのネコにもニャアと鳴きますか？」

結果は一方的だった。41人の回答者のうち28人（68%）が、自身のペットのサイアミーズはほかのネコにもニャアと鳴くと答えたのだ。また「鳴かない」と答えた人の多くは、飼っているサイアミーズはネコに対し、その他の音声（「チャープ」とよばれる甲高く短い声など）を発することはあるが、ニャアとは鳴かないと答えた。

「鳴く」と答えたサイアミーズ愛好家全員が、ほかのタイプの発声を「ニャア」と聞き間違えたことはありうるだろうか？ネコと同居するかれらは、動物行動学の訓練を受けていないせいで、ジャスミンがシーバにニャアと鳴いたという誤った結論をだしたのだろうか？

そうかもしれない。だが、ペットと一緒に長く暮らしている人たちは、自分のペットのことをよくわかっている。回答者の3分の2がネコどうしでニャアと鳴くと答えたのなら、それが事実である可能性は真剣に考慮するに値する。

サイアミーズが本当に互いに話しかけているという主張を支える根拠が2つある。「鳴く」と答えた28人のうち10人が、家のなかでほかのネコの姿が見えないときにニャアと鳴いて、相手を見つけようとしたと答えた。加えて、「鳴く」と答えた何人かは、サイアミーズが大声でニャアと鳴くと、ほかのネコが声の主のところへ駆けつけたと回答した。

本筋ではないが、調査ではもうひとつ面白いことがわかった。数人の回答者が、サイアミーズは飼い犬にもニャアと鳴いたと答えたのだ！

この結果について、何人かのネコの社会行動・コミュニケーションの専門家の見解を尋ねたところ、納得できると賛同が得られた。[*1] ネコがヒトに対してはるかに頻繁にニャアと鳴くのは事実だが、ときにはほかのネコにも(そしてイヌにも)、とくに相手を見つけたいときに鳴くことはあるようだ。

とはいえ、種間コミュニケーションに関する疑問は残る。ネコは同じネコよりも、ヒトに対してよくニャアと鳴く。つまり、単にわたしたちを同族として扱っているわけではない。ネコはわたしたちに何を伝えたいのだろう？

ニャアは聞き分けられる？

ネコと暮らしたことがある人なら誰でも、「どんな場面もこれひとつ」の万能ニャアがあるわけではないと知っている。ネコは多様なボキャブラリーをもち、状況に応じて異なる音声を使い分ける。ほかの動物にもこうした音声レパートリーがある。イヌの吠える声は状況によって異なり、サルは天敵のタイプに対応した複数の警戒音声をもっている。

わたしなら、賭けろといわれたら(いわれなくても喜んで！)、ネコのさまざまなニャアにはそれぞれ違った意味があるという主張にまとまったお金を積むだろう。そして、コーネル大学のある大学院生も、わたしと同じほうに賭けた。

ニコラス・ニカストロは、ヒトの言語の進化を研究するつもりで大学院に進学した。だが、人類学科はアカデミックな内輪揉《も》めとポリティカル・コレクトネスに分断されていると知り、彼は心理学科に籍を移して、霊長類を対象とした研究計画を立てた。

ある日の午後、彼が動物のコミュニケーションの専門家である指導教員と話していたときのことだ。動物の鳴き声にはなんらかの情動的内容は含まれていても、言語に似た要素は一切ないと、教授は断言した。ニカストロはこれに反論し、ネコに囲まれて育った経験から、異なるニャアにはそれぞれ意味があると思うと主張した。指導教員は納得せず、こうして賭けが決まった。霊長類の代わりに、ネコのコミュニケーションが彼の博士研究のテーマとなった。

ニカストロは自身の2匹の飼いネコに加え、彼の友人や親戚と暮らしているネコたちのニャアを録音した。録音の際にはネコが暮らす家を訪れ、ネコが彼の存在に慣れるまで、通常1時間ほど待った。ネコから1・8メートルの場所にマイクを置き、同居するヒトに対して友好的にふるまっているときのニャア、餌をもらう直前のニャア、強めにブラッシングされているときのニャアを録音した。加えて、ネコがドアまたは窓の向こう側に行きたがっているとき、なじみのない環境(具体的にはニカストロの車のなか)に置かれたときのニャアも録音した。

協力的とはいえないネコたちがニャアと鳴くまで、ただ無為に待たされることも少なくなかった。また、ブラッシングの際、ニカストロはわざと毛の流れに逆らって手を動かし、いらだちや不快感を示すニャアを引きだそうとしたのだが、代わりに何度か噛まれるはめになった。とはいえ、それ以外の作業は順調に進み、ニカストロは500以上のニャアを記録した。

彼の疑問はシンプルだ。ヒトはネコの鳴き声を聞いて、それが発せられた状況を正しく特定できるのか？ 授業の単位につられた大学生19人と、謝礼にチョコレートをもらった若者9人が実験に参加した。参加者たちは実験室を訪れ、ヘッドホンを装着し、1度にひとつずつネコの声を聞いた。そしてコンソールのボタンを操作し、ニャアが発せられた状況を推測した。

全体として、参加者たちの状況推定能力はあまり高いとはいえなかった。正答率は27％だったが、選択肢は5つなので、単なる偶然でも20％は正しい状況を選ぶことができた。ネコとの生活経験が長い参加者や、大のネコ好きを自称する参加者のほうが成績はよかったものの、最高成績の参加者(ネコと長く一緒に暮らし、大のネコ好きで、日常的にネコと触れ合っている女性)でさえ、正答率は41％にすぎなかった。ニカストロはニャアの意味をめぐる賭けにこそ負けたが、すばらしい博士論文を仕上げた。

同様の結果が、イタリアでの別の研究でも追認された。こちらでは、参加者はネコが餌をもらうのを待っているときのニャア、初めて来た家の部屋に入れられたときのニャア、同居人に優しく撫《な》でられたときのニャアの聞き分けに挑戦した。全体として、正答率はランダムに答えた場合と差がなかったが、女性は男性よりやや正答率が高く、ネコと暮らした経験がある人はそうでない人よりも状況を正しく推定できた。

これらの結果から、ネコがどんな文脈でニャアと鳴いたのかを区別するヒトの能力はあまり高くないことが示唆される。どんなネコもそれぞれに異なるニャアの豊富な語彙《ごい》をもっていることは確かなので、この結論は不可解だ。そのうえ、イヌの状況別の吠え声を弁別させた同様の研究では、参加者ははるかに正確に文脈を特定することができた。なぜヒトは、ネコがいいたいことを理解できないのだろう？

その答えは、２０１５年にイングランドでおこなわれた研究で明らかになった。研究チームはニカストロと同じようなアプローチを採用し、飼い主の家を訪れて、４つの異なる文脈でのニャアを録音した。[*2] そのあと、実験参加者の前で音声を再生し、それぞれが発せられた文脈を正しく推定できるかを検証した。ただし、ニカストロの研究との重要な違いがひとつあった。参加者のなかに、声を録音したネコの同居人も含まれていたことだ。

参加者たちは同居するネコの声を聞いた際にはそこそこの識別能力を発揮し、60％の試行で正しい文脈を選んだ。対照的に、知らないネコのニャアの場合、正答率はわずか25％で、ランダムに回答した場合と同じだった。

この結果から、ネコは個体ごとに異なる状況に応じて使い分ける特定のニャアの声をもち、そのネコと一緒に暮らしている人物は、学習を通じてそれぞれのニャアの意味を区別できるようになることが示唆される。ただし、こうした鳴き声は個体に固有のものだ。このタイプのニャアは「おなかすいた」、こっちのタイプは「怖い」というような、普遍的ネコ語があるわけではない。

このような違いが生じるメカニズムはわかっていない。ネコはいろいろな鳴き声を試して、特定の状況で同居人の反応がもっともよかったものを使うようになるのではないかと推測する研究者もいる。納得のいく説明だが、わたしの知るかぎりデータの裏づけはない。理由はともあれ、結果として個々のネコとその同居人は、プライベートな語彙を共有することになる。

このような解釈は、わたしたちが「ニャア」とよぶ発声にだけあてはまるものであることに注意してほしい。ネコはニャア以外にもさまざまな声をだし、そのなかの一部(たとえば「シャー」や唸り声)の意味は、誰の耳にも明らかだ。ネコの発声に関する世界的権威で、ほまれ高きイグノーベル賞(「人びとを笑わせ、考えさせる研究」に与えられる)の受賞者でもあるスウェーデンのネコ学者スザンヌ・ショッツによれば、ネコの基本的な鳴き声はニャア、トリル〔口を閉じたまま出されるルルルルという高い声〕、ハウル〔オオカミの遠吠えのような長く揺らぐ声〕、唸り、シャー、ギャー、ゴロゴロ、チャープの8タイプに分類でき、さらにこれらを組み合わせた「唸りハウル」や「トリルニャア」なども存在する。

ニャアの具体的な定義について、彼女は次のように説明する。「一般的に、ニャア(meow)は口の開閉によって生みだされる。mは口を閉じた状態で発音され、そのあと口を開けてe、そのままoが発音され、最後は口を閉じながらwで終わる。あなたも鏡の前に立って、meowと鳴いてみよう。口の開閉の動きがわかるだろうか?」

彼女のいうとおり、わたしがニャアと鳴くとそうなる。だが、ショッツはさらに、ニャアの音には膨大な多様性があると指摘する。たとえば、ネコは鳴き始めのmを、wやuに置き換えることがある。また音節をつけ足して、「ニャウアウ(meow−ow)」や「ニャアアウ(me−o−ow)」といった鳴き方もする。こうしたアレンジの多様性は無限といってもいいほどだ。ショッツはニャアに4つの下位カテゴリー（ミュウ、金切り声、うめき声、ニャア）を設ける一方、「ニャアには無限に近いバリエーションがあり、バージョン違いがあまりにたくさんあるため、実際の音声をそれぞれの下位カテゴリーに分類するのは容易ではない」と強調する。

このなかで、とくに注目に値するのがミュウ（mew）だ。ミュウは高音程で最後のwの音節が省かれたバージョンのニャアであり、子猫が母親をよぶときの愛らしい声をさす。一説によれば、ネコがわたしたちに頻繁にニャアと鳴きかけるのは幼少期の行動の延長であり、かつて母親にミュウと鳴いていたように、わたしたちに成猫版の似たような声でよびかけているとされる。

ニャアが進化の鍵を握る？

ニャアがおもにヒトとのコミュニケーションに使われるのだとしたら、そこからニャアの起源について何がいえるだろう？ ニャアは数千年前にネコが人類とかかわりはじめたあとで進化した特徴なのだろうか？

どうやらそうではないらしい。動物園での観察によれば、ネコ科のほとんどの小型種はニャアと鳴く[*3]。そしてイエネコと同じように、野生種も同種他個体に対してはごくまれにしかニャアと鳴かず、その頻度はイエネコよりもさらに低い。もうひとつの類似点として、幼いイエネコと同じように、野生種の子どもも「ミュウ」と鳴いて母親によびかける。

だが、イエネコと異なり、これらの野生種がヒトにニャアと鳴くことはほとんどない。動物園の飼育担当者への聞き取り調査では、計365頭の野生ネコのうち、職員が近くにいるときにニャアと鳴いたのはわずか2頭(どちらもサーバル)だけだった。かれらが友好的でなかったからというわけではなく、サーバル以外にもいくつかの種が、さまざまな方法で飼育担当者に親愛の情を示した。野生ネコは同種他個体にもヒトにもニャアと鳴かないのだとしたら、いったい誰とコミュニケーションをとっているのだろう？　それともただの独り言？　これはネコの生物学における数多の謎のひとつであり、今後の研究が必要だ。

とりわけ注目すべき小型野生ネコは、当然ながらアフリカヤマネコだ。この種におけるニャアを調べることで、イエネコの行動のどの部分が祖先種から受け継がれたもので、どの部分がヒトのそばでの暮らしに適応するなかで進化したものかがわかる。

そしてこれこそ、ニコラス・ニカストロが博士研究の後半で解明に取り組んだテーマだ。そのためにニカストロは地球を半周し、アフリカヤマネコの繁殖実績で知られる南アフリカのプレトリア動物園を訪れた。同園の12頭のアフリカヤマネコは隣り合った飼育場で暮らしていて、他個体とやりとりができる。ニカストロは囲いのあちこちにマイクを設置して、外からヤマネコを観察した。

プロジェクトは見事にうまくいった。飼育担当者の献身的な世話のおかげで、ヤマネコたちは「ヒトに無関心」で、じろじろ見つめる大学院生がいても意に介さず、いつもの日常を送った。

アフリカヤマネコは間違いなくニャアと鳴いた！「びっくりするくらいニャアニャア鳴いていました。絶え間ない騒音といってもいいくらいです」と、彼は振り返る。

50時間の観察中、ニカストロは約800回ものニャアを記録した。発声時の状況は、餌をもらう直前、攻撃的遭遇の最中、同じルートを行ったり来たりする反復歩行の最中といったものだった。ヒトや他個体との友好的なやりとりのあいだにニャアと鳴くパターンは、たった1頭がごくまれに示しただけだった。ニカストロの研究対象はおとなのヤマネコだけだったが、ほかの学術論文によると、アフリカヤマネコの子猫も、ほかの小型野生ネコと同じように母親にミュウと鳴くようだ。

ニカストロの関心は、アフリカヤマネコがニャアと鳴くかどうかだけではなかった。ヤマネコのニャアとイエネコのニャアを比較するつもりだったのだ。そこで、彼は2種の鳴き声の音響スペクトル特性をデジタル分析し、類似の状況で発せられた音声どうしを比較した。

コンピュータ解析により、2種の鳴き声には文脈を問わず一貫した違いがあることが明らかになった。イエネコのニャアは高音程で持続時間が短く、ヤマネコの鳴き声はもっと執拗で威圧的な印象を与えた。ニカストロの表現を借りれば、イエネコの心地よい「ミィーォウ」に対し、ヤマネコは「ミィーオオオオオウ！」だった。

続いてニカストロは、大学生を集めて録音した鳴き声を聞かせ、イエネコとヤマネコどちらの声がより心地よいかを回答してもらった。学生たちは片方につき24本ずつ、計48本の音声クリップを聞き、1点から7点までのスコアで心地よさを評価した。意外ではないが、参加者はアフリカヤマネコとイエネコの声の違いを聞き分け、圧倒的に後者の鳴き声を好んだ。

イエネコのニャアがアフリカヤマネコのニャアよりもわたしたちの耳に心地よいのは偶然だろうか？ ニカストロはそうは思わない。彼の考えによれば、ヒトの聴覚システムはもともと高音程の短音を好むようにできていて、これはおそらくヒトの子どもが高音程で話すためなのだが、イエネコはわたしたちのこの琴線に触れるように進化してきたのだ。

これは「感覚バイアス仮説」とよばれる科学的概念の一例だ。効率的なコミュニケーションのために、生物種は受信者がもつ検出器の感受性に対応した信号を進化させるという考え方である。たとえば、カエルのメスは特定の周波数の音によく反応するため、オスはこの音程にぴたりと一致した求愛コールを発する。同じように、グッピーの視覚はオレンジ色の検出にすぐれていて（おそらく好みの食料がオレンジ色だからだろう）、そのため派手なオスはオレンジ色の斑点でメスの注意を惹く。これらの例は種内の相互作用についてのものだが、種を超えたコミュニケーションにも同じ原理があてはまる。先のケースでは、ネコはわたしたちの高音程への好みにつけこむように進化してきた可能性があるのだ。

より一般的な結論として、ニカストロのデータは、イエネコがニャアを発明したわけではないことを示した。それでも、かれらはわたしたちと暮らすなかで発声行動を調整し、音響特性や使う文脈に変化を加えてきた。ネコはわたしたちを同じネコとみなし、同種他個体にするようにコミュニケーションをとっている、という単純な話ではない。ネコ科のどの種も、他個体によびかけるときはめったにニャアと鳴かないからだ。イエネコが野生種と大きく異なる点は、友好的な相互作用の一部としてヒトに対してニャアと鳴くように進化してきたこと、そしてヒトが心地よく感じるようにニャアの声を変化させてきたことだ。

満足のゴロゴロ、懇願のゴロゴロ

ネコがわたしたちとのつき合いのなかで磨き上げてきた音声は、ニャアだけではない。もうひとつの定番を考えてみよう。

ネコのゴロゴロはさまざまなシチュエーションで聞かれる。満ち足りているときだけでなく、餌を待っているとき、ストレスを感じているとき、ときには痛みを感じているときにさえ発せられる。鳴き声と同じように、ゴロゴロ音の特性も状況によって異なる。

なかでも、餌をもらう直前のゴロゴロは音量が大きく、執拗であることが知られている。ウェットフードの缶を開けようとしているあなたの足元で、体をすり寄せてくる愛猫を想像していただければ、いいたいことはわかるだろう。ある研究チームは、ネコがゴロゴロ音の切り替えによって何を伝えようとしているのかを検証した。

チームはまず、10匹のネコのゴロゴロ音を2つの状況で録音した。ひとつは穏やかに過ごしながら飼い主に撫でてもらっているときの、皆を虜にする満足のゴロゴロ。もうひとつは、朝ごはんの時間になったが、飼い主が(実験者の指示により)ベッドから出てこないときのゴロゴロだ。このとき、ネコはマットレスに飛び乗って、飼い主に最大音量のゴロゴロが聞こえる位置につく。このような「懇願」のゴロゴロは、満ち足りたネコの優しく爪弾くようなゴロゴロと違い、「ブルル」とチェーンソーのように力強い響きで注目を要求する。

録音したゴロゴロを50人のボランティアに聴いてもらったところ、懇願のゴロゴロは一貫して「より執拗で、より耳障り」だと評定された。

続いて、研究チームは改めてゴロゴロ音そのものに注目し、音響特性の分析をおこなった。もっとも一貫して見られた違いは、懇願のゴロゴロにある高音程の構成要素が、満足のゴロゴロにはなかったことだった。この要素が本当に聞き手の感じ方の違いを生みだしたのかどうかを確かめるため、研究者たちは懇願のゴロゴロからこの構成要素を除去するデジタル処理をおこなった。前回とは別のボランティアたちに、懇願のゴロゴロのオリジナルとデジタル処理バージョンを聴いてもらうと、かれらは加工された音声の不快さを低く評定した。

以上の結果をまとめた論文の終盤で、研究チームは懇願のゴロゴロの音響特性にはヒトの赤ちゃんの泣き声との共通点が見られると指摘した。ヒトは赤ちゃんの泣き声にきわめて敏感で反応性が高いため、ネコはわたしたちにもとから備わった感受性を利用する形で、わたしたちの注意を惹きつけるゴロゴロ音をだせるように進化したのかもしれないと、かれらは論じた。

このくだりを読んだとき、わたしはナンセンスだと思った。コンピュータで最新鋭の統計分析にかけて共通点を探すのはいい。でも、ゴロゴロと赤ちゃんの泣き声のデジタル音響特性に似た部分があるからといって、本当に同じように聞こえるとはかぎらない。

それから、論文のオンライン版に添付された音声ファイルを聴いてみた。するとどうだろう、再生ボタンを押したとたん、確かに赤ちゃんの泣き声のようなものが聞こえるではないか！　わたしはさらにネットで探した懇願のゴロゴロをいくつか聴いてみた。かなり贔屓目に聞けばだが、やはりうっすらと赤ちゃんの泣き声に聞こえなくもない。

小型ネコはすべてゴロゴロ音を発することができるので、この能力がかなり昔、イエネコがヒトと暮らしはじめるよりずっと前に進化したことは確実だ。実際、動物園の飼育担当者によれば、いくつかの種の野生ネコの友好的な個体は担当者がいるときにゴロゴロ音をだすという。だが、イエネコはわたしたちとうまくコミュニケーションがとれるよう、ニャアだけでなく進化の過程でゴロゴロ音にも手を加えたようだ。

ただし、この結論はアフリカヤマネコ（あるいはオセロットでもボブキャットでも）は餌を待っているときに赤ちゃんの泣き声に似た執拗なゴロゴロ音をださないことを前提としている。もしこの仮定が間違っていたら、ヒトの赤ちゃんの泣き声との類似は単なる偶然で、進化によって形成されたわたしたちを操作する手段ではないことになる。ほかの小型ネコはヒトの隣で進化してきたわけではないからだ。

わたしの知るかぎり、この仮定を検証した学術的データはない。さらに踏み込んで、わたしは全米各地の動物園の小型ネコ担当者に話を聞いてみたが、有力な情報は得られなかった。ペットとして飼われている種も少なくないので、誰かが答えを知っているかもしれないが、少なくともわたしにはなんともいえない。

根拠はないが、わたしの直感では、たとえばよく馴れたオセロットが餌をもらおうとゴロゴロ鳴いたとしても、その音はヒトの赤ちゃんの泣き声とは似ていないと思う。とはいえ、データがなければ断言はできない。修士研究にぴったりのテーマではないだろうか？

ネコはわたしたちを小さな肉球で手玉に取り、巧妙に操って欲しいものを手に入れると、昔からいわれてきた。ニャアとゴロゴロに関するデータから、この考えには進化学的な根拠があることがわかった。だが、コミュニケーションはネコとヒトの相互作用の一側面でしかない。イエネコがもつその他の驚異的な行動レパートリーを考えれば、わたしたちとの生活に適応し進化してきた要素がほかにもきっとあるはずだ。

＊1　公平を期していうと、飼い主たちが観察結果を誤解している可能性もあると、専門家たちは釘を刺した。

＊2　面白いことに、この大学の倫理委員会は研究チームが毛の流れに逆らってネコを撫でることを認めなかった。意地悪すぎる、あるいはネコの気分をひどく害すると判断されたようだ。

＊3　ライオンやトラなど、ほとんどの大型ネコは解剖学的にニャアと鳴けないが、代わりに喉にある構造のおかげで咆哮《ほうこう》することができる。

Chapter 3

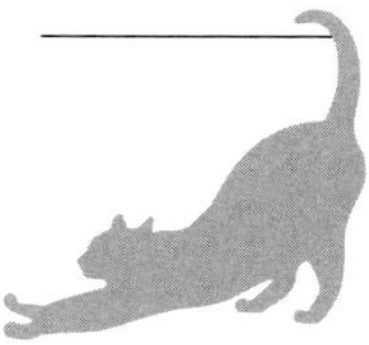

優しきものが生き残る

いまリクライニングチェアに座ってこの文章をタイプしているわたしのお腹の上には、相棒のネルソンがだらりと寝そべっている。彼はときどき茶色い足でラップトップのタッチパッドに触れ、綴りと句読点に斬新なアプローチを導入する。同居するネコと同じような関係を築いている読者はたくさんいるはずだ。このような親密さは、家畜化の恩恵の最たるものに思える。ネコが「ほとんど家畜化されていない」なんて、誰がいった？

たくさんの(けっしてすべてではない)イエネコのフレンドリーさは、確かにイエネコが完全に家畜化されたことを示す強力な証拠に見える。膝の上に丸まったり、あなたの髪を舐めたり、家じゅうどこでもついて回ったりするネコ科の動物が、ほかにいるだろうか？　ここで前提となっているのは、イエネコの祖先はヒトに対してフレンドリーではなく(アフリカ「ヤマネコ」という名前は伊達ではないのだ)、うちのネルソンのような愛嬌は最近になって進化した、家畜化の結果だという考えだ。

とはいえ、思いこみは禁物だ。本当に必要なのは、野生種のネコがイエネコと比べてどれくらい親和的かという、直接の経験に基づく知見だ。尋ねる相手は、こうした種と毎日接し、小型種の場合は

🐾ジョフロイネコ

同じ飼育場に入ることさえある、動物園の飼育担当者をおいてほかにいない。

飼育下の野生ネコのフレンドリーさに関する情報を集めるため、ある動物行動学者が71の動物園の飼育担当者を対象に調査をおこない、約400個体の小型ネコのデータが得られた。意外ではないが、ネコたちの気質には種によってかなりのばらつきが見られた。飼育担当者の隣に座り、仰向けに寝転がり、さらにはすり寄ったり舐めたりする種もいれば、担当者とまったくかかわろうとしない種もいた。[*1]

もっとも愛想のいい野生ネコの栄冠に輝いたのは、中南米の斑紋のある小型ネコたち(オセロット、ジョフロイネコ、マーゲイ)だった。だが、美しい斑紋があるからといって、友だちになってくれるとはかぎらない。飼育担当者によると、もっともよそよそしいネコはベンガルヤマネコ[*2]だという。この事実はあとの章で重要な意味を帯びるので、覚えておいてほしい。

気質の違いは、ごく近縁のネコ科の種のあいだにさえ見られた。アフリカヤマネコがもっとも友好的な部類だったのに対し、近縁種のヨーロッパヤマネコは屈指の人嫌いだとわかった(従来、アフリカとヨーロッパ、加えてアジアのヤマネコは同一種とされてきた。詳しくは後述するが、本書でいう「ヤマネコ」は野生ネコ全般ではなく、これらの特定の種をさすことに注意)。以上の知見は、これらの種を飼育した経験のある人びとの証言とも一致する。アフリカヤマネコは子猫の頃から育てると愛情深い伴侶動物に成長するが、ヨーロッパヤマネコはどれだけ愛情を注いでも、やがて気性が荒くなるという。

野生ネコのフレンドリーさを裏づける証拠は、動物園以外からも見つかる。人びとは昔から、さまざまな種のネコの子どもを家庭に迎え入れ、ペットとして飼おうとしてきた。そして意外なことに、多くの種のネコは、飼育環境さえ適切なら、一緒に楽しく過ごせる伴侶になった。大型ネコでさえ、細心の注意は必要だが、ペットとして飼うことは不可能ではなく、とりわけピューマは家庭によく順応するという(こうした習慣を奨励するつもりはない。ピューマ[*3]やその他の野生ネコをペットとして飼うのは、さまざまな観点からまずいアイデアだ)。

野生ネコの飼育には長い歴史がある。たとえば古代エジプト人は、アフリカヤマネコを馴化させた(そしてのちに家畜化した)だけでなく、チーターやライオン、ヒョウ、ジャングルキャット(脚が長く、尾が短く、黄褐色で鼻面が長い中型野生ネコ)、サーバル(アフリカの草原に生息する、斑点をもつ美しい野生ネコで、四肢が非常に長い。のちに詳述)も飼育した。過去数千年のあいだにヒトが馴化させた記録のある野生ネコは14種にのぼり、アフリカとアジアの種が大半を占める。動物園の飼育担当者がフレンドリーと評した種と、歴史上の飼育記録で人馴れしたとされる種は、全体としてほぼ完全に一致した。

ただし、馴れた動物と家畜化された動物のあいだには、ひとつ重要な違いがある。ひとことでいえば、生まれか育ちかだ。馴れた動物は生物学的には野生に生きる同種と何ひとつ違わないが、単純に生育環境の結果として、異なる行動を示す。ピューマのメスを子猫のときから家庭で育てれば、フレンドリーになるだろう。その彼女を野に放てば、彼女が産む子どもはほかのピューマとまったく同じ野生個体となる。これに対し、家畜は進化によって獲得した、野生の原種との違いを生みだす遺伝的差異をもっている。

では、わたしたちの友であるイエネコは、馴れているのか家畜化されているのか、いったいどちらなのだろう？　答えは、両方ちょっとずつだ。イエネコはある意味でピューマと大差ない。子猫がフレンドリーに育つためにはヒトとの接触が必要だ。ノネコの母から生まれ、人の手による世話をまったく受けずに育った子猫は、たいてい手がつけられないほど気性が激しくなる。もっとも重要な時期は4～8週齢であり、この期間に日常的にヒトと触れ合った子猫は家庭にすっかり順応する。対照的に、8週齢で初めてヒトと対面したネコはより内気になりやすく、10週齢までヒトとの接触をもたなかったネコは、その後どれだけ献身的に世話をしても、ヒトに対して愛想よくふるまうようになることはほとんどない。[*4]

一方、子猫のときから人間と接してきたイエネコは、同じように育てられた野生種のネコよりもフレンドリーな個体に成長する。成長過程でどれだけ十分な社会化を受けたとしても、オセロットがラップトップのキーを叩いているあなたの膝に飛び乗ったり、サーバルが家のなかを歩くあなたの腕に抱かれてくつろいだりすることはないのだ。イエネコは単なる人馴れしたアフリカヤマネコではない。イエネコには、適切な環境で飼育されれば、野生種よりもフレンドリーで愛情深い個体へと成長する素質がある。こうした親和性の増大は、家畜化の過程で起こった進化的変化の結果だ。

イエネコの条件つきの人当たりのよさは、生まれと育ちの二分法の誤りを浮き彫りにする。生物個体の行動は、生まれと育ちの相互作用の産物だ。適切な遺伝子も、適切な環境も、それだけでは不十分なのだ。両者がうまく組み合わさって初めて、飛び抜けてフレンドリーなネコができる。

それでも、イエネコと野生の親戚とのあいだに見られる行動の違いはごく控えめなものだ。イヌが家畜化の過程でどれだけ変貌をとげたかを考えてみよう。オオカミはどんな生育環境に置かれても、奴隷のように従順で、飼い主を崇拝する子孫たちのようにはならない。オオカミからイヌへの大転換と比べれば、アフリカヤマネコとイエネコのあいだの違いはさほど目立たない。「ほとんど」家畜化されていないとか、「準家畜」といった表現は、科学的知見ではなく、単なる主観でしかない。したがって、ネコが家畜化スペクトラムのどこに位置するかについては、読者のみなさんの意見を尊重する。考察の材料として、*Felis catus* で祖先から変化している、ほかの行動的側面についても考えてみよう。

イエネコの行動学

　うちの家族に加わってからまもないある日、ネルソンが妻のカシミヤ手袋の片方をくわえてキッチンに歩いてきた。子猫の彼がどうして手袋を気に入ったのかはわたしたちにもわからないが、ネルソンはそれをわたしの足元に落とした。わたしが拾い上げて目の前で揺らしてやると、彼は手袋にパンチした。そのあと、彼はわたしから手袋をひったくり、仰向けになって、全身のありとあらゆる鋭利な部分で手袋に無慈悲な攻撃を仕掛けた。わたしが手袋を部屋の反対側に投げてやると、ネルソンは猛然と追いかけ、すぐさまわたしのところへもって帰ってきた。この遊びは何か月も続き、手袋がどんどん原型をとどめなくなるにつれ、ネルソンは回収対象リストにネコ用おもちゃや、その他の自分が気に入ったものを加えていった。

「遊んで！」と訴えるネルソン

わたしは驚いた。ヨーロピアン・バーミーズの典型とされる、友好的で愛情深い性格から、わたしたち夫婦は早くからネルソンはネコの皮をかぶったイヌだと思っていた。でも、こんなことは前代未聞だ。フェッチ(投げられたものを取ってくる遊び)をするネコなんて！　わたしがこれまで一緒に暮らしてきた7匹のネコは、誰もこんなことはしなかったし、そんなネコがいるという話も聞いたことがなかった。わたしだけではない。2019年には、NPR(米国公共ラジオ放送)が記事の見出しで「ネコはフェッチをしない」と宣言したほどだ。

やっぱりネルソンはすごい、世界でいちばんすばらしいネコだと、わたしは思った。華ばなしいアイデアが脳裏をよぎる。『ザ・トゥナイト・ショー』出演、YouTube のネルソンチャンネル。富と名声。けれども、ふと思い立った。念のため、ネルソンの才能がほんとうにユニークなものかどうか確かめておこう。

ささっとグーグル検索して、わたしは正気に戻った。インターネット上にはおもちゃを取ってくるネコの動画が山ほどあったのだ。少数ながらこのテーマでの調査結果さえあった。3000人以上の飼い主を対象におこなわれた、あるオンライン調査によると、22%のネコは同居人のところにおもちゃをもってきて遊びに誘ったという。フィンランドで実施された、4000匹以上のネコを対象とした別の調査でも、フェッチ行動はありふれたもので、もっともフェッチが得意な品種はサイアミーズだった。

ネルソンがおもちゃをもってきてわたしの足元に落としたとき、わたしは彼が遊びたがっていることを少しも疑わなかった。野生か家畜かを問わず、多くの動物は遊びに興じる。とくに幼いときに顕著だが、家畜動物のほうがよく遊ぶと指摘する研究者もいる。動物はなぜ遊ぶのかという問いをめぐっては、かなりの学術的議論が重ねられてきた。運動能力の発達のため、社会的相互作用を身につけるため、狩りの練習のため……確かに、子猫が示す典型的な遊び行動(忍び寄り、飛びかかり、レスリングなど)はこうした目的にかなっていて、おそらくネコ科のすべての種に共通だろう。一方、フェッチ行動が野生種で進化する過程は想像しづらい。

もちろん問題は、自然のなかで暮らす野生ネコにおもちゃを投げたらフェッチをするかどうか、ではない。当然しないし、ただ逃げるか、大型種ならあなたを食べるだけだ。考えるべきは、フェッチがほかの種にも潜在的に備わっているのか、馴れた個体はこうした行動を示すのかどうかだ。もうひとつの可能性は、野生ネコは馴れていようがいまいが、おもちゃをもってくることもフェッチをすることもないというものだ。この場合、フェッチ行動はイエネコの家畜化の過程で進化したことが示唆される。

対立仮説を検証するには、他種のネコの馴れた個体の行動を調べる必要がある。わたしは動物園の飼育担当者に尋ねてみたが、この疑問を解決することはできなかった。訓練によってフェッチができるようになるネコもいるが、それは自発的にこうした行動を示すのとは別の話だ。

実際イエネコの行動には、ヒトのそばで進化してきた結果のように思えるものが多々ある。「ビスケットづくり」を考えてみよう。ネコと暮らしたことがある人なら、愛猫があなたのお腹の上に乗り、うつろな目をして、片方の前足をぐっと押し込んではもう片方とリズミカルに繰り返す、愛らしくも鬱陶しい仕草を経験したことがあるだろう。ネコはトランス状態にあるかのように、この行動を長ながと続けたあと、落ち着いてひと眠りする。

ふみふみは子猫が乳を飲むときに示す行動で、おそらく母乳の分泌を促進するはたらきがあるのだろう。なぜ人のそばで安心しきった成猫はこの行動を思い出し、わたしたちに向けるのだろうと、科学者とネコ愛好家は昔から憶測をめぐらせてきた。なんらかの満足を示すことには誰もが賛同するものの、このような幼児退行[*5]が見られる具体的な理由ははっきりしない。

野生種も子猫のうちは、イエネコと同じようにふみふみをする。だが、成長とともにしなくなる。少なくとも動物園の飼育担当者が見てきた400個体以上のネコたちはそうだったという調査結果がある。だが、誰もが納得しているわけではない。多くの、あるいはすべての種の野生ネコに、おとなになってもふみふみをする個体がいると書かれたウェブサイトもあるのだが、具体的な記録は添えられていない。こうした主張を額面どおり受け取ることは、わたしにはできない。インターネットにはネコに関するありとあらゆる記述があふれているからだ。ただ、わたしが質問した見識豊かな人たちも、人の手で育てられたアフリカヤマネコやオセロットなどの種の成獣はふみふみをすると教えてくれた。明らかに、ここにも大学院生にぴったりのプロジェクトが着手を待っている！　とはいえ、いまあるデータは、人が近くにいるときに満足の証として成猫がふみふみをするのは、イエネコがわたしたちと暮らす過程で獲得した適応である可能性を示している。なぜこんな行動が進化したのかははっきりしない。絆を強めるなどの形で、ヒトをネコに対してより献身的にする効果があったのかもしれない。

これ以外の行動は、フェッチやふみふみ以上に研究が進んでいない。ある研究によると、ネコは脅威の可能性が潜むなじみのない状況(緑色の長いリボンが扇風機に結びつけられてたなびいているなど)に直面すると、親しい人のほうをじっと見て、怖いものかどうか教えてもらおうとする。ネコはまた自分の名前を認識し、親しい人の情動状態を察して適切に反応し、人の視線や指差しを追って餌を見つける(うちのネコたちに試したときはうまくいかなかったが)。これらもまた、ネコがヒトと相互作用し、共同生活するなかで形成された行動形質のように思える。

脱線しすぎる前に、イエネコと聞いてわたしたちが思い浮かべる、ほかのとぼけた行動にも触れておこう。レーザーポインターの光点を追いかけたり、箱のなかに座ったり、マタタビを嗅いでハイになったりといった行動のことだ。こうした行動もまた、イエネコだけで進化したものではないかと思うかもしれない。けれども、わたしがYouTubeを開いておこなった非科学的サンプリングによると、サイズを問わずほとんどの種のネコは、箱に収まるのが大好きで、マタタビで酩酊するようだ。レーザーポインターに対する反応はそれほど一貫していないものの、多くの種の野生ネコは、わたしが見てきたどんなイエネコにも負けず劣らず、小さな赤い点を必死になって追いかけ回す。

わたしたちと同居する友だちとその野生の親戚の比較は、残念なことに、イヌ科のほうがずっと研究が進んでいる分野だ。たとえば、イヌはオオカミよりもヒトの視線を追って欲しいもの(投げたボールなど)を見つけるのがうまいことが、実験研究で明らかになっている。同様に、親しい人物の目を見つめたイヌはオキシトシン（通称「愛のホルモン」）の急増を経験するが、オオカミは人の手で育てられた個体でもこのような反応を示さない。

アフリカヤマネコのニャアに関するニカストロの研究を除いて、イエネコ以外のネコ科の種を対象とした比較研究はおこなわれていない。イエネコについても、アフリカヤマネコやその他のネコ科の種との詳細な行動比較という観点からの研究がもっと必要なのは明らかだ。どの形質がイエネコに固有のもので、わたしたちの伴侶となる過程で進化したと考えられるのかを理解するには、こうした知見が欠かせない。

しっぽでコミュニケーション

ここまで検討してきた行動は、ネコとヒトとの相互作用に関連するものだった。だが、ネコ科のなかでほぼイエネコにしか見られず、したがって家畜化と結びついた形質と考えられるにもかかわらず、ヒトにだけでなくほかのネコに対しても向けられる行動がひとつある。再びネルソンに登場してもらうことにしよう。章の末尾にふさわしい、気分の上がる話題だ。

わたしたちはネルソンの室内飼いを徹底しようと最大限努力してはいるのだが、彼は広大な外の世界の探検をけっしてあきらめない。ときどき、わたしたちは折れて、彼を裏庭に出してやる。ただし、首輪にキャットトラッカーを装着して、彼がフェンスを超えたりくぐったりしても見つけられるよう

尾を上げるフレンドリーなネコ

に準備したうえでのことだ。

彼はときに本当に脱走するので、彼を追跡して連れ帰るのはわたしの役目だ。わたしに見つかると、彼は最初、相手がわたしだと気づいていないかのように警戒した様子を見せる（ネコの長距離視覚はヒトほどよくないのだが、もちろんネコらしく、ただ知らないふりをしているだけかもしれない）。だが、わたしが近寄り、できるだけ穏やかに「ネルソン、おいで」とよびかけると、彼はこちらに歩いて、ときには走ってくる。距離が縮まるにつれ、彼のしっぽはまっすぐ空へと掲げられる。まるでお尻にくっついたビックリマークだ。わたしのところまで来た彼は、頬や脇腹をわたしの脚にこすりつけ、ひっきりなしにゴロゴロと喉を鳴らす。家のなかでも、親密な気分のときにはこうした行動をとることがあり、尾を高く上げて近寄ってきてわたしの手や足を舐め、お返しにわたしが撫でてやると、仰向けに転げ回ってお腹を見せることさえある。フレンドリーなネコと暮らしている人なら、こうした行動パターンはおなじみだろう。

イエネコは、旗の掲揚のようなこの行動を、ほかのネコとの相互作用にも利用する。垂直に上がった尾は、「平和にいこう」あるいは「会えてうれしい！」の意思表示だ。ネコが尾を上げて近づくのは、ほかの親和的行動(頭や体のこすりつけ、鼻と鼻のタッチ、におい嗅ぎなど)をとりたいというシグナルだ。相手も尾を垂直に立てたら、こうしたやりとりに応じる気があることになる。

動物行動学者たちは、垂直に掲げられた尾がネコどうしのコミュニケーションにおいてどんな意味をもつのかを実験的に検証した。昔から知られていることだが、ネコは形態的に正確に描かれたシルエットに対し、一時的に本物のネコと思いこんで反応する(ただし、すぐに偽物だと気づく)。この習性を利用して、研究チームはネコ型シルエットを壁に貼りつけたあと、本物のネコを部屋に入れた。シルエットが尾を上げていた場合、ペットのネコたちも自分の尾を立てて、すぐにシルエットに近づいた。反対に、シルエットの尾が下がっていた場合、本物のネコが尾を立てることは少なく、接近に2倍以上の時間をかけた。さらに、尾を垂らしたシルエットを見たネコは、自分の尾を小刻みに震わせる確率が5倍も高く、不安や緊張を示唆する結果となった。

高く掲げられた尾は、ネコからの友好的なメッセージだ。ネコが尾を使って、わたしたちにも親和的な意図を伝えてくれるのは、じつに光栄なことに、かれらがわたしたちに「名誉ネコ」の地位を認めている証拠といえる。

しっぽを同じように使うネコ科の動物が、あと1種だけいる。驚くべきことに、それはほかの小型ネコではなく、百獣の王だ。ライオンはプライド《群れ》のほかのメンバーと挨拶するときに尾を(垂直というよりは弧を描くように)上げ、そのあと頭をこすりつけあったり、お尻のまわりを嗅ぎあったりする。イエネコとライオンにこの珍しい行動が共通して見られるのは意外に思える。だが、これにはもっともな理由がある。そこには、イエネコが祖先のヤマネコと分岐したあとに果たした、もっとも重要な進化的跳躍がかかわっている。

＊1　専門用語でいうと、研究チームが記録したのは「親和的」とされる行動で、これは「他者との社会的および情動的な絆の形成、あるいはこうした絆を形成したいという欲求と関連する」行動と定義される。具体的な項目は、「飼育担当者から半径1メートル以内に座る、飼育担当者から半径1メートル以内で転がる、頭または脇腹を飼育担当者にこすりつける、飼育担当者をなめる」というものだった。

＊2　ベンガルヤマネコはイエネコほどの大きさだが、ヒョウのような斑紋をもつため、英語では leopard cat とよばれる。とくにヒョウと近縁というわけではない。

＊3　ピューマにはさまざまな別名があるが、マウンテンライオン、クーガーが一般的だ。

＊4　子犬にも社会化の臨界期があるが、より遅い生後7～14週だ。子猫は早い時期に複数の人と接するとより社会化が進み、特定の人物に対してだけでなく、誰にでもフレンドリーな個体になる傾向にある。

＊5　成熟したあとも幼体の形質を維持するようになる進化的変化のことを、学術的には「ネオテニー(幼形成熟)」とよぶ。

Chapter 4

数の力は偉大なり

ペットのよくある類型化として、イヌは愛情深く集団を好む社会的動物とされ、ネコはよそよそしく孤独を愛するといわれる。イヌはパック《群れ》で暮らす種であるオオカミの子孫であり、ネコは単独で生きると考えられる種を祖とすることを考えれば、この違いには納得がいく。けれども、この章で見ていくように、イエネコの社会生活は――それに、かれらの大柄な親戚の社会生活もある程度は――世間で考えられているよりもずっと複雑だ。

ライオンはもちろん誰もが知っているとおり、社会性に欠けるネコ科のなかの例外だ。最大で21頭(ただし5頭程度がもっとも一般的)の血縁関係にあるメスたちが、プライドとよばれる群れをつくって生活する。プライドのメンバーは、１頭または複数(まれにだが、７頭に達することもある)の、メスと血縁関係にないオスとつながりを保って暮らす。プライドを固く結びつける強い絆は、心温まる親愛のディスプレイからも明らかで、ライオンたちは互いに頭や体をこすりつけあい、毛づくろいし、折り重なって寝転がる。

ライオンのプライドの社会性は、協力的な狩りにも見ることができる。１頭で仕留めるには大きすぎる獲物、ときにはキリンや若いゾウさえも力を合わせて倒すのだ。かれらの狩りは統率のとれた集団行動であり、単に複数のライオンが同じエリアで思い思いに動いているわけではない。ライオンは複雑な戦略と行動の調整をおこない、ときには複数のメスが獲物を追い立てた先で、隠れていた仲間が奇襲攻撃を仕掛ける。

社会的相互作用は狩りだけでなく、プライドでの生活のあらゆる側面に浸透している。同時期に出産したメスは共同で子育てし、互いの子に授乳し、1頭が「託児所」に残って子どもたちの世話を引き受け、ほかのメスたちは狩りに出かける。プライドのメンバーはまた、協力してほかのプライドからなわばりを防衛する。

対照的にトラやヒョウはほとんどの時間をひとりで、メスの場合は子どもたちとだけ過ごす。個体どうしが鉢合わせした場合、相互作用はきわめて攻撃的になることもあれば、会釈程度で互いをやり過ごすことも、あるいは少なくともトラに関しては、同じ獲物の肉をそこそこ平和的に分け合うこともある。ライオンと異なり、トラやヒョウは群れにとどまったり、一緒に狩りをしたり、食料やなわばりを共同防衛したり、協力して子どもの世話をしたりはしない。

大雑把にいえば、ほかのすべての種のネコも、トラやヒョウのモデルを踏襲している。ただし、これには2つ注意書きが必要だ。第一に、ほとんどの小型野生ネコの自然史(野生下でその種が何をしているか)はあまりよくわかっていない。マイナーな種のネコの暮らしぶりについて、わたしたちは詳しいことを知らないのだ。判明している部分を見るかぎり、いずれも似たりよったりの単独性のようだが、詳しい研究が進めば驚きの事実が明らかになるかもしれない。

2つめの注意書きは、もっとも異質なネコであるチーターについてのものだ。脚が極端に長い特徴的な外見、時速110キロメートルで駆ける走力、イヌに似た収納できない爪をもつ、斑点模様のスプリンターは、社会構造も独特だ。ほとんどのネコと同様、おとなのメスは単独または子どもたちと暮らす。変わっているのはオスだ。複数の（しばしば兄弟からなる）オスたちが連合を形成し、共同でなわばりを支配し、そこを訪れるメスたちと交尾する。ライオンのプライドと同じように、チーターの連合もときに協力して狩りをするが、メスとの相互作用は求愛時にかぎられる。

したがって、野生ネコは真の社会性（ライオン）、準社会性（チーター）、非社会性（その他すべて）を示す。では、イエネコはどこにあてはまるのだろう？

イエネコの社会性

簡単なところから答えていこう。チーターのような例は存在しない。オスのイエネコの兄弟が結束して、メスと交尾する権利をコントロールしようとした事例はひとつも報告されていない。それどころか、興味深いことにイエネコの交尾をめぐっては真逆のことが起こる。オスどうしはときにきわめて攻撃的であるにもかかわらず、盛りのついた[*1]メスのまわりでは驚くほど落ち着いている。1匹のオスがほかの求愛者を追い払ったりはせず、メスが複数のオスと交尾するあいだ[*2]、オスたちはしばしばしば近くで穏やかに待っている。

イエネコが自然のなかで、ヒトから離れて暮らす場合、かれらはふつう単独生活を送り、成猫どうしはめったに顔を合わせない。こうしたネコたちは広範囲を移動する（第16章で詳しく見ていこう）。それぞれの個体が排他的ななわばりをもつこともあるが、同じエリアに複数のネコがうろついていることのほうが多い。

だが、エリアを共有するネコどうしでも遭遇はまれだ。移動範囲が広く、偶然に鉢合わせする確率がきわめて小さいことも理由のひとつだ。だが、念には念を入れて、かれらは他個体を寄せつけないための伝言を残す。ネコは卓越した嗅覚を備えていて、かれらは主要なコミュニケーション手段として、熟慮して選んだ地点に尿や糞を残し、鼻をつくメッセージを送って、自分の居場所を発信する。したがって、こうしたネコたちを非社会的とよぶのは不正確だ。化学コミュニケーションを通じ、かれらは頻繁に相互作用しているが、対面のやりとりはないというだけなのだ。

それでも互いと出くわしてしまったとき、かれらの相互作用はたいてい友好的なものにはならない（発情中のメスにオスが求愛する場合は別だが、その場合でさえ荒っぽい展開は珍しくない）。ノネコどうしが鉢合わせしたとき何が起こるかについて、学術文献の記録はごくわずかしかない。ガラパゴス諸島でおこなわれたある研究で、研究チームは14匹のノネコを２００時間以上にわたって観察した。観察期間中、２匹のノネコの遭遇が40回起こった。ネコがいずれもオスだった場合、「かれらは相互の嗅覚的探索に興じ、鼻や肩、肛門周辺を嗅いだあと、低い威嚇音声を発した。遭遇のクライマックスの典型は、高音程の発声とすばやい前肢での一撃《ネコパンチ》だった。劣位個体は横倒しになり、優位個体は胴体が頭と直角をなすように立ち、四肢をこわばらせ、背をアーチ状に曲げた定型姿勢で、低い発声を続けた。こうした状態は、ふつう1分に満たない短時間で終わり、優位個体は四肢をこわばらせたまま数歩進み、その場を離れた。さらに少し時間をあけて、劣位個体も立ち上がり、優位個体と反対方向に立ち去った。オスどうしが友好的に遭遇あるいは集合するところは観察されなかった」。

ノネコの孤独なライフスタイルは、ほぼすべての野生ネコのそれに類似する。だが、わたしたちのまわりに暮らすネコたちとなると事情が違う。多数の屋外ネコが人間のそばで暮らしている場所は無数にあり、こうしたネコたちはヒトが捨てた、あるいは与えた食料に頼って生きている。こうした群れ《クラウダー》*3は長いあいだ、なんら社交性をもたない単なるたくさんのネコの寄せ集めと考えられてきた。だが、研究者たちが農場や都市にたむろして餌をもらうネコたちの詳細な研究に乗りだすと、イエネコのコロニーはたまたま同じ場所で生活しているネコの集まりよりも、はるかに複雑であることが明らかになった。

コロニーはしばしばサブグループに分かれ、それぞれは血縁関係にあるメスたちで構成される。同じサブグループの個体どうしは友好的にふるまうが、近隣の別のサブグループのメスに対してはしばしば攻撃行動を示す。子猫は共同で育てられ、母猫《クイーン》は自分のサブグループのどの子猫にも授乳する。*4 メスたちが互いの出産を手伝い、助産師役を務めることさえある。たとえばある母猫は、ほかのメスが産んだ新生児のへその緒を噛み切り、体を舐めて綺麗にするところが観察された。大規模なコロニーは多数のサブグループからなり、まとまった食料源がある場合、個体数が多い有力なサブグループが中心に陣取り、弱小サブグループは周辺部に追いやられる。

このように高密度で生活するイエネコのコロニーの社会構造には、ライオンのプライドとの共通点が多くみられる。イエネコでもライオンでも、集団の基礎をなすのは、性成熟のあとも家族のもとにとどまる血縁関係にある複数のメスだ。オスは群れを離れ、よそへ移住して繁殖機会を窺《うかが》う。母親どうしは協力しあって同時期に生まれた子どもたちを育て、よその子への授乳さえおこなう。

イエネコとライオンにみられるよく似た集団生活こそ、ネコ科でこの2種だけが尾を高く上げるディスプレイをおこなう理由だ。近接を保って暮らすネコのあいだで、友好的な意図を伝える視覚的シグナルが発達するのは意外ではない。そして、よく動き、遠くからも見え、ほかの活動にかかりきりのことが少ない、しっぽ以上にこうしたコミュニケーションに適した体のパーツがあるだろうか？ほかの選択肢を考えてみるとよくわかる。脚は悪くないが、たいてい体を支えたり、前進させたりするのに忙しい。耳でも意図は伝わるが、遠くからはよく見えないし、ひげはさらに視認性に劣る。しっぽはネコの視覚コミュニケーションにぴったりの体の部位なのだ。イエネコとライオンが独立に、しっぽを使った社会的シグナルを獲得したのは、適応的な収斂進化の実例だ。これは、類似の状況を経験する異なる種が、同様の形質を進化させる現象をさす。

話がそれる前に、2種の社会構造は同じではなく、いくつかの相違点があることも指摘しておくべきだろう。たとえばイエネコのメスは群れのメンバーがいる場所で出産するが、ライオンのメスはブッシュのなかで出産し、子どもが生後6週を迎えるまで戻ってこない。また、イエネコはふつう協力して狩りをしない(本当によかった！ イエネコが集団でウッドチャックやアライグマを襲うところを想像してみてほしい)。

社会構造の最大の違いはオスたちだ。ライオンの場合、オスどうしが徒党を組み、メスのプライドを、ときには複数のプライドを同時にコントロールする。連合のメンバーは生まれたプライドから一緒に独立した血縁者であることが多いが、そうでない場合もある。

ライオンと違ってイエネコのオスは連合をつくらず、またかれらの性的関心はふつう、ひとつのメスのサブグループだけにかぎらない。たいていのオスは広範囲を渡り歩き、できるだけ多くのメスと交尾しようと試みる。

こうした相違点はさておき、ライオンとイエネコの群れの社会構造は驚くほど似ており、またほかのすべてのネコ科の種(ただしチーターを除く)と大きくかけ離れている。だが、イエネコとライオンが示す行動面での収斂進化と、そうした社会性がほかのネコ科の種では見られない事実は、どのように説明できるだろう？ 鍵を握るのは、豊かさだ。

ネコの楽園・相島《あいのしま》

ブルックリンの路地から南極にほど近い厳寒の島じままで、研究者たちは世界各地で飼い主のいないネコの集団を調べてきた。そして、ネコの生息密度は1平方キロメートルあたり1匹から、1平方キロメートルあたり2300匹以上まで、極端なばらつきがあることを明らかにした。ちなみに、1平方キロメートルあたり2300匹というのは、バスケットボールコート1面分の土地につき1匹のネコがいる状態だ。

2000倍以上に及ぶこの差の原因はシンプルで、ネコの数を規定するのは食料分布だ。ネコが自力で、ヒトから給餌されずに生きている場合、かれらは自分で食料を見つけなくてはならない。たいていの場所では獲物はあまり豊富とはいえないので、結果としてネコの数も少ない。1匹のノネコが食べていくためには、相当な広さの土地が必要なのだ。こうした土地ではネコの生息密度は低く、1平方キロメートルあたり1匹未満から6匹ほどだ。

対照的に在来捕食者のいない島では、獲物の集団はとてつもない密度になることがある。とりわけ海鳥は捕食者のいない島を選んでコロニーをつくり、しばしば膨大な個体数に達する。こうした島にネコが導入されると、海鳥は楽な獲物になる。結果としてネコは大繁栄し、巨大な集団へと成長する。少なくとも、海鳥の個体群が崩壊しないうちは。

けれども飼い主のいないネコの多くは、土地の恵みだけを頼りに生きる必要がない。農場で暮らすネコは豊富に生息する齧歯類を捕食するが、同時に農家からの施しも受け取る(ネズミ駆除係には満足してもらわないと!)。このような潤沢な食料供給を受け、農場にいるネコの集団は、ほとんどの給餌を受けていないネコの集団よりもはるかに大規模なものになる。

だが、極端に高密度なネコの集団が形成されるのは都市だけだ。そこでは人びとがネコのために意図的に餌を置く、あるいはあふれかえるゴミがいくらでも手に入るおかげで、ほぼ無尽蔵の食料を利用できる。

こうした場所のひとつが、エルサレム中心部の旧市街ナクラオットだ。ウィキペディアの説明によると、ナクラオットは「旧市街の城壁の外」に位置し、「細く曲がりくねった路地、伝統家屋、隠れた中庭、たくさんの小規模シナゴーグ(ユダヤ教会堂)」で知られる。ページではさらに「かつてナクラオットはシナゴーグが世界でもっとも密集する地区として知られ、半径数ブロックの範囲に約300のシナゴーグが存在した」と説明が続く。だがインターネット百科事典からは、世界に誇るべき同じくらい重要な事実が抜け落ちている。ナクラオットは、記録にあるかぎり世界でもっともネコの生息密度が高い地区なのだ。

この事実が明らかになったのは、イスラエルの大学院生ヴェレド・ミルモヴィッチのおかげだ。子どもたちが各家庭で両親に育てられるのではなく、共同体のなかで育てられる、イスラエルのキブツで幼少期を過ごしたミルモヴィッチは、社会システムの進化に関心をもっていた。1980年代前半の学生時代、彼女はナクラオットの半地下のアパート(「イングリッシュ・ベースメント」ともよばれる)にしか住めず、いつも地面の高さにある窓から通りの向かいのゴミ捨て場を眺めていた(車が停まっていたときを除く)。来る日も来る日も、彼女は生ゴミを漁るネコたちのやりとりを観察した。

個体識別ができるようになると、彼女はネコたちがみな知り合いで、グループをつくって生活し、同じグループの仲間には親密にふるまうが、よそものには敵意を向けることに気づいた。「ネコはぼっち」という常識に反する観察結果に好奇心を刺激され、彼女は野良ネコたちを修士研究のテーマにすることを決めた。

地区を歩き回るうちに、彼女はネコたちの生命線が大型ゴミ箱であることにすぐに気づいた。大型ゴミ箱には、ゴミ収集日に各家庭が路肩に置く車輪つきタイプと、決まった地点に設置されるさらに大型のものがある。ナクラオット地区では各家庭に大型ゴミ箱はなく、約2・4ヘクタールの地区のなかの9地点に大型ゴミ箱が設置されていた。住民たちは毎日、たいてい夕食後に、家庭ゴミを最寄りの収集地点にもっていった。そして、そこにはネコたちが待ち受けていた。小さめの回収容器なら3〜5匹、特大なら最大で12匹になった。

人びとがゴミ箱の隣に置く袋や、ときに地面に撒《ま》くごちそうは、ネコたちにとっていちばん手軽に得られる食料だった。回収容器のなかに捨てられたゴミも、蓋《ふた》が開けっ放しのときや、ゴミが多すぎて蓋が閉まらないときには、略奪の標的となった。

蓋が閉まった回収容器はなかなかの難敵だった。ところが、あるネコが容器の蓋を押し開け、内部に潜り込む方法を会得した。彼はそのあと――ゴミ箱に閉じ込められたまま食事するのは誰だって嫌なものだ――ジャンプして体当たりで内側から蓋を開け、全員にチャンスを分け与えた。ほかのネコたちはいつも、彼が奇跡を起こすのを待つだけで、同じ技を身につける個体はいなかった。

あふれかえる食料はネコの大集団を支え、数があまりに多かったため、誰が誰かを区別するのは容易ではなかった。ネコどうしのやりとりを研究するつもりだったミルモヴィッチには、全頭を個体識別する必要があった。そこで彼女は姉のカメラを借り、見かけたネコを片っ端から撮影して、顔写真アルバムをもち歩いた。まもなく彼女は全員を外見で区別できるようになった。

やがて見知らぬネコに出会うことがなくなった時点で、彼女は全員の登録が済んだと見なした。全部で63匹だった。こうして、わたしたちはナクラオットのネコ集団が特別だと知ることになった。地区内の63匹は、1平方キロメートルあたりに換算すると2400匹以上。今日に至るまで、これはイエネコの生息密度の最高記録となっている。

ミルモヴィッチの行動観察により、いまではイエネコの密な集団の典型として知られる社会構造が明らかになった。ネコたちの個体識別を終えた彼女は、誰と誰がどんなやりとりをしたかを記録していった。彼女は、ネコたちがグループをつくり、それぞれ決まった行動圏のなかで採食していること、各グループはメインの餌場である回収容器ひとつと、たまに訪れる2番目のバックアップの回収容器をもっていることを発見した。同じグループのメンバーどうしはとても仲がよく、毛づくろいや体のこすりつけに興じ、一緒に眠った。対照的に、ゴミ箱によそ者が現れたときには、ネコたちは敵意に満ちた態度を見せた。

ミルモヴィッチの研究から数年後、日本のチームがまったく違った環境ながら、ひとつの共通要素をもつネコ集団の研究に着手した。ここにもまた、ヒトが与える食料が大量に存在したのだ。

相島《あいのしま》は日本の福岡県に浮かぶ小さな島だ。島の大部分は草原や畑、森に覆われているが、南西端にナクラオットの約3倍の広さの集落があり、漁業者とネコが暮らしている。噂によれば、ネコが島にもち込まれたのは漁網をかじって穴を開けるネズミの駆除のためだというが、かれらが仕事をきちんとこなしたかどうかは定かではない。ネコたちには別の食料源があったからだ。漁師たちは毎日、海岸の6地点に魚くずの山を廃棄した。

ネコたちは大量の魚に群がり、大繁殖した。研究チームは模様から個体識別をおこない、200匹の存在を確認した。これは1平方キロメートルあたり約2360匹となり、ナクラオットをほんの少し下回る密度だ。複数のグループからなり、それぞれがほぼ独占的にひとつの廃棄場所で餌を食べるという社会構造も、イスラエルのネコたちと非常によく似ていた。[*5]

ナクラオットと相島は似ても似つかない場所だが、ひとつ重要な共通点がある。どちらにおいてもネコは極端に高密度になり、きわめてよく似た社会構造を示したのだ。この事実は、ほかのどの要因でもなく、食料入手の難易度こそが、イエネコに社会集団の形成を促すことを意味する。

集団生活の優位性

それでも、疑問は残る。大量の食料にネコが集まるのは意外ではないが、それだけではネコが社会集団をつくって生活する説明にならない。ネコにとって、集団をつくるメリットとは何だろう？　なぜ社交性に欠けたぼっちのまま、ただ近所のネコとよく出くわすだけにはならないのか？

忘れないでほしいのは、敵対的行動はコストをともなうということだ。けがをするかもしれないし、そもそも全員が満腹になるくらい食料が豊富なら、他個体から防衛する理由はない。したがって、食料がたくさんある場所での生活では、攻撃性が低くなることは想像にかたくない。だが、攻撃を控えることと、積極的にフレンドリーにふるまい、近所のほかのネコとの協力さえすることはイコールではない。

この問いに答えるために、いったんライオンに目を移そう。研究者たちは数十年にわたり、ライオンについて同じ問いかけを続けてきた。なぜライオンは社会集団で暮らすのか？　なぜ同じアフリカのサバンナに生息する、チーターのメスのような単独性ではないのか？

多くの仮説が提唱された。当初有力視されたのは、集団生活によって狩りの成功率が上がるというものだ。大きな群れはシマウマやヌーなどの中型の獲物をより確実に仕留めることができ、さらには単独で捕えるには大きすぎる獲物も狙うことができると考えられたのだ。

どちらの仮定も正しかった。集団での狩りは単独個体による狩りよりも成功率が高く、ときには若いゾウさえも倒すことができた。だが、集団生活にはデメリットもある。多くの食料が手に入るが、食い扶持《ぶち》も多くなるのだ。実際、研究者の試算によると、摂取カロリーに関して集団生活の利点はほとんどなかった。各個体が口にする肉の量に差はなく、むしろ集団が大きくなるほど減少した。

食料のためでないなら、集団生活の利点は何なのか？　ひとことでいえば、防衛だ。セレンゲティ平原のような開けた場所では、秘密を守ることはできない。狩りが成功すれば、ほかの動物もそれに気づき、上空を旋回するハゲワシが何キロも先までニュースを伝える。単独のライオンは、ブチハイエナの群れには太刀打ちできず獲物から追い払われる。だが、多数のライオンからなるプライドとなれば、ハイエナの大集団をもってしても追い払うのは難しい。

したがって、ライオンは集団生活のおかげで、捕えた獲物をキープすることができる。加えて、一般に大きなプライドほど質の高いなわばりを維持し、ほかのプライドの侵入を防ぐことができる。

メスライオンが集団で暮らす理由がもうひとつあるのだが、そこにはライオンの生活の暗く酷《むご》たらしい部分がかかわっている。心臓の弱い方は目を逸らすか、次の段落の最後まで読み飛ばしてもらってかまわない。

さあ、覚悟はいいだろうか。新たにやってきたオスの集団がプライドを乗っ取ると、かれらは幼い子どもたちを皆殺しにする。おぞましい行為に思えるだろうが、この行動には進化的に見て理にかなっている(また、一部の霊長類を含め他種にもみられる)。オスライオンにとって、よそのオスの子どもを育てるのにエネルギーを浪費すべき理由は何もない。乳飲み子がいなくなると、メスはより早く繁殖可能な状態に復帰し、比較的短期間のうちに新しいオスの子を妊娠する。オスにとって、これは些《さ》末《まつ》なことではない。オスがプライドを支配できる期間は平均で2〜3年しかないので、種を撒くのは早ければ早いほどいいのだ。

気分の悪くなる話だが、自然とはそういうものだ。個体が自身の遺伝子を次世代に継承する機会を増やす形質は、どんなものであれ自然淘汰を通じて選ばれる。長い脚であれ、大きな脳であれ、ライバルオスの子を殺してメスに自分の子孫を産ませる行動であれ、同じことなのだ。

オスの子殺しと集団生活との関係だが、侵入者のオスたちが子連れで単独のメスに遭遇した場合、ほぼ例外なく子ども全員が殺されてしまう。だが、オスたちが出会ったのが複数の母親だった場合、ふつう子どもたちの少なくとも一部は生き延びる。

このように、ライオンの集団生活の鍵を握るのは防衛だ。なわばりの防衛、ほかの捕食者からの獲物の防衛、侵入者のオスからの防衛。では、同じ説明はイエネコの集団生活にもあてはまるのだろうか?

ざっくりいえば、答えはイエスだ。共同での子育ては、ライオンの場合と同様に子猫の生存率を上昇させる。複数の母猫が協力することで、子どもたちをより確実に育ててあげることができるのは、一時的に世話をほかの母親に任せて採食に出かけられるため、また捕食者(最大の脅威はおそらくイヌ)に対して母猫たちが共闘し効果的に子どもを守れるためだ。

加えてオスネコによる子殺しも、ライオンほど一般的ではないものの、現実に存在する。[*6] そしてライオンと同様、複数のメスからなるグループに属していれば、不審なオスに早く気づいて追い払うことができるだろう。

大集団がもつ優位性もまた、イエネコとライオンにみられる共通点だ。大量の食料が狭い範囲に集中する場所(ゴミ収集所や定期的な餌やりがおこなわれる場所が典型)では、メスの数がもっとも多いグループが食料にもっとも近い場所に陣取る。ほかのグループのメスは排斥されるわけではないが、餌を求めて大集団の行動圏に足を踏み入れれば、もちろん歓迎はされない。

ただしライオンのプライドとひとつ違うところは、イエネコの集団が協力してほかの捕食者から食料を防衛した例は知られていない点だ。

全体として、大自然のなかでの集団生活に着目すると、イエネコとライオンは本質的にとてもよく似ている。豊富な食料が高い生息密度をもたらし、血縁関係にあるメスたちからなる集団の形成を促す。メスたちは協力してもっとも質の高い生活場所を確保し、子どもや資源を防衛する。イエネコにおける集団生活への適性の進化は、祖先のアフリカヤマネコからの分岐のあとに起こった、もっとも重要な進化的変化だ。

野生ネコの定点観測

イエネコとライオンにとって社会性がそんなに有利だったなら、なぜほかのネコ科の種は集団生活をしないのだろう？　おそらく、答えは食料の乏しさにある。ほとんどの生息地はセレンゲティ平原やナクラオットのゴミ捨て場ほど豊かではない。そして豊富な食料がなければ、たくさんのネコが集まって、集団生活が割に合うようになることもない。

この説明は的を射たものかもしれないが、ある場所に、ある種にとっての食料資源がどれだけあるかを定量化するのは、実際にはきわめて難しい。それでも研究者たちはいくつかの種（ユーラシアオオヤマネコ、オセロット、ライオン）について、獲物が多いエリアではネコの個体数も多くなることを明らかにした。

ほとんどの種に関して、こうした情報は手に入らないが、わたしたちには必要ないのかもしれない。理由が何であれ、ネコ科動物の生息密度がきわめて低いなら、集団が形成されるとは考えにくい。この前提の妥当性を確かめるのに必要なのは個体群サイズの推定値だけで、こちらは獲物の得やすさのデータに比べれば豊富に存在する。わたしたちの予測は明確だ。ほとんどのネコ科の種において、個体群の生息密度はイエネコやライオンよりも低いだろう。

熱帯雨林に潜むオセロットの個体群サイズを推定するのは、エルサレムの市街地でイエネコを相手に同じことをするよりはるかに難しい。狭く開けた場所なら、ミルモヴィッチがしたように、そこに暮らしている動物の全個体を観察し識別することは不可能ではない。だが、生息密度が低い動物に関しては、研究者はかなり広いエリアを対象にしなければならず、すると必然的にすべての個体を発見することは格段に難しくなる。

この問題を回避するため、研究者はある区画に生息する生物種の個体群サイズを推定する際、統計的手法を用いる。目を背けたくなるような数学的ディテールには深入りしないが、アルゴリズムを利用することで、個体Aが5回、個体Bが4回、個体Cが3回…といった観察記録のデータから、1度も観察されていない個体の数を推定することができるとだけいっておこう。

もうひとつ問題がある。こうした手法には実際のネコの観察記録が不可欠だ。けれども、ネコ科の野生種は人目を避けることで名高い。中南米の熱帯雨林で何十年も過ごしてきたわたし自身、たった一度しか野生ネコ(オセロット)を見たことがない。ジャガーもジャガランディもマーゲイも、一度も見たことがないのだ。だが、近年の技術的イノベーションのおかげで、研究者たちはこちらの問題も回避できるようになった。

カメラトラップ[*7]は厚めのペーパーバック小説ほどのサイズで、写真と動画を撮影できる。動きや体温に反応し、カメラトラップは複数の静止画あるいは短い動画を撮影し、画像をデジタルメモリーカードに記録して、再び次の起動までの待機に戻る。研究者たちは野生生息地にカメラトラップを、ふつうターゲット種に合わせた高さ(シカなら腰の高さ、ネコなら地表近く)の樹木にくくりつけて設置する。トラップを設置したら、あとは定期的に戻って画像をダウンロードし、バッテリーを交換するだけだ。

研究者たちはよく、対象エリアに大量のカメラトラップを設置し、数週間から数か月にわたって記録している。模様でネコたちの個体を識別できる場合は、前述のアルゴリズムを適用する。個体識別ができない場合には、ほかの統計的テクニックをあてはめる。いずれにしても、画像のおかげで個体群サイズの推定が可能になる。

もちろん、ネコを目当てにカメラを仕掛けても、たくさんの「珍入者」が一緒に撮影される。わたしは庭にカメラトラップを設置して、このことを身をもって学んだ。オポッサムやウッドチャック、アオカケス、シカネズミは常連メンバーで、ときにはシカやコヨーテもカメオ出演した。

こうした画像を眺めるのはとても楽しい。リスがスーパーマンのように前肢を伸ばして空中で静止している姿や、オポッサムの母親の背中に必死でぶら下がる8匹の子どもたち。ふてぶてしい2匹のアライグマが、次世代の小さな盗賊をつくっているところが現行犯で映っていたこともあった。

そしてときには、画像から対象種の生態に関する情報が得られることもある。たとえば、ネコはときに獲物をくわえて運んでいるところが撮影されるため、そこから何を食べているかを知ることができる。ある研究では、シカが驚くほど寛容なネコを舐めている、あるいはネコに鼻を押しつけているところが激写されたが、理由は謎のままだ。

カメラトラップの普及は、密な植生のなかや人里離れた土地でひっそりと暮らすネコ科動物の個体群モニタリングに革命をもたらした。その結果、いまや科学者たちは25種の小型および中型ネコの生息密度の推定値を手にしている。野生ネコの個体群が記録のあるかぎりもっとも高密度に生息する場所は、南アフリカの石油化学プラント周囲の、フェンスで囲まれた約78平方キロメートルの区画であり、ここには1平方キロメートルに1匹のサーバルが暮らしている。オセロットのいくつかの個体群でもこれに匹敵する密度が知られるものの、ほとんどの種の生息密度は1マイル四方に1匹をはるかに下回る。

石油化学プラント周囲のサーバルの生息密度は、ナクラオットのイエネコの2000分の1にも満たない。ミルモヴィッチが小さな回収容器のそばで見たイエネコの数は、1マイル四方〔約2・6平方キロメートル〕のアフリカの草原に暮らすサーバルの数よりも多い。イエネコが同サイズの野生種の

サーバル

ネコとはまったく違う社会構造をもつのも当然だろう。

ライオンの生息密度はときに1マイル四方あたり1頭を超え、もっとも密に暮らす小型野生ネコに匹敵するが、飼い主のいないイエネコの生息密度に比べれば格段に低い。この数字だけを見ると、高い生息密度がイエネコとライオンの集団生活を促したという仮説には矛盾するように思える。

だがライオンやその他のビッグキャットは小型ネコと比べて巨大であり、何もかも——食料、水、隠れ家、空間——を大量に必要とするため、ふつうは低密度にしかみられない。さらに、大型ネコは小型ネコよりもはるかに大きな獲物を捕食する。ネズミはシマウマよりもはるかに個体数が多いため、大型の獲物に依存する大型ネコは必然的に低密度にしか生息できない。

こうした理由から、ライオンとサーバルを比べるのは、りんごとみかんを比べるようなものだ。ライオンの社会性を理解するには、ほかの大型ネコと比較しなくてはならない。そして実際こうした比較をしてみると、ライオンはほとんどの他種のビッグキャットよりもはるかに高密度に生息していることがわかる。もちろん、豊穣なるアフリカの平原を満たす獲物たちのおかげだ。

ただし、ひとつだけ例外がある。ヒョウもまた、ときにきわめて高密度になるのだ。では、なぜヒョウのプライドは知られていないのだろう？ ここでも、答えはおそらく防衛にある。開けたアフリカのサバンナでは、たとえヒョウが群れをつくっても、はるかに大柄なライオンのプライドには勝ち目がない。そこでかれらは単独で暮らし、獲物を樹上に引き上げて、地上をうろつくライオンやハイエナに奪われないようにする（チーターも大型捕食者に獲物を奪われるが、かれらは木登りがうまくないため、できるだけ多くの肉をできるだけ早く平らげる以外に対抗策をもたない）。

食料の豊富さと集団生活

ネコ科のほかの種には、わたしたちの家で暮らしたり、わたしたちの施しを受けたり、生ゴミを漁ったりする選択肢はないだろうが、それでも多くの種はさまざまに異なる環境で生活している。食料入手の難易度がイエネコの社会構造の多様性を生みだすのだとしたら、他種にも同じような柔軟性があってもおかしくなさそうだ。

実際、こうした多様性を示唆する手がかりはいくつかある。ライオンのプライドの規模は獲物の豊富さによって異なり、カラハリ砂漠のように食料の乏しい土地では小さくなる。かつて北アフリカに分布した、絶滅亜種のバーバリーライオンはプライドをつくらなかったという主張さえ(根拠は十分とはいいがたいが)あるほどだ。

似たような興味深い観察記録が、アフリカヤマネコでも残されている。この種はふつう単独性とされるが、隠密行動に長けたかれらを対象とした研究は驚くほど少ない。野生個体の無線追跡がおこなわれたこれまでのところ唯一の研究は、サウジアラビア中部の小集落で6匹の行動を記録したもので、対象区域のなかには野生動物調査ステーション、酪農場、ラクダの搾乳場《さくにゅうじょう》があった。さらに多数のゴミ捨て場が点在し、ピクニックの残飯からヤギの死骸までさまざまな食料が豊富に存在した。ヤマネコたちは頻繁に他個体と遭遇したが社交的なふるまいは見せず、もちろん大規模コロニーもつくらなかった。[*8] この結果から、アフリカヤマネコはイエネコと異なり、食料資源が豊富な環境でも社会集団を形成しないことが示唆される。

とはいえ、すべてのアフリカヤマネコがサウジアラビアの6匹と同じ行動をとるとはかぎらない。1世紀前、あるイギリスの博物学者は複数のアフリカヤマネコが近接を保って(もしかしたらコロニーとして)フェネックあるいはほかの動物が掘った巣穴で生活する様子を、2度にわたって観察した。片方のケースではヤマネコが集住していた場所でスナネズミの大群も見られたことから、獲物の豊富さが非典型的な生活様式を促した可能性が示唆される。100年前のディテールに乏しい報告にあまり熱をあげるのはよくないが、それでもアフリカヤマネコの社会性が、イエネコやライオンの場合と同じように食料入手のしやすさ次第で変化する可能性はある。

アフリカヤマネコはイエネコの祖先であり、かれらの自然史に関する十分な知見がないことは残念でならない。一般に集団生活の能力は、イエネコが数千年前にわたしたちのそばで暮らしはじめた(この筋書きについては第7章で掘り下げる)あとに進化した形質だと考えられている。だが、もしもアフリカヤマネコにもこうした傾向が備わっているなら、集団生活はイエネコがヒトのそばで生活するなかで獲得した進化的適応というよりも、むしろ因果関係は逆で、食料さえ豊富なら集団生活もやぶさかではないという性質こそが、ネコの家畜化の礎になったと考えるべきなのかもしれない。良質なデータがないため、本書の残りの部分では従来の見解に従って社会性はイエネコで進化したものと見なす。ただし野生種の新たな知見によって、この解釈は再考を迫られる可能性があることも忘れないでほしい。

食事をシェアするビッグキャット

ライオンを除いてネコ科のほとんどの種は単独性と考えられており、交尾のときだけ一緒に過ごし、あとは互いを避けて、運悪く鉢合わせしたときには刺々しいやりとりになるとされる。この記述は多くの場合にあてはまるだろうが(たとえばオセロットのオスはほかのオスを殺すことが知られている)、最近の研究により微妙なニュアンスが添えられた。生涯のほとんどを単独で過ごす野生ネコでさえ、一部の種では必ずしも食料をめぐって険悪になるとはかぎらないようだ。

ピューマはネコ科の典型にあてはまる種で、子育て中のメスを除き孤独に暮らしている。と、考えられていた。だが、ワイオミング州のグランド・ティトン国立公園のピューマにGPS無線発信機つき首輪を装着し行動を追跡した研究チームは、かれらがしばしば獲物のアメリカアカシカを一緒に食べているのを発見した。調査対象の13頭のピューマすべてが、調査期間中に少なくとも1度は他個体と食事をシェアしたのだ。死体のそばに設置した動体検知式カメラトラップには、ピューマがときに威嚇《いかく》音声やネコパンチを繰りだしつつも、おおむね友好的にふるまう様子が記録されていた。

他個体への意外なほどの寛容さは、獲物のサイズで説明できるかもしれない。この地域のピューマが主食とするアメリカアカシカは、たとえ日数をかけても1頭で食べきるには大きすぎる。研究者たちは、ピューマが互恵的利他行動をとっていると推測する。今日きみがジビエをちょっと分けてくれたら、来週は僕がおごるよ、といった具合だ。この研究ほど詳しく調べられてはいないものの、ふつうは単独性のほかのビッグキャット(ジャガーとトラ)も、大型の獲物やありあまる肉を共有することがあるようだ。

食料を分け合うのは、おそらく大型ネコが超大型の獲物を仕留めた場合にかぎられるだろう。サビイロネコがバッタをシェアしたり、サーバルがネズミを半分こしたりする可能性は低い。とはいえ、小型ネコの生態は謎だらけなのだから、サプライズがあっても不思議はない。イエネコにおける集団生活の進化の下地になったような、まだ知られていない向社会性が今後明らかになるかもしれない。

きょうだいネコと非血縁ネコ

アフリカヤマネコに潜在的な向社会性があったかどうかはさておき、農業の発明がネコをわたしたちのリビングルームに導いた分水嶺的なできごとだったことは確実だ。人類が定住生活を開始し、さらに中心地に大量の食料を貯蔵しはじめたことで、膨大な数の齧歯類《げっしるい》やその他の餌動物が集まるようになり、ネコの個体数は激増した。

豊かな食料源のまわりで高密度に暮らしはじめたネコたちは、頻繁に互いと顔を合わせるようになった。アメリカアカシカを仕留めたピューマと同じように、アフリカヤマネコは殺し合うことなく共存する道を見つけなくてはならなかった。闘争はけがのリスクをともなううえに、全員に行き渡る食料があるなら不必要だ。そのため高密度で平和に暮らすことが当たり前になるにつれ、ネコたちは近所づきあいをうまくこなせるように進化した。初期農耕社会の周辺で生活したイエネコの祖先において社会性が進化したのは、こうしたシンプルな理由によるものだろう。家畜化がいつ、どこで起ったかについては、第6章で詳しく見ていく。

数千年早く同じ転機を迎えたイヌは、家畜化を通じてさらに高度な社会性を獲得した。すでに複数のイヌを飼っている家庭に新しいイヌを迎えると、あっという間に全員が親友になる。だが、ネコではそうはいかない。ヒトの家庭で暮らしてはいても、ネコの社会性はそこまで発達していないのだ。

同じ家で暮らすネコたちが仲良くなることは多い。一方で、屋外のコロニーに暮らすネコに比べ、よそよそしく緊迫した空気が漂うこともある。わたし自身も経験済みだ。

初めてのネコ、タミー(♀)を飼いはじめてから2年後、わが家に同じく保護猫シェルターからマーリーシャ(♀)がやってきた。[*9] 2匹はバディもの映画の主人公のように意気投合し、それから15年のあいだ、体をくっつけて眠り、しょっちゅう互いの毛づくろいをしあい、どう見ても親友どうしだった。

残念ながら、いまのわが家のネコたちの関係はこれとは異なる。数年前にネルソン(♂)を迎えたとき、わが家はすでにジェーン(♀)とウィンストン(♂)の根城だった。2匹はきょうだいで、ノネコだった母親はかれらが生後2週間のときに車に轢《ひ》かれて死んだ。[*10] 幸い、彼女が出産したばかりだったことを知っていた近所の人が子猫たちを見つけ、孤児となったかれらの世話ができる友人のところへ連れていった。4か月後、2匹はわが家にやってきた。

6年にわたりわが家で水入らずの時間を過ごしてきたウィンストンとジェーンは、やんちゃな子猫の闖入《ちんにゅう》を喜ばなかった。ネルソンはただ遊びたかっただけなのだが、先住2匹は相手にしなかった。そしてかれらがネルソンを拒むほど、彼はますますしつこく構ってもらおうとした。いまやネルソンもすっかり成猫になり、3匹の冷え切った関係は不動のものとなった。ネルソンは小柄なジェーンをいじめ、自分よりずっと大柄なウィンストンに対しても、彼が無抵抗なのをいいことに、しょっちゅう嫌がらせに精をだしている。

ネルソンのような状況はけっして例外ではない。ある調査によると、複数のネコを飼っている家庭の45%が、過去1か月以内にネコたちがケンカをしたと回答した。

ひとつ屋根の下のネコたちのあいだで何が起こっているのかを理解するために、思い出してほしいことがある。イエネコのコロニーの社会構造はふつう血縁に基づいており、1匹の母猫の血を引く複数世代のメスたちから構成される。これに対し、きょうだいをまとめて引き取った場合を除いて、家庭で一緒に飼育されるネコのほとんどは血縁関係にない。そのため、血縁のないネコどうしを引き合わせるのはトリッキーだ。あるネコの行動の専門家がいうとおり、ネコ社会の鉄則は「記憶にあるかぎり家族の一員だったことのないネコに会ったときは、とにかく慎重にことを進めよ」なのだ。

家庭内でのネコどうしのケンカは、かれらが血縁関係にない場合に頻発するだろうと予想されるが、わたしの知るかぎりこの仮説を検証したデータはない。ただし、ある研究によると、飼い主が家を空ける必要に迫られて複数の飼い猫を施設に預けた際、きょうだいネコが隣どうしで眠り、一緒に餌を食べ、互いに毛づくろいをする頻度は、何年も一緒に暮らしてきた血縁関係にないネコたちよりもはるかに高かったという。

屋外の集団で生活する飼い主のいないネコたちと、家庭内で他個体と暮らすペットのネコたちのあいだには、もうひとつ重要な違いがある。屋外のコロニーでは1匹または複数のネコがほかのネコを追い払うことができ、コロニーに居場所がなくなったネコにはよそに移住する選択肢がある。対照的に屋内で共同生活を送るペットの場合、家のなかのどこかにどうにかして自分の居場所をつくるしかない。飼い主が十分な食料、水、トイレ、昼寝場所を用意できていない場合、状況はさらに悪化する。ネコたちは他個体のお気に入りのエリアに侵入せざるを得なくなり、そもそも親密とはいえないネコ

一緒に眠るタミーとマーリーシャ

どうしが衝突する可能性は高まるのだ。

コロニーに暮らすネコはほぼ例外なくほかのコロニーのメンバーに敵対的だが、忍耐と覚悟により、コロニーに受け入れられる個体もいる。つまり、血縁関係にないネコどうしの共存は実現不可能な絵空事ではない。書店の棚を眺めれば、新しいネコを家庭に迎えるコツを教えるネコのエキスパートたちの著書が並んでいるし、こうした努力の多くは、タミーとマーリーシャの場合のように実を結ぶ。

こうした成功例を見るかぎり、十分な時間さえあれば、ネコはやがてイヌと同じ道をたどり、家畜化プロセスのさらに先へと進んで、ますます社会化されるように思える。ただが現時点では、ネコに対する「準家畜」という評価は、イヌやほかの家畜動物が経験してきたはるかに大きな転換と比較して、適切なものと考えざるを得ない。集団生活は、非血統イエネコとアフリカヤマネコを隔てる最大の違いだ。その他の変化、すなわち微妙な形態的変化や親和性の増大は程度の問題でしかない。非血統イエネコは祖先とそれほど大きく違わない。この結論は、ノネコがいともたやすく自然界での暮らしに戻ることからも納得がいく。

ネコはしょせんここまでなのか、それとも将来さらに家畜化が進むのか。この問いについて考える前に、準家畜という現状に至るまでにかれらが歩いてきた道を振り返ろう。

＊1　学術的には「発情中」という。

＊2　ライオンはメスが受け入れ態勢のあいだ、きわめて高頻度で交尾に励むことで知られ、いくつかの報告によれば1日に50回が数日続くとされるが、イエネコのメスも負けてはいない。4～5日にわたり、1日に15～20回の交尾を繰り返す。

＊3　ネコの集団をさす英単語。なぜイエネコの集団をプライドとよばないのか、クラウダー(clowder)という単語が何に由来するのかはわからない(調べてみたが、相矛盾するいくつもの説明が見つかった)。

＊4　「クイーン」は子どもがいる、または出産経験のあるメスネコ、あるいは別の定義によれば不妊化されていないメスネコをさす。

＊5　観光振興のため、相島はネコの楽園としてブランド化を進めている。日本にはこうした島は10か所ほどあり、いずれもネコの個体数の多さで知られ、ときには島民の数を上回る。

＊6　ただし、オスネコの集団はオスライオンの連合と異なり、ひとつのメスのグループとの交尾の権利を独占できない。イエネコで子殺しがまれなのはそのためかもしれない。

＊7　「トレイルカメラ」ともよばれる。

＊8　あるヤマネコのオスは王立ハト飼育場の周囲で、20匹の野生化したイエネコとともに観察された。数匹のイエネコと一緒に眠るところがしばしば観察され、1匹のメスのイエネコとの交尾も記録された。

＊9　父の心のなかで神話における約束の地のような地位にあった、インド洋の島国モーリシャスにちなんだ名前。

＊10　メスネコは複数のオスと交尾することを思い出そう。ウィンストンとジェーンはまったく似ていない。ウィンストンは体重8キロ弱(全部、ではないにしてもほとんどは筋肉だ！)の大柄なオスで、白地に灰色のぶち柄、頭は大きく角ばっている。対してジェーンは5キロと華奢で、全身がスレートグレー(濃い灰色)だ。わたしはずっと、きょうだいなのに妙だなと思っていたのだが、のちにノネコのメスはふつう発情中に複数のオスと交尾するため、生まれる子どもたちが半きょうだいになることは珍しくないと知った。フランスのとある研究では、4腹に3腹は複数の父親がいた(ネコの生息密度が低い農村部では、この割合はずっと低くなる)。

Chapter

5

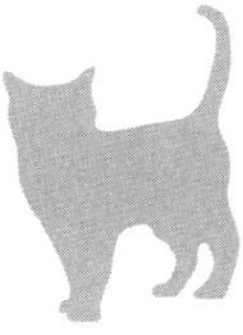

昔のネコと今のネコ

従来、種が年月とともにどのように変化し多様化していったかを推測するうえでは、化石記録が必要だった。古生物学者はこうしたアプローチでネコの進化を研究してきたが、ネコの化石が驚くほど少ないことが、かれらの足を引っ張った。ネコ科３０００万年の歴史のなかで、既知の種はわずか60種であり、現生種よりほんの少し多いだけなのだ。さらにややこしいことに、化石は均一に分布しておらず、ある年代のあるタイプのネコは豊富に化石が存在するが、それ以外は散発的にしか発見されていない。

最初のネコであるプロアイルルス・レマネンシス *Proailurus lemanensis* は、ボブキャットほどの大きさだった。短足気味ではあったが、明らかにネコだった。実際、これこそがネコの進化の際立った特徴だ。ネコはネコ。当たり前に思えるかもしれないが、ほかの動物たちを見渡せば、そうではないとわかる。絶滅種はしばしば、現生種とかけ離れた姿をしているものだ。たとえば地上性の巨大ナマケモノは、今日のわたしたちにおなじみの、木の枝にぶら下がる小柄な姿とは似ても似つかない。恐竜時代には全長15メートルの海のドラゴンのようなトカゲが世界の海洋を泳ぎ回っていたし、古代ワニのなかには陸生の種やひづめのある種もいた。これらに比べれば、ネコは必勝の方程式を見つけだし、それを守り抜いてきたように思える。

原初ネコが登場してから1000万年のあいだ、かれらの化石記録はごくわずかだ。あと2種のプロアイルルス属が進化したが、ほかには(知られているかぎり)何もなかった。ところが、約2000万年前、ネコの進化はギアを上げる。ネコ科はこの頃に2つの枝に分かれた。一方の枝からはたくさんの種の剣歯ネコが生まれ、世界の大部分に拡散した。かれらについては後述するが、ひとまずここでは、立派すぎる歯をもつこれらの種にもし出会ったら(最初のアメリカ人にとってこうした出会いは現実のものだった。人類が最初に北米大陸に到達したとき、剣歯ネコはまだ絶滅していなかったからだ)、あなたもきっと違いに気づくとだけいっておこう。それでも、巨大な牙と屈強な前半身はさておき、剣歯ネコがネコ科の一員であることは難なく理解できる。

もう片方の進化の枝は「錐歯」ネコとよばれる。ネコ科のすべての現生種を含むこちらのグループは、化石記録があまり充実していない。既知の種はどう見てもネコで、意外性に欠け、動物園にいたとしても違和感はないだろう。

剣歯ネコの化石は豊富に発掘されているのに、錐歯ネコはほんの少ししか見つかっていないのはなぜだろう？ いい質問だ。第一の仮説はもちろん、この格差は実際の進化の歴史を反映しているというものになる。剣歯ネコはもう片方のネコの系統よりもはるかに進化的に多様なグループで、現代のネコの系統はいまでこそ多数の種からなるが、多様化しはじめたのはつい最近という考えだ。

だが、化石の多寡にはこれとは違った説明もできる。剣歯ネコは現生ネコの祖先と比べ、死体が化石になりやすい生息環境を利用していたのかもしれない。動物の死体が化石になるかどうかには、いくつもの条件がかかわってくる。たとえば熱帯雨林では、死体は急速に分解されるため、化石化が進みにくい。現代の熱帯生物の化石記録が概して乏しいのは、おそらくこうした理由のためだ。

そのうえ現生ネコのほとんどの種は解剖学的にきわめてよく似ていて、歯と骨格だけから種を区別するのは至難の業だ。そのせいで古生物学者は化石記録にある鋸歯ネコの種数を過小推定しているのかもしれない。対照的に剣歯ネコの骨格はより多様で、種どうしを区別するのは比較的容易だ。

第三の要因として、剣歯ネコの研究は現生ネコにそっくりの化石種の研究よりエキサイティング、というのもあるかもしれない。つまり剣歯ネコの高い多様性は、古生物学における注目度の高さを反映したものにすぎない、という仮説だ。

これらの仮説を検証するのは難しく、どれも正しいかもしれない。今後の研究によって明らかになることを期待しよう。いずれにせよ、わたしたちはジレンマに直面する。ネコ科の現生種の祖先である、鋸歯ネコのまともな化石記録が手に入らないなか、どうすれば進化の歴史を解き明かせるのだろう？幸い、進化生物学者は別のトリックを隠しもっていて、これを使えば化石がなくても現生種がどう進化してきたかを推定できる。だが、この方法を詳しく見ていく前に、現生のネコたちの顔ぶれを軽くご紹介しよう。

リビングルームのライオン？ トラ？ それともヒョウ？

化石種と同じように、ネコ科の現生種はみなどう見てもネコだ。もっとも異端の種である、長い脚と小さな頭のチーターでさえ、姿をひと目見てネコだと気づかない人はいない。だからこそわたしたちは自宅で同居する伴侶を見て、ビッグキャットを思い浮かべるのだろう。これに関してはわたしも同罪だが、仲間はたくさんいる。

わが家のかわいいアビシニアンは、同腹のきょうだいのなかでいちばん小柄だった。きょうだいはみな飼い主が決まり、彼はがらんとしたアパートにたったひとり残された。哀れなちびっこの彼は、わたしたちが連れ帰った当初はひどく臆病だった。だが、やがて彼は堂々とした優雅で愛情深いシナモン色のネコに成長した。その見た目と鷹揚《おうよう》な気立てから、わたしたちは彼をラテン語でライオンを意味する「レオ」と名づけた。

調べてみると、レオはオスネコの名前として6番目にポピュラーだという。ひとつ上の5位は「シンバ」なのだが、こちらも意味は(スワヒリ語で)ライオンだ。これに関連して、『リビングルームのライオン(Lion in the Living Room)』はカナダ放送協会(CBC)のドキュメンタリーでも、ネコについての一般書でも、タイトルに採用された(どちらもいい作品だ)〔後者の邦訳タイトルは『猫はこうして地球を征服した』〕。人びとは明らかに、仲良しのネコにアフリカの大草原の王者の姿を重ね合わせている。

だが、イエネコを誰かの生まれ変わりと見なすなら、ほかにも候補はいる。「リビングルームのヒョウ（Living-Room Leopards）」は『ニューヨーカー』誌の人気記事だし、１９２０年の古典的名著のタイトルは『家のなかのトラ（The Tiger in the House）』で、その70年後には『トラの血族（The Tribe of Tiger）』も刊行された。そのうえ、歴史あるペット墓地の墓銘の分析によると、過去１１５年間でもっとも人気だったネコの名前は「タイガー」だという。

では、ソファでくつろぐわが家のペットを眺めながら、わたしたちが夢想すべき種は、ライオン、トラ、ヒョウのどれなのだろう？　いずれ劣らぬすばらしい動物たちだが、かれらとスモーキーのあいだには明らかな相違点がある。大きさだ。アフリカライオンのオスは体重２７０キロに達し、シベリアトラ（いまは「アムールトラ」のよび名のほうが適切とされる）はさらに重くなる。[*1] かたやイエネコは、どんなに大柄な個体でもその数パーセント、せいぜい14キロにしかならない。[*2]

ビッグキャットはネコ界のセレブであり、すべての注目をほしいままにする。ナショナル・ジオグラフィック・チャンネルのビッグキャット・ウィークの主役だ。だが、あまり知られていない事実をこっそりお教えしよう。世界42種の野生ネコ[*3]の大半を占めるのは、イエネコサイズの種なのだ。

さて、小テストの時間だ。体重14キロに満たないネコ科の種をできるだけたくさん思い出してみよう。おそらくネコ科でいちばんゴージャスな種であるオセロットやボブキャットと、その大柄ないとこのオオヤマネコ（複数の種からなり、体重20キロを超えることもある）はすぐに浮かぶだろう。でも、それ以外は（ヒント：いくつかの種は前章までに取り上げた）？　わたしが質問した人のほとんどは答えられなかった。クロアシネコやボルネオヤマネコ、コドコドやジャガーネコの名前を聞いたことがある人は数えるほどだった。明らかに、ネコ科のちびっこチームにはもっと有能な広報担当者が必要だ。

色と模様はさておき、こうした小型ネコたちはどれもイエネコによく似ている――いや、イタチを彷彿とさせるジャガランディ（中南米に分布する重心の低い種で、小さく先細りの頭をもつ）は例外だ。もちろん、多くの種が身を包む美しい斑紋のある毛皮のほかにも、違いはたくさんある。イエネコより小さい種もいれば（最小種のサビイロネコは体重1・5キロにしかならない）、カラカル、アフリカゴールデンキャット、サーバルのように15キロを超えるものもいる。

長い脚をもつ種（サーバル）もいれば、耳が小さい種（マヌルネコ）もいる。スナドリネコの足には水かきがあり、マレーヤマネコは「Flat-headed Cat」の英名どおり頭が平たい。飛び抜けて尾が長い種（マーブルキャット）もいれば、申し訳程度な種（ボブキャット）もいる。マーゲイの足首の関節は180度回転するため、頭を下にしてリスのように木を駆け下りることができる。

こうした個性派はさておき、ネコ科全体を見渡してみると、イエネコの外見はライオンやその他のビッグキャットよりも、小型野生ネコにずっとよく似ているとわかる。わんぱくな子猫にトラの赤ちゃんを重ねて空想したくなる気持ちはわかるけれど、小型ネコと大型ネコの違いは外見だけの話ではない。ネコとしての生きざまの多くの側面に見られる、顕著な相違点を反映したものなのだ。

ジャガランディ

対照的な特徴のひとつが食べ物だ。大型ネコはサイズのわりに相対的に大きな獲物を捕え、ときには自分よりも体重が重い動物さえ狙う。一方、小型ネコは自分のサイズの数パーセントにしかならない、昆虫やネズミ、鳥などの小動物を食べる傾向にある。また大型ネコは小型ネコよりも行動範囲が広く、繁殖に時間がかかる。こうしたすべての側面で、イエネコは小型の野生ネコたちと同類だ。

イエネコとライオンの社会行動は、この一般則を大きく逸脱している。わたしはすでに、両者の類似は収斂《しゅうれん》進化の実例であり、2種が独立によく似た形質を進化させたものだと論じた。だが、もうひとつの可能性もある。ライオンとイエネコは進化的に見て親戚どうしで、かれらが示す行動の類似は収斂進化ではなく、共通祖先から受け継いだ遺産だというものだ。どちらが正しいのだろう?

科学者たちはこの疑問に、現生するすべてのネコ種のDNAを分析することで取り組んだ。手法は複雑だが、おおざっぱにいって2種間におけるDNAの違いが大きいほど、両者は共通祖先から分岐してから長い時間が経っていることを示す。こうしたデータを利用して、研究者たちは現生種のネコのあいだの進化的関係を推定した。この関係を図示したものは専門用語では系統樹とよばれ、家系図によく似ている。近縁の種どうしは近くに描かれ、比較的最近の年代の共通祖先に端を発している。きょうだいの血筋をたどるとすぐに同じ両親に行き着くのと同じだ。はとこの孫のような遠い親戚どうしの種は、系統樹のより遠く離れた枝に位置するため、直近の共通祖先を見つけるには、枝の先端から幹のほうへと進み、もっとたくさんの進化的時間をさかのぼらなくてはならない[*4]。種の分岐がどのくらい昔に起こったかを推定する場合には、2種のDNAの違いが(かなりのばらつきはあるものの)おおむね一定の速度で進化したと仮定する。この手法は「分子時計」ともよばれる。

系統樹から、現生する全種のネコの共通祖先は約1100万年前に生きていたとがわかる。この共通祖先はそのあと2つの系統に分岐した。7種からなるビッグキャット(ヒョウ亜科)と、その他すべての種からなるスモールキャット(ネコ亜科)だ。

ただし、この2つのグループの名前はあまり正確とはいえない。ヒョウ亜科の種はすべてビッグキャットだ(ただし、息を呑むほど美しいウンピョウは中型)。けれども、スモールキャットであるはずのネコ亜科のなかで、ピューマとチーターの2種はかなり大きい。ピューマは多くの面で、ビッグキャット並みにサイズアップしたスモールキャットであり、遠目に見た大柄なイエネコのオスをピューマと間違えた目撃情報が多数寄せられるのはこのせいだろう。一方、長い脚をもつチーターは、ネコ科のなかでもっとも個性的な外見をしている。

イエネコはネコ亜科の一員だ。かれらにもっとも近い親戚は、約700万年前に出現した系統で、体格も生息環境もよく似た複数の種からなる。ヤマネコ、スナネコ、ジャングルキャット、クロアシネコだ。

系統樹のなかでイエネコがほかの小型ネコと同じまとまりに位置づけられることは、かれらの外見と行動に見られる多数の類似点を考えれば納得がいく。社会行動を除けば、イエネコはリビングルームのライオンというより、お茶の間のマーゲイ、あるいはキッチンのカラカルなのだ。次に愛猫に名前をつけるときには、ジョフロイ、ラスティ、オジーのほうがいいかもしれない(元ネタはもちろんジョ

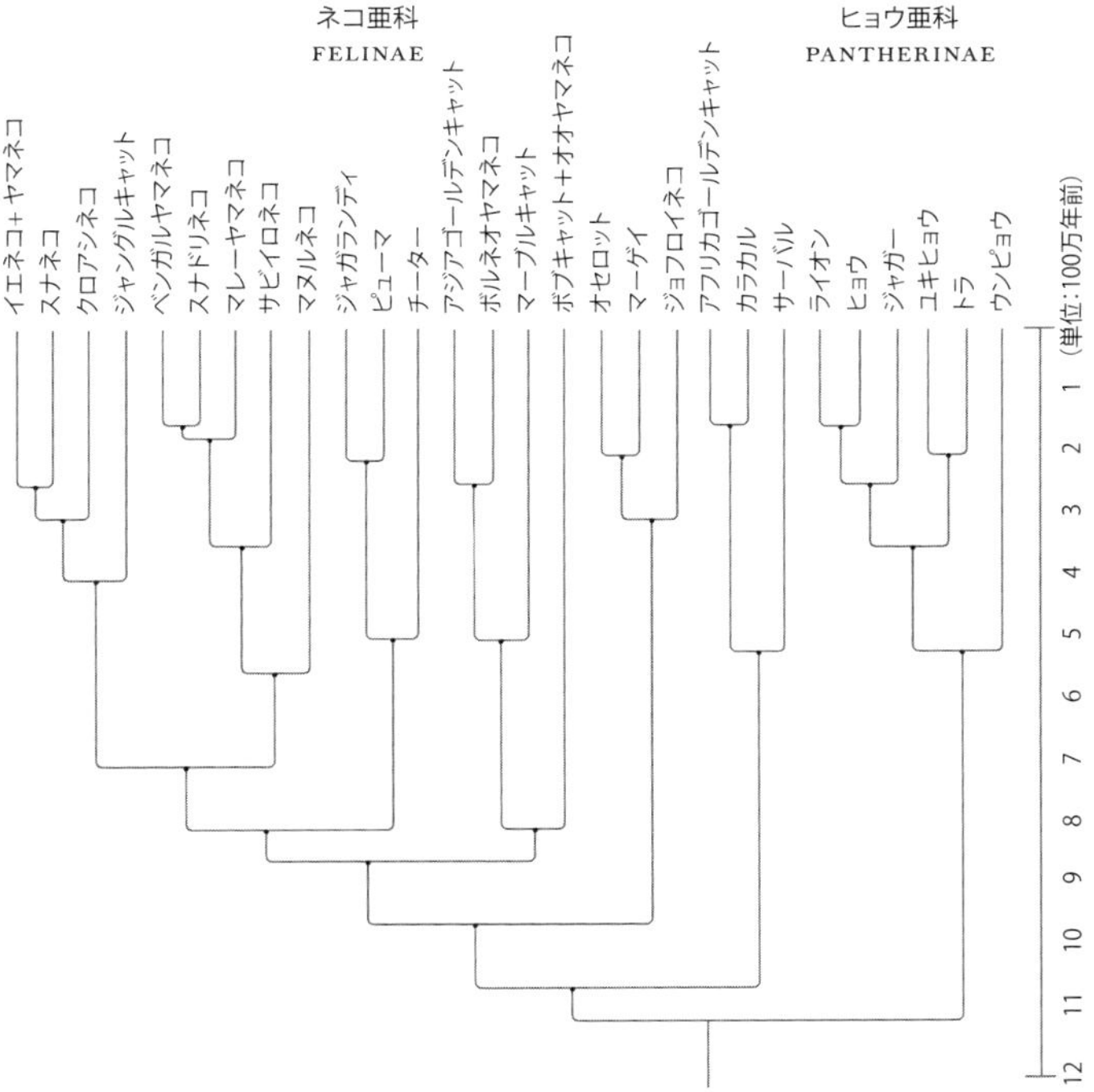

ネコ科の現生種の進化的関係（系統樹）

共通祖先をもつ種どうしは、その祖先から生じたのではない種と比べて近縁の関係にある（祖先種は小さな黒い円で示した）。任意の２種の直近の共通祖先を見つけるには、それぞれの種から出発して系統樹の下方へと線をたどり、２つの系統が交わる点を探す。この図に示されていない種もいる（たとえば、中南米の小型ネコはオセロット、マーゲイ、ジョフロイネコだけでなく、コドコド、２種のジャガーネコ、その他の３種を含む）。

フロイネコ、サビイロネコ、オセロット)。

こうした背景を念頭に、イエネコがアフリカヤマネコから進化したとどうやってわかったのか、改めて詳しく見ていこう。

家畜化で腸は長く、脳は小さくなる?

アフリカヤマネコが外見上、イエネコとほとんど区別がつかないことはすでに述べた。そういっているのはわたしだけではない。血統ネコの世界でのわたしのメンターである、ネルソンを譲ってくれた女性は、数年前に休暇で南アフリカを訪れた。彼女は経験豊富なキャットショーの審査員であり、当然ネコをよく知っている。ある日、彼女が人里離れたサファリロッジでギフトショップを物色していると、うっすらと縞模様のある、赤みを帯びた灰色のネコが店内に入ってきた。彼女はずいぶん脚の長いネコだとは思ったものの、深くは考えなかった。ネコが近寄ってきたので、友人は彼を撫でてやった。

そのとき、レジの店員が彼女に声をかけた。いま撫でているのはミナミアフリカヤマネコだというのだ! 友人は改めてネコをじっくり観察した。すると確かに、耳の背面の赤錆色という、決定的な特徴があった。間違いなく *Felis silvestris cafra* だ。それくらい2種はよく似ているのだ。

もちろん、多くのイエネコはヤマネコとは見間違いようがない。イエネコ *Felis catus* が示す万華鏡のような毛色、模様、毛の長さのバリエーションは、アフリカヤマネコにはまったく見られない。アフリカのサバンナで、長毛や巻き毛、白黒やオレンジや白のヤマネコに出くわすことはない。多くの品種に固有の、さまざまな形態的特徴についてもそうだ。

同じことが、アフリカヤマネコにごく近縁の、気性の荒いヨーロッパヤマネコにもいえる。アフリカヤマネコよりもがっしりして毛色が暗く、明瞭な縞模様をもつヨーロッパヤマネコは、一部のイエネコと瓜二つだ。ちなみに、この模様は「マッカレルタビー」とよばれる。背骨に沿った1本の縞と、側面に垂直に走る縞の連続が、魚の骨のように見えるためだ[*5]〔日本語でいうトラネコ。「マッカレル」は鯖を意味するが、日本語のサバトラは地色にちなんでおり、さすものが異なる。ヨーロッパヤマネコに似たタイプは、日本語ではキジトラとよばれる〕。

だからといって、ヤマネコとイエネコを区別するのが不可能というわけではない。ただし、それにはネコの中身を見る必要がある。もしそんな機会に恵まれたら、チェックしてほしいのは腸の長さと、脳の大きさだ。

わたしは最初、イエネコは原種よりも腸が長いという記述に懐疑的だった。ほとんどの文献がダーウィンを根拠としていたからだ。誤解しないでほしいのだが、わたしはダーウィンの大ファンだ。それに、どれだけたくさんの彼の洞察がのちに正しいと証明されたかを考えれば、ダーウィンが間違っているほうに賭けるのは賢明ではない。彼は自然淘汰を通じた進化だけでなく、土を通気するミミズの役割から、サンゴ礁の形成メカニズムまで、さまざまな現象を見抜いたのだ。それでも、19世紀なかばの科学が初歩的だったことは事実で、しかもダーウィンの主張は1756年のフランスでの研究に基づくものだったことから、わたしはこの件に関しては眉唾だと思っていた。正直にいうと、わたしは原典を突き止めてムッシュ・ドーベントンの著作を翻訳する手間を惜しんだのだが、イエネコの腸はヨーロッパヤマネコのそれよりも3分の1ほど長いという彼の知見は、少数のデータをもとに誤ってだされた結論なのだろうと、わたしの勘は告げていた(1896年の追試には目を通したが、そこにはなんと3匹分もの測定結果が示されていた)。

ダーウィンを疑うべきではなかった。数年前、自然史博物館の標本を調べた研究チームは、ドイツ中部のノネコの腸が、同じ地域で採集されたヨーロッパヤマネコの腸よりも40%長いことを発見した。この知見はのちに、スコットランドでの同様の調査でも裏づけられた(ただし、わたしの知るかぎりアフリカヤマネコではこうした調査はおこなわれていない)。

理屈のうえでは、この事実にはもっともらしい説明が可能であり、ダーウィンもまさにそれを提示している。「(腸の)延長は、イエネコがどの野生ネコと比較しても厳密な肉食の度合いが低いことと関連するようだ。たとえば、わたしはフランスで、肉と同じくらい野菜も喜んで食べる子猫を見たことがある」。植物やその他の食料と比べ、肉ははるかに消化しやすい。このため、ネコのようにふつう肉しか食べない動物は腸が短い。どちらも食べる雑食動物の腸の長さは中程度で、植物食の動物は非常に長い腸をもつ。

ヒトの居住地の周辺に暮らす野良ネコは、見つけたものを何でも食べ、穀物やその他の植物も例外

ヨーロッパヤマネコ

ではない。家畜化の初期段階で、自然淘汰は残飯をよりうまく消化できる長い腸をもつ個体を優遇し、やがて今日のイエネコはヤマネコよりも腸が長くなったという筋書きは、想像にかたくない[*6]。

反対に脳に関しては、イエネコは原種のヤマネコほど発達していない。2つの研究は驚くほど正確に、ヨーロッパヤマネコの脳はイエネコの脳よりも27％大きいという同一の結論に至っていた。さらに新しい研究で、アフリカヤマネコも脳の灰白質の質量でイエネコを上回ることが裏づけられた(ただしヨーロッパヤマネコの場合より差は小さかった)。脳の縮小は家畜に広く見られる現象で、ヒツジ、ブタ、ウマ、イヌ、リャマ、ミンクなど多くの種で知られている。これらの研究では体の大きさを統計的に統制して比較しているので、脳の小ささは単純に全体的なサイズが小さくなった結果ではない。

ただし、だからといってみなさんの愛猫が、野生のいとこよりも愚かだとはかぎらないので安心してほしい。脳のサイズの減少はむしろ、攻撃性や恐怖、全体的な反応性にかかわる脳部位に集中している。このことは、家畜がヒトのそばで暮らしてきたことを考えれば納得がいく。いつもびくびくして、逃げ回ったりストレスを溜め込んだりしがちな個体は長生きできず、自然淘汰はこうした問題により鈍感な個体を優遇しただろう。こうして、刺激への反応性とかかわる脳部位の縮小が起こったと考えられる。

解剖学的特徴については、これがすべてだ。腸の長さと脳の大きさ、それにアフリカヤマネコなら赤錆色の耳。アフリカのブッシュやヨーロッパの森を訪れて、目の前のネコの正体を突き止めようと思ったら、いつでも頼りになる特徴はほかにない。

イエネコの祖先

これほどよく似ているにもかかわらず、イエネコがヤマネコの子孫であるという考えに、すべての科学者が納得していたわけではなかった。アフリカやアジア、南米にこれほど多くの種の小型ネコが分布するのだから、ほかにも候補はたくさんいる。理論上は、どの種が *Felis catus* の原種であってもおかしくない。

ただし、南米の小型ネコたちはすぐに候補から除外できる。オセロットなど美しい斑紋をもつ種が多い、9種からなるこのグループは、みな36本の染色体をもつ。一方、その他のネコ科の種はすべて、イエネコも含めて38本だ。この違いに加え、西半球の古代文明にイエネコの存在が確認できないことから、南米由来という可能性は棄却できる。[*7]

それでも、アジアとアフリカの森林や草原、砂漠には、まだイエネコに似た小型ネコがたくさん生息していて、かれらの多くがイエネコの祖先の候補にあげられてきた。たとえば大きな頭をした黄土色の砂漠の住人である、小さく愛らしいスナネコだ。かれらは足の裏が毛で覆われているという、イエネコの品種ペルシャとの共通点から候補にあがった。

あるいは、枯れたおじいさんとグランピー・キャットを足して2で割ったようなYouTube受けするルックスと、頭の側面にある小さな耳が特徴の、マヌルネコはどうだろう？　冷涼なアジアのステップでも体を暖かく保つ、かれらの豊かな長毛もまた、モフモフのペルシャを思わせる。

それから、優美な斑紋をもつベンガルヤマネコも忘れてはいけない。スレンダーな体型、幅の狭い頭、長い妊娠期間、オスが子猫に対してフレンドリーであることなど、ベンガルヤマネコとサイアミーズとの数かずの共通点は、両者が祖先と子孫の関係にあることをほのめかしているように思える。さらにはジャングルキャットも、脚の長さや尾の短さ、やや大柄な体格(最大体重12キロ)を除けばかなりイエネコに似ている。しかもこの種については、古代エジプト人がペットとして飼育した記録まであるのだ。

こうした代替仮説は、１９７０年代に頭骨やその他の解剖学的特徴が詳細に調査された結果、みな葬り去られた。ドイツとチェコで別べつにおこなわれた研究により、これらの種はいずれもイエネコの祖先ではないと結論づけられた。骨格の類似性は明らかに、イエネコとヤマネコの強い結びつきを

スナネコ

マヌルネコ

示唆していた。この章ですでに取り上げたのちのＤＮＡ研究でも同様の結論が支持された。系統樹のなかでイエネコといちばん近い枝に位置づけられるのはヤマネコだ。

２０１４年、わたしの所属していたワシントン大学の遺伝学者たちが、これらの結論をさらに盤石なものにする研究結果を発表した。かれらはシナモン[*8]という名のイエネコの全ゲノム配列決定をおこなった。「ゲノム」とは、ある個体がもつ遺伝暗号の総体をさし、ネコでは20億個以上のＤＮＡの構成部品(塩基対)からなる。すべての塩基対の種類を特定するのは、もちろん気が遠くなるような作業だ。けれども昨今の技術発展と演算能力の向上により、ゲノム解析は格段に容易になった。研究チームはまた、そこまで詳細にではないが、ほかの22匹のイエネコ、２匹のヨーロッパヤマネコ、２匹のキタアフリカヤマネコについてもゲノム配列決定をおこなった。

ここで少し用語解説。ゲノムのなかで機能をもつ部分は遺伝子とよばれ、ネコは約2万個の遺伝子をもつ(ヒトとさほど変わらない数だ)。遺伝子は数百から数百万の塩基で構成される。ひとつ以上の塩基が異なる、ある遺伝子の別バージョンは「アレル(対立遺伝子)」または単純に「遺伝的変異」とよばれる。

ゲノムの配列を決定し、種間で比較したのは、すべてのイエネコに共通であると同時に、ヤマネコには一切見られない遺伝的変異を特定するためだった。このような遺伝子は、イエネコが祖先から分岐したあとに進化したと考えられる。

この研究により、イエネコとヤマネコのあいだに一貫して見られる遺伝的差異はごくわずかであることが明らかになった。家畜化の過程で自然淘汰を通じて変化した証拠が得られた遺伝子は、たった13個にすぎなかった(もちろん、イエネコの一部の集団や品種では、のちに追加的な変異が出現した)[*9]。対照的に、同様の手法でイヌとオオカミを比較した研究では、イヌの家畜化に関連する遺伝子が約3倍も見つかった。

イエネコとヤマネコの遺伝子がかなりよく似ているのは、形態と行動の違いが少ないこととあわせて、イエネコがヤマネコから進化したことを明確に裏づけている。

家畜化の仮説を検証する

けれども、イエネコはヤマネコの子孫であると認めたからといって、家畜化がどこか1か所で起こったことにはならない。ヤマネコの分布域は広大で、ヨーロッパの大部分(一部地域では根絶されてしまったが)、アフリカ(コンゴ盆地の熱帯雨林とサハラ砂漠を除く)、南西アジアを占める。理屈のうえでは、この分布域のなかのいくつかの場所で、家畜化が何度も起こった可能性もある。

ヤマネコの形態的特徴には、産地ごとにかなりばらつきがある。ヨーロッパヤマネコはがっしりして頭の幅が広く、暗色の分厚い毛皮に覆われている。アフリカヤマネコはもっとスレンダーで、脚がとても長く、「おすわり」の姿勢をとると背中が地面とほぼ垂直になるほどだ(古代エジプトのネコの像を思わせるのは偶然ではない)。長い脚のおかげで、アフリカヤマネコの歩き方は独特で、肩甲骨が背中から大きく張りだす。顔はヨーロッパヤマネコよりも幅が狭く前傾していて、被毛は淡色で短い。アジアヤマネコは中間的な特徴を示すが、おおむねヨーロッパヤマネコよりもアフリカヤマネコに似ている。

こうした違いから、ヤマネコは複数の場所で家畜化され、ヨーロッパヤマネコはがっしりして頭の幅が広いヨーロッパ品種のイエネコを、アジアヤマネコは短毛でスリムなアジア品種のイエネコを生みだしたという仮説が提唱された。この根拠として、チェコの研究者たちは陰茎骨*10の形がペルシャ、サイアミーズ、その他すべてのイエネコで異なると主張した。かれらはこの知見に基づき、イエネコの家畜化は3か所で独立に起こったと論じた。

複数起源説はイエネコにかぎった話ではない。イヌやウマ、ヤギ、ニワトリが示す、いずれ劣らぬ高い多様性は、各地域の集団が異なる原種をもとに家畜化された可能性を窺《うかが》わせる。しかしもちろん、これらの種はみな1度だけ家畜化され、現在の膨大な多様性は家畜化のあとに生じたという代替仮説もある。

では、どうすればこの2つの仮説を検証できるだろう？

＊1　史上最大のネコ科動物は、南米の剣歯ネコの一種スミロドン・ポプラトル *Smilodon populator* で、体重は500キロ弱に達した。まさにビッグキャットだ！

＊2　ギネス世界記録は現在、どんな動物についても体重を基準として最大認定をしていないが、かつては体重21キロ

のひどい肥満のオーストラリアのネコを世界最大記録としていた。

＊3　ネコ科の現生種が何種いるかに関して研究者の意見は一致していないが、これは2つの集団を同一種と見なすか別種と見なすかで見解が分かれるケースがあるためだ。

＊4　これらの研究は現生種だけを対象としているため、祖先は存在が推定されるだけで、特定の化石種をさすわけではない。化石を含む系統樹が描かれることもあるが、こうした研究では、データはふつう骨やその他の身体的形質に由来する（ただし、化石からＤＮＡを採取できる場合もあり、これについては後述する）。

＊5　ネット上の記述より。この言葉の確かな由来はわたしには突き止められなかった。

＊6　だからといってネコにヴィーガン食を与えることは正当化できない。ネコは肉食に精緻に適応しており、「超肉食動物」とよぶ研究者もいるほどだ。完全に植物ベースの食事はネコの健康によくない。

＊7　36本の染色体をもつ祖先から38本の染色体をもつ子孫が生じる可能性はゼロではないが、ほかの条件が同じなら、祖先の染色体も38本だった可能性のほうが高い。

＊8　アビシニアンに特有の橙褐色の毛色にちなんだ名前。

＊9　専門的な脚注になるが、ランダムな理由で遺伝子が祖先型から逸脱することもある。研究チームは複雑な統計的手法を用いて、自然淘汰によって生じた変化を特定した。

＊10　そう、多くの哺乳類のオスはペニスに骨がある（ただしヒトにはない）。解剖学用語では「陰茎骨」とよばれる。

Chapter 6

イエネコという「種」の起源

ここでカルロス・ドリスコルが登場する。90年代後半にメリーランド大学ボルティモア・カウンティ校で生物学を専攻した彼は、自然保護におおいに関心をもっていた。ドリスコルは世界の野生生物を救いたかった。だが、どの種を救いたいのか(お気に入りはヘビとトカゲだった)、どうやって救いたいのかは、自分でもわかっていなかった。

ある日、彼は生物学科長の教授と話をするなかで、卒業後に何をするか決めかねていると打ち明けた。すると学科長は、旧友がいま最先端の保全遺伝学研究をやっていると教えてくれた。しかも場所はすぐ近くの、よりにもよって国立がん研究所(NCI)だという(NCIに常任のネコ遺伝学研究者がいる理由は第15章で)。

ドリスコルはとくにDNA研究に関心があったわけではなかったが、将来が不確かなときに、親切を無下にはできないものだ。そこで彼は研究所を訪れ、スティーヴン・オブライエン博士と面談した。当時も今も、彼はこの分野の第一人者だ。こうして、あれよあれよという間にドリスコルはオブライエン研究室で仕事をするようになり、ネコ科の野生種の遺伝的多様性をテーマに選んだ。こうしたセレンディピティが科学者のキャリアの基礎を築くことは珍しくない。

ドリスコルはNCIのラボに6年在籍し、最初は実験助手として、そのあと修士課程の学生として、チーターやライオン、ピューマの遺伝的多様性を研究した。博士課程に進学する頃には、彼はDNA解析に夢中になっていた。同じような変化をとげる大学院生は、わたしのラボでもたびたび見てきた。最初は生態学や行動学のフィールド研究を志していた学生たちが、遺伝学研究の途方もない威力に魅了され、ラボ研究に移っていくのだ。朝に研究室にやってきて（多くの大学院生の場合、姿を現すのはむしろ昼頃だが）、丸1日集中して仕事をすれば、夜に帰宅する頃には膨大な量の新しいデータが手に入る。人里離れたエキゾチックな場所でのフィールド調査を率いるのと比べ、興奮やロマンには欠けるかもしれないが、短期間に大きな進展を期待できる。それに、DNAは動物の生理機能や、誰と誰が交尾したか、時代を超えてどう進化してきたかなど、さまざまなことを教えてくれる。

さて、ドリスコルは再び、どこの博士課程でどの種の研究をするかを決めなくてはならない時期にさしかかった。またしても運が彼に味方した。ドリスコルはいつも、ラボを訪れるゲストスピーカーを率先して空港に送迎するようにしていた。ナイスガイだからというだけでなく、彼自身の言葉を借りれば、「往復1時間ずつ、生物学界のスーパースターを監禁できる」からでもあった。

そんなスーパースターのひとりが、オックスフォード大学教授で肉食哺乳類の世界的権威のひとり、デイヴィッド・マクドナルドだった。2人は意気投合した。

マクドナルドはスコットランドヤマネコ（ヨーロッパヤマネコのスコットランド個体群[*1]）とイエネコをどう区別するかに関心をもっていた。前述のとおり、両者を外見で区別する確実な方法はない。そのうえ、ヤマネコとイエネコが交尾して生まれた交雑個体をヤマネコと区別するのは、さらに困難だ。マクドナルドが考えていたのは、両者を区別する遺伝子検査を開発することで、これはスコットランドヤマネコを遺伝的な独自性をもつ個体群として保全するうえで不可欠な最初のステップになる。ドリスコルはすでにこうした手法のエキスパートになっていた。願ってもないめぐり合わせだ。こうしてドリスコルはオックスフォード大学の博士課程に進学した。

当初の計画ではプロジェクトの対象をスコットランドヤマネコに絞っていたが、ドリスコルはすぐに視野を広げた。ヤマネコは分布域全体でイエネコと共存しているため、種間交雑（異なる種や個体群のあいだでの繁殖を意味する専門用語）の問題は広範囲で生じているおそれがある。それにもちろん、イエネコの起源の謎に迫るには、最先端の遺伝子解析が必要だ。ネコの遺伝学で博士号を取るつもりなら、取り組む問いが大きいに越したことはない！

ドリスコルはヤマネコの自然分布域全体でヤマネコとイエネコのＤＮＡサンプルを採取する計画を立てた。途方もない仕事であり、一から手をつけるとしたら数年、いや数十年はかかる。幸い、ヨーロッパではすでに多くの研究者たちが地元のヤマネコを研究していて、多くの地域で既存のサンプルを利用できた。

こうした研究者たちの一部は、すでにオックスフォード大学と共同研究をおこなっていて、プロジェクトに二つ返事で協力してくれた。だが、遠く離れた大学や政府機関の科学者たちの多くはオックスフォードとは何のコネもなく、近場で何かしらの研究を進めようと、独自に地元のネコのデータを集めていた。ここで知っておいてほしいのは、動物学者のあいだにも序列があることだ。研究対象がカリスマ的な種であるほど優位に立てる。オオヤマネコやヒグマなら、みんなの羨望の的だ。ジャッカルだと少し劣る。ノネコ？　空気も同然。

要するに、こうしたネコ研究者たちは少なからず劣等感を抱えていた。そこへお高くとまったイングランドの名門大学に所属する、会ったこともないアメリカ人が、サンプルを提供してくれといってきたのだから、警戒するのは当然だ。そんなことをして何の得になる？　プロジェクトへの貢献を正当に評価するどころか、2度と連絡もよこさないんじゃないのか？

ドリスコルには、こうした疑念を払拭するための秘策があった。自身いわく「人生でいちばん冴えた作戦」の下準備として、彼はオックスフォードに移ったとき、愛車の燃えるようなオレンジ色のBMWのバイクを船便で送った。各地の研究者を訪ねて協力を仰ぐにあたり、彼はどこかの大物研究者と違って、航空券と高級ホテルを予約したりはしなかった。代わりに彼はバイクにまたがり、英仏海峡を（ホバークラフトでなら最高だったが、現実にはトンネルを抜けて）越え、そのままヨーロッパを周遊して、ハンガリーやブルガリア、スロベニア、クロアチア、セルビア、モンテネグロなど、各地の研究者を訪ねて回ったのだ。人好きのする性格の彼ならではのアプローチは魔法のようにうまくいき、彼はぎこちなく堅苦しい社交辞令で迎えられるどころか、行く先ざきで家庭料理をふるまわれ、自宅に泊めてもらう歓待を受けた。こうして彼は多数のサンプルを手に帰国した。アフリカとアジアではこうはいかなかった。現地研究者がすでにサンプルを収集していたのは南アフリカだけだったのだ。残りのほとんどの地域では、サンプルが欲しければ自分でネコを捕まえるしかなかった。

思い出してほしいのだが、ドリスコルはこのときまで、研究キャリアのすべてをラボでのＤＮＡ解析に捧げてきた。何度か研究室の実習に同行したことはあったものの、フィールド経験は豊富とはいえなかった。「最初はネコを捕まえるのがすごく下手だった」と、彼自身も認める。だが、プロジェクトが進むにつれ上達した。成功率が上がった最大の要因は、どこに罠(ゴムパッド付きのトラバサミ、またはハバハート社の箱罠)を仕掛ければいいか、どうやってネコを罠に誘い込むかを、実体験を通して学んだことだった。

彼は罠の仕掛け方という繊細な技術(近くに羽をぶら下げておくとネコは抗えないようだった)を習得し、残る唯一の問題は、ときに捕まる目当てではない動物たち、なかでも解放の際に多少の危険をともなう連中だけとなった。ラーテル(「怖いものなし」で知られる)やスカンク、オオトカゲ……。いちばん忘れがたい思い出は、箱罠で誤って捕獲された、イボイノシシの母親と子どもたちだった。ドリスコルが解放する頃には罠は完全に破壊されていたが、扉だけはどうにかロックされた状態を保っていた(イボイノシシたちはいたって元気で、彼が扉をこじ開けたとたん、尾を高く上げて去っていった)。

ラーテル

イボイノシシ

ドリスコルはネコのサンプルを求めてアジアとアフリカを旅し、イスラエルやアゼルバイジャン、カザフスタン、モンゴル、中国、ナミビア、南アフリカを訪れた。サンプル採集の大部分は2001年9月11日のアメリカの同時多発テロ直後におこなわれたが、彼が移動に不自由することはなかった。ただし、研究の対象地域には地政学的影響が及んだ。エジプトはネコの叙事詩において重要な土地だが、同国やその他のアラブ世界への研究目的での滞在は困難となった。彼は膨大かつ煩雑な準備の末に、イラン訪問を計画していたが、ブッシュ大統領の2002年の「悪の枢軸」発言により消し飛んだ。幸い、アフリカヤマネコは中東に広く分布しており、ドリスコルはイスラエルでみずからサンプルを採集し、また共同研究者がすでに保有していたバーレーンとアラブ首長国連邦のサンプルも利用することができた。

最終的に、ドリスコルは自然分布域全体のヤマネコのサンプルと全世界のイエネコのサンプルを、じつに979個も集めることに成功した。

サンプルの中身は多様だった。大部分は研究者が定期的モニタリングの際に採取した血液サンプルだったが、ドリスコルはたまたま舞い込んだチャンスも逃さず、たとえば交通事故死したネコからも組織サンプルを採取した。自然史博物館の剥製からも組織片を入手した。括約筋(つまりお尻の穴)のかけらはとくに好都合だった。耳の先端などと違い、キュレーターにとってなくなってもあまり惜しくない部分だからだ。

いちばん奇抜な入手先は、モンゴル西部のある鷹匠《たかじょう》がもっていた、くるぶしまである毛皮のコートだった。この地域のカザフ族の人びとは、イヌワシを訓練してマヌルネコやキツネを捕え、毛皮を利用する。ドリスコルが見た(試着もした)くるぶし丈のコートは40匹のマヌルネコの毛皮でつくられ、裏地にはアジアヤマネコの毛皮が使われていた。両側をほんの少しずつ切り取ることで、彼は当地のヤマネコだけでなく、希少なマヌルネコのサンプルも獲得した(こちらはのちの研究で使われた)。

ラボに戻ったドリスコルはサンプルを処理し、DNAを抽出して解析にかけた。全ゲノム解析を安く手軽に実施できるようになる前の時代で、彼は複数の特定の遺伝子に的を絞った。こうして各サンプルから数千塩基ずつ配列が得られた。彼はこれらのDNA断片を比較し、もち主の個体どうしがどのくらい近縁かを推定した。

結果の一部は予想どおりだった。世界各地のヤマネコは、やはり遺伝的に見てそれぞれ独自の集団だった。一方、サプライズもあった。ヤマネコの遺伝的系統は3つではなく、4つあったのだ。ヨーロッパとアジアのヤマネコが別べつであるだけでなく、アフリカの南部と北部(後者はトルコ、イスラエル、サウジアラビアやその他の周辺国を含むため、中東〔リビア〕ヤマネコとよばれることもある)には、異なるグループのヤマネコが暮らしていた。遺伝的差異の程度から見て、ドリスコルは四つの集団が少なくとも10万年にわたって遺伝的隔離、つまり集団間で交雑せず遺伝物質を交換しない状態を維持してきたと推定した(のちの研究でこの数字は大幅な過小推定だったとわかる)。

さらにもうひとつ、意外な事実が判明した。ネコ科でもっとも情報の乏しい種のひとつに、チベット高原の高標高地帯(エベレストに近い「世界の屋根」とよばれる一帯)に分布するハイイロネコがい

🐾ハイイロネコ

る。あまりに何もわかっていないため、ある研究者は脚が短いといい、別の研究者は脚が長いと主張するほどだ。ただし、がっしりした体格と長い体毛はスコットランドヤマネコを思わせるものの、明るい地色はヨーロッパ以外のヤマネコに似ることについては意見が一致している。ヤマネコの亜種とみなす研究者もいたが、ほとんどの専門家は独立種として分類してきた。

ドリスコルの研究により、この考えは葬り去られた。DNAデータに基づき、ドリスコルはヤマネコの複数の集団と近縁種の関係を示す系統樹を描きだした。予想どおり、ヤマネコの異なる集団どうしは、ヤマネコとスナネコ(この種は先行研究からヤマネコの近縁種であることがわかっていた)よりも近い関係にあった。だが、系統樹におけるハイイロネコの位置づけは、少なくとも大部分の研究者にとって意外なことに、ヤマネコに内包され、アジアヤマネコともっとも近縁であるというものだった。つまり、ハイイロネコは第5のヤマネコだったのだ。

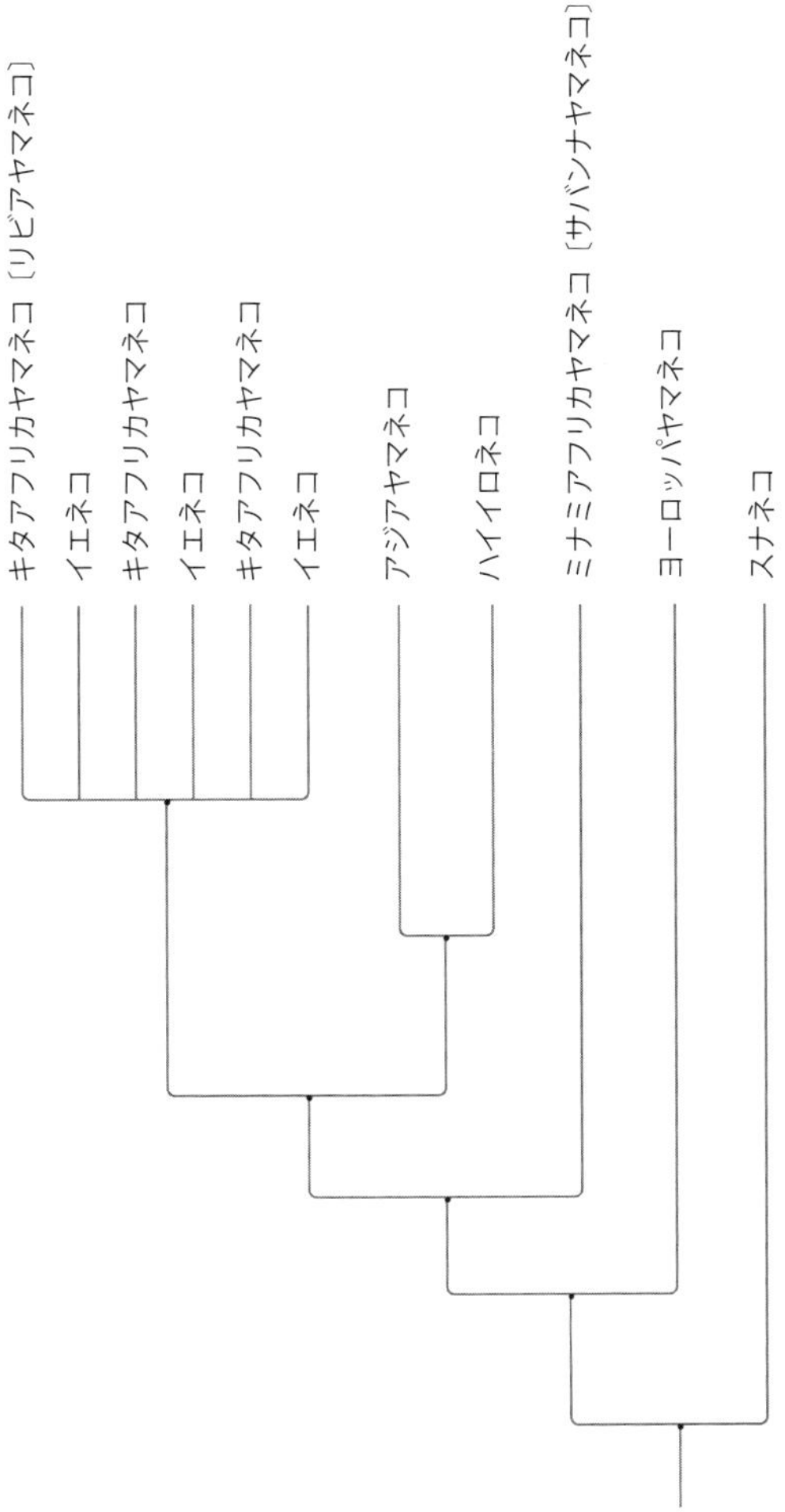

ヤマネコとイエネコの進化的関係

キタアフリカヤマネコとイエネコの描かれ方は、両者が別べつのグループをつくらず、渾然一体《こんぜんいったい》となっていることを強調して表現したもの。89 ページの図とは異なり、線の長さは分岐後の時間の長さを反映したものではない。

ヤマネコを遺伝的に分類する

　高校生物の授業をよく聞いていた方なら、生物の2つの集団が別種とみなされるのは、互いと交配できない、あるいは交配したがらない、または交配したとしても生殖可能な子どもが生まれないときだと覚えているかもしれない。この理屈はシンプルだ。異種のあいだで遺伝子が交換されないなら、両者は別べつの進化の軌道に乗っている。一方、遺伝子の交換があるなら、両者は独立の進化的なまとまりとはよべず、片方で生じた遺伝的変異は、もう片方にも受け継がれる可能性がある。こうしたアプローチは、2つの集団が同じ場所に生きている場合にはうまくいく。両者のあいだに繁殖に関する相互作用があるかどうか、実際に確かめればいいだけだ。

　けれども、2つの集団が別べつの大陸に分布しているとき、相互に交配可能かどうかを知るにはどうすればいいだろう？　動物園で同じ飼育舎に放り込んで様子を見ることはできても、そこから得られる結論はミスリーディングだ。利用する生息環境が異なる、あるいは活動時間が異なるといった理由で、野生ではまったくかかわりのない種どうしでありながら、同じケージに入れられたときには繁殖するという例はいくつもある。もちろん、交尾して生まれた子に生存能力や繁殖能力がないなら、両者は別種とわかる。だが、そうでない場合、こうした試みの結果を解釈するのは難しい。

　こうした理由で、多くの科学者は交配可能性という種の基準にもはや関心をもっていない。代わりに、かれらが判断基準とするのは、集団間の遺伝的な差異の程度だ。これにはさまざまな測定方法があって、基本的な発想は遺伝的な違いが大きい集団どうしは遺伝子をほとんど交換せずに長期間にわたって進化してきたはずであり、別種と認めるにふさわしい、というものだ。なお、どれだけ違いがあれば別種とみなすかは主観的であり、個別の議論の的となる。

この新たなアプローチによって、近年ネコ科の種数は大幅に増えた。遺伝子研究により、かつて1種と考えられてきた動物の、地理的に隔離された別べつの個体群どうしが、じつは遺伝的に大きく異なるとわかるケースが相次ぎ、いまでは複数の種とされるようになったのだ。たとえばウンピョウは、現在は大陸アジアの種と、インドネシアの種の2種が認められている。同様な種の分割は、ベンガルヤマネコやジャガーネコでも起こった。

交配可能性と遺伝的距離という2つのアプローチは、じつはそれほどかけ離れたものではない。一般則として、2つの集団の遺伝的な違いが大きいほど、相互交配がおこなわれる可能性は低くなる。たいていの場合、2つの方法で得られる結果は同じだ。

ヤマネコの5つの集団について、相互交配に関するデータは何もない。わたしたちの手元にあるのは遺伝子データだけだ。過去10年以内に出版された、ネコ科の生物学と分類学の第一人者の手による、ネコ科の種多様性を網羅した3冊の本は、ヤマネコに関してそれぞれ異なる結論に至った。ひとつは、ハイイロネコを含むすべてのヤマネコは同一種であり、5つの亜種があるとするもの。もうひとつは従来説に従い、ハイイロネコの独立種ステータスを維持し、ほかの4集団をいずれもヤマネコの亜種とするもの。最後は、こちらもハイイロネコを独立種とするが、ヨーロッパヤマネコを（おそらくほかの3集団との外見上の顕著な違いから）種に格上げし、アフリカとアジアのヤマネコを3亜種で構成されるひとつの種とみなすものだ。

3つの分類のどれが妥当かを判断する客観的基準はない。わたし好みなのは、すべてをヤマネコ *Felis silvestris* というひとつの種にまとめる最初の説だ。ただし本書の議論のうえでは、これらの区別は重要ではない。ポイントは、種であれ亜種であれ、遺伝的な独自性をもつ5集団がいるということだ。

イエネコのルーツ

ともあれ、ドリスコルの研究の主眼であるイエネコに戻ろう。もしも家畜化が異なる祖先をもとに複数回おこなわれたのなら、以下の2つのどちらかの結果が予想される。ひとつの可能性は、世界各地のイエネコの集団はそれぞれ同地域に分布するヤマネコの子孫だというものだ。アジアのイエネコは系統樹のなかで、アジアヤマネコともっとも近縁と位置づけられ、イギリスのイエネコはスコットランドヤマネコの隣に位置し、以下同様。この場合、複数の家畜化事象が残した遺伝的痕跡は明白だ。

あるいは、かりにイエネコが異なるヤマネコ集団をもとに複数回の家畜化を経て生まれたとしても、その後の地域を超えたネコの移動により、集団間の遺伝的差異は均一化されているかもしれない。この場合、イエネコの遺伝子プール[*2]はすべてのヤマネコ集団のDNAをごちゃまぜにしたものになるため、イエネコはヤマネコのどの亜種からも独立した遺伝的なクラスターを形成するだろう。

ドリスコルの研究結果は、この2つの仮説を棄却するものだった。DNA解析により、全世界のイエネコは明確にキタアフリカヤマネコと結びつけられたのだ。実際に両者のDNAはあまりにも類似性が高いため区別が不可能で、遺伝的に混じり合っていると結論づけられた。数年後のネコゲノム研究で、ヤマネコにないイエネコだけの遺伝的特徴がごくわずかしか見つからなかったのも、当然といえる。

ドリスコルの研究により、異なる祖先をもとにした複数回の家畜化によってネコが誕生したという考えに終止符が打たれた。イエネコの起源はキタアフリカヤマネコであり、それ以外の起源は存在しない。

ただし、すべての疑問に答えが出たわけではない。何より、キタアフリカヤマネコの家畜化は1度だけ、たったひとつの場所と時代で起こったのか、それとも複数回おこなわれたのかという問題がある。この種はヒトのそばでの生活に適性があるようなので、キタアフリカヤマネコが集落で生活し、分布域のなかのいくつもの場所で何度も家畜化されたと想像するのは難しくない。

DNAデータを見るかぎり、後者の可能性が有力だ。もしもイエネコがひとつの場所に起源をもつなら、遺伝的多様性はかぎられたものになるはずだが、ドリスコルの研究結果は正反対だった。現代のイエネコには途方もない遺伝的多様性が見られたのだ。この多様性は、キタアフリカヤマネコが複数の場所で家畜化されたことによるもので、そこには各地の異なる個体群に由来する遺伝的変異が含まれるだろうと、ドリスコルは考察する。

ドリスコルの研究結果から、ネコの家畜化を理解するうえでのひとつの重要な示唆がもたらされた。注目すべきはキタアフリカヤマネコなのだ。これまでのいくつかの重要な研究、たとえば音声に関するニコラス・ニカストロの研究は、ミナミアフリカヤマネコが対象だった(もちろん、ニカストロの研究した時点では、キタアフリカヤマネコとミナミアフリカヤマネコがそれぞれ遺伝的に独自の集団であるとは知られていなかった)。また、野生のヤマネコや子猫のときから人に育てられたヤマネコに関する文献についても、背景を綿密に調べ、その個体がどちらの亜種だったのかをはっきりさせる必要がある。問題の本質は、2つの亜種間にどれだけの行動的・形態的差異があるのかだ。わたしの知るかぎり、現状ではこれに関するデータがない。ただし、これまでアフリカヤマネコとして一緒くたにされてきたという事実からして、全体的によく似ているのだろうと考えられる。

プロジェクトの当初の目的、すなわちイエネコとヤマネコの交雑の有無を見極める遺伝子検査の開発に関しても、この研究は大成功だった。イエネコの起源はキタアフリカヤマネコであり、キタアフリカヤマネコとヤマネコのほかの亜種のあいだには遺伝的な隔たりがある。だから、スコットランドヤマネコとされる個体の遺伝子を調べてみて、その一部にキタアフリカヤマネコのDNAが見つかったら、その個体は遺伝的に100%純粋なスコットランドヤマネコではなく、祖先のどこかにイエネコがいたと判断できる(もうひとつ、スコットランドヤマネコと思われた個体がキタアフリカヤマネコの血を引いている可能性もあるが、そうなるとキタアフリカヤマネコがスコットランドにいた理由の説明が必要になる)。

実際、ドリスコルはこうした交雑の証拠をすべてのヤマネコの個体群で発見した。地域によっては(カザフスタン、モンゴル、ヨーロッパの複数の地点など)、ヤマネコの大部分の個体が遺伝暗号のなかにキタアフリカヤマネコから受け継いだ要素をもっていたのだ。ヤマネコは分布域の全域で、イエネコと行き当たりばったりに交配しているようだ。

その後の15年で、多くの研究者たちがドリスコルのアプローチを推し進め、イエネコとヤマネコの交雑を検出するさらに精度の高い遺伝子検査が開発された。それらの成果は一貫していた。ある程度の種間交雑は、ほぼすべてのヤマネコ個体群に見られたのだ。逆に、ヤマネコのDNAもイエネコ個体群に浸透していた。たとえば中国の研究チームは、地元のイエネコの一部がハイイロネコのDNAを保有していることを、驚きとともに報告した。

スコットランドヤマネコを絶滅から救え!!

種間交雑は自然保護従事者にとって大きな課題のひとつだ。かれらの目標は種の絶滅を回避すること[*3]であり、わたしたちがふつう考える脅威といえば、ある生物種の個体を殺す要因、たとえば過剰な狩猟、生息環境の破壊、食料源の消失といったものだ。だが、遺伝子撹乱というもうひとつの脅威がある。別の種に由来する遺伝物質がかなりの割合まで浸透してしまったら、もはやいったい何を守っているのかわからない。少なくとも数万年、数百万年にわたって進化してきたオリジナルの種でないことは確かだ。

スコットランドヤマネコを例にとろう。灰色の地に黒い縞模様をもつかれらは「ハイランドのトラ」の異名にふさわしい。がっしりして頭が大きく、厚い毛皮とふさふさしたリング柄のしっぽをもつかれらが、アムールトラのミニチュアのように雪のなかを進む様子はすぐに思い浮かぶ。かつてはイギリス全域に分布したが、生息地破壊と猟区管理人による駆除のために、いまではスコットランド北部の山岳地帯でしか見られない。

近年、多くの地域で森林再生が進み、またヤマネコは法律で保護されている。にもかかわらず、かれらは新たな脅威に直面している。アメリカやその他の国ぐにと同じように、イギリスでもイエネコはいたるところに生息している。かれらがヤマネコと出会うと、しばしばロマンスに発展する。イエネコの数は(飼われているものもそうでないものの)あまりに多く、ヤマネコはそうでもないので、ヤマネコの交尾相手のかなりの割合をイエネコが占めることになる。自然保護団体の推定によれば、スコットランドヤマネコの野生個体は最大でも数百頭しか残っていない。だからといって、スコットランドのハイランド地方にネコがほとんどいないわけではない。むしろ逆で、ネコはたくさんいる。だが、ほとんどの個体は家系図のどこかにイエネコの祖先をもつため、スコットランドヤマネコではなく交雑個体とみなされているのだ。

だが、ここでわたしたちは、これがどれくらい問題なのかを考えなくてはならない。ハイブリッドネコの多くは、遺伝的に混じり合っていないヤマネコと外見上ほとんど区別がつかない。科学者たちはヤマネコと交雑個体を確実に区別できる外見的特徴を絞り込もうと苦心してきたが、スコットランドヤマネコを示唆するもっとも有力な証拠の数かず、すなわち首の背面の（2本ではなく）4本の縦縞、肩の2本の縦縞、側面の途切れない縞模様、一様に黒く丸まった（先細りにならない）尾端も、100％信頼できるわけではない。

そこまで区別が難しいなら、種間交雑は本当に脅威といえるのだろうか？　ヤマネコ風のネコが森のなかに暮らし、生態系においてヤマネコのニッチを占めているなら、それでいいのでは？　しかも科学者たちは、あらゆる動物種において散発的な種間交雑はこれまで考えられてきた以上に頻繁に生じていて、人類による撹乱が進んでいない原生自然に近い環境のなかでさえ例外ではないことを学んだ。他集団と交雑せず、生殖能力をもつ子をつくらない集団という種の定義は、いまや厳密なルールというよりも、ガイドラインと考えられている。2つの種はときに、互いと遺伝子の交換をしつつも、それぞれの進化的な独自性を維持する。それなら、種間交雑が常に悪いこととはかぎらないのかもしれない。

また、一部の自然保護従事者が抱く、種間交雑に対する嫌悪感は哲学的なもので、生物の遺伝的組成を人類が台頭する以前の状態に保ちたいというかれらの願望の現れにすぎない。こうした意見は、自然界でも少なからず種間交雑は起こっているという現代的理解に照らして、時代遅れに響く。人類はすでに世界をあまりに大々的に改変しており、手つかずの自然を守るにはもはや手遅れで、目下の問題に対処するのが精一杯という現実を考えてもそうだ。そのうえ、ほとんどの研究者はキタアフリカヤマネコとヨーロッパヤマネコを同一種とみなしている。だとすると、イエネコとの交雑は同じ種の別亜種から遺伝的変異を導入するだけだ。大騒ぎするほどのことだろうか？

だが、交雑の影響は無害なものばかりではないかもしれないという考えは、より深い懸念に基づくものだ。種間交雑があまりに頻繁になれば、スコットランドの荒れ地をうろつくネコの個体群は、典型的なヤマネコよりも、路地裏にたむろする野良ネコに似たものになりかねない。

というより、すでにある程度はそうなってしまっている。スコットランドの自然景観に潜むネコたちのほとんどは、まだおおむねヤマネコ風の外見をしているが、すべてがそうとはいえない。およそ6匹に1匹は真っ黒で、最近までスコットランドヤマネコにはまったく見られなかった毛色だ。研究により、これらの個体はほぼ確実に黒い毛色を祖先のイエネコから受け継いだとわかった[*4]。さらに15％を雑多な毛色が占めており、白黒、灰色と白、純白、オレンジ、うずまき柄、さらには長毛まで見つかっている。懸念されるのはもちろん、交雑の勢いがこのまま衰えず、スコットランドヤマネコの本質というべき独自の特徴が失われてしまうことだ。

それに、外見だけの話ではない。ヨーロッパヤマネコとイエネコで腸の長さと脳の大きさが異なるのは前述のとおりだ。ハイブリッドネコはしばしば両者の中間的な特徴を示すため、消化効率に劣り、外部刺激への反応性は抑えられていると考えられる。

そういうわけで、ヤマネコとイエネコの種間交雑を心配するのには理由があるのだ。野山に生きるハイブリッドネコの集団は、かつてスコットランドに生きていたヤマネコとはかなり違う生き物なのかもしれない。行動が異なり、生き方が異なり、生態系への影響も異なるだろう。スコットランドの自然環境のなかにネコがいるのは同じでも、人類とイエネコが到達する前にあったものとはまったくの別物になっている可能性があるのだ。

それでも、こう反論する人もいるかもしれない。もしもスコットランドの荒れ地で生き抜くのに、大きな脳と短い消化管、それにトラ縞が役立つなら、自然淘汰が見事な仕事ぶりを発揮して、個体群はヤマネコの本質といえる形質に回帰するはずだ。イエネコとの交雑を通じて導入された非適応的な形質は、すぐに自然淘汰のふるいにかけられるだろう。たとえば、白黒の個体が野生ネコのどの種にも見られないのには、おそらくもっともな理由がある。このようなネコはおそらく、捕食者にも獲物にもすぐに見つかり、生存率が低いはずだ。同じように、スコットランドの荒野で生きるのに大きな脳が重要だとしたら、自然淘汰はもっとも脳の大きなネコを優遇すると予想される。このように、スコットランドのネコたちは、イエネコのＤＮＡの流入を受けつつも、スコットランドヤマネコ風の形質を維持するかもしれない。

要するに、種間交雑の最終結果がどうなるかを予想するのは難しいのだ。スコットランドの自然保護従事者たちは現在、ペットを飼う住民たちにネコの室内飼いと不妊化を推奨し、ヤマネコとの交雑を最小限に抑えるという、常識的な取り組みを進めている。加えて、野生化したイエネコの個体数を減らすためにさまざまな対策をとっていて、こうした戦略は理にかなっている。

同時に、ヤマネコらしき動物にイエネコの血が混じっているかどうかに執着するのは、おそらく負け戦だ。スコットランドヤマネコのように見えるかぎり、放っておくのが賢明だ。新たなノネコの流入を抑えつつ、外見から判断して明らかにイエネコまたはハイブリッドである個体を、生息地から排除(できれば里親へ譲渡)していくことに焦点を合わせるのが、ベストな戦略といえるだろう。

イエネコとヤマネコの交雑

イエネコとヤマネコの種間交雑の蔓延というドリスコルの発見は、スコットランドヤマネコにとどまらない重要な示唆を与えた。ヤマネコとイエネコが自然のなかで容易に交雑し、正常な繁殖能力をもつ子をつくるという事実は、一般的な基準で考えれば、イエネコとヤマネコが同一種であることを意味する。実際、これを根拠に両者をどちらも *Felis silvestris* と分類し、イエネコを亜種 *Felis silvestris catus* とみなす研究者もいる。

一方、わたしを含むほかの研究者たちはこの慣習に従わず、イエネコを *Felis catus* と表記する。家畜動物の多くは野生の原種と異なる学名をもつが、イヌ(*Canis familiaris*)とオオカミ(*Canis lupus*)がそうであるように、両者はたいてい交雑可能だ。別べつの名前がついているのは、家畜種と野生種のあいだでの繁殖が不可能だからではない。学名の違いは、家畜動物が形態的にも行動的にも祖先種の特徴から大きく(たいていの家畜の場合、ネコよりも顕著に)逸脱していることを強調するためのものだ。加えて、家畜を独立種として扱うことには、家畜化の過程で生じた進化的変化において、ヒトが果たした役割を重視する意味もある。

考え方は人それぞれ。イエネコを *Felis catus* とよぶか、*Felis silvestris catus* とよぶかはたいした問題ではない。科学的な事実として、イエネコとヤマネコは同じ生物学的種の枠に含まれ、両者は容易に交雑し、ハイブリッド個体をそれぞれの非ハイブリッド個体と区別するのはきわめて難しい。このような分化の乏しさは、イエネコが家畜化の過程で、いかにヤマネコのルーツからほんの少ししか離れなかったかを物語る。

イエネコとヤマネコの交雑が広く見られることで、浮き彫りになる課題がもうひとつある。イエネコ進化の研究がよけいに難しくなるのだ。というのも、イエネコが祖先種からどう変化してきたかを理解するには、まず祖先種がどんな動物だったかを知らなければならない。理想をいえば、イエネコの分岐が始まった時代の化石があり、祖先と子孫でビフォーアフターの比較ができるのが望ましい。だが、こうした化石は存在しないため、代わりにわたしたちはイエネコと現生のアフリカヤマネコを比較する。ここには、現代のアフリカヤマネコはイエネコの系統を生みだした祖先集団のアフリカヤマネコと同一であるという前提がある。だが種間交雑を考えると、この前提は正しくないかもしれない。

問題はイエネコが現生のヤマネコと交配することにより、イエネコだけで進化した形質がヤマネコに伝播する可能性があることだ。たとえば、かりにアフリカヤマネコの祖先集団は、縞模様ではなく紫の水玉模様をもっていたとしよう。そして、イエネコがアフリカヤマネコから進化するなかで、なんらかの理由で水玉模様が縞模様に置き換わったとする（人類集落の周辺で狩りをするには縞模様のほうがカモフラージュとしてすぐれていた、あるいはヒトが縞模様のネコを好んだなど、理由は何でもいい）。この時点では、2つのタイプのネコは容易に区別できたはずだ。しかしその後、両集団は交雑し、縞模様のアレルがイエネコからアフリカヤマネコに伝わった。縞模様がブッシュでも役に立ったなら、自然淘汰はこのアレルを優遇し、ヤマネコは水玉模様から縞模様へと進化したはずだ。

つまり、種間交雑は遺伝子プールを均一化し、両者の違いを消し去るようにはたらくのだ。このため、イエネコは祖先のヤマネコからほとんど進化してこなかったように見えるが、じつはかれらは進化してこなかったわけではなく、進化を通じて獲得した有利な形質がすべて、のちにヤマネコにも伝わり定着したという可能性もある。

たとえば2種のゲノムの比較研究は、ネコの家畜化の過程ではごく少数の遺伝子にしか変化が生じなかったという結論だった。けれども別の可能性として、当初イエネコはもっとたくさんの異なる遺伝子を進化させたが、こうした遺伝子のイエネコバージョンが、のちに種間交雑を通じてヤマネコ集団に戻ったとも考えられる。

同じ理屈で、現代のアフリカヤマネコのヒトへの親和性もまた、イエネコとの種間交雑の結果なのかもしれない。そうだとすると、わたしたちの伴侶の友好的な気質は本物の進化的跳躍であり、イエネコはそれを祖先にも提供したのかもしれない。アフリカヤマネコに集団生活への適性があるという考えについても同様だ。フェネックの巣穴に暮らすアフリカヤマネコのコロニーの話を思い出そう。これはアフリカヤマネコが潜在的な社会性をもつ傍証かもしれないが、件《くだん》のイギリスの探検家が、アフリカヤマネコとイエネコのハイブリッドを観察していることに気づいていなかっただけという可能性も捨てきれない。後者が正しければ、探検家が記録した集団生活は、コロニーの個体がイエネコの血を引いていた結果とも考えられる。

こうした可能性を棄却するために、研究対象となったヤマネコの集団において種間交雑が起こっていない証拠を示すという手はある。けれども、イエネコがまったくいない土地(そうそう見つかるとは思えないが)に暮らす集団のサンプリングをしないかぎり、過去に種間交雑が起こっていないと断言するのはきわめて困難だ。

ただし、遺伝的差異に関していえば、ほかにも選択肢はある。家畜化より前の時代のヤマネコの化石を発見し、そこからDNAを抽出できれば、イエネコとの交雑が起こる前のヤマネコのゲノムがどんなものだったかを知ることができるのだ。SFめいた響きだが、第8章で見ていくように、これはけっして絵空事ではない。

🐾

交雑の話はこれくらいにして、ネコの起源というおおいなる謎に戻ろう。ドリスコルの研究のおかげで、イエネコがキタアフリカヤマネコの子孫であることに疑問の余地はなくなった。だが、家畜化がどのように起こったか、いつどこで起こったかは、それだけではわからない。*Felis catus* の起源をめぐっては、たくさんの異なる筋書きが提唱されてきた。それぞれの妥当性を吟味するには、遺伝学を離れ、古代文明の研究に足を踏み入れなくてはならない。どのような筋書きがあるのか、考古学データは何を語っているのか、一緒に読み解いていこう。

＊1　かつては独自の亜種と位置づけられたが、スコットランドヤマネコは現在、ヨーロッパヤマネコとの区別が妥当といえるほどの遺伝的独自性を備えてはいないと考えられている。

＊2　「遺伝子プール」とは、個体群内に存在するすべての遺伝的変異、すべての遺伝子のすべてのアレルをさす。

＊3　亜種についてもそうだが、ここでは話を単純にするため種に絞る。

＊4　興味深い類似の現象として、イエローストーンや北米のその他の地域のオオカミには真っ黒な個体がいる。かつてオオカミには見られなかった毛色で、遺伝子解析により、この毛色は過去のどこかの時点と地点で起こったイヌとの交雑によりもたらされたことが示された。

Chapter

7

古代のネコを掘り起こす

ネコとヒトの関係を示すもっとも古い証拠は、約9500年前のキプロスの2つの墓から見つかった。片方には人骨が納められていた。そして、この人物の足元から40センチメートル離れたところにもうひとつ小さな墓があり、生後8か月のネコが、丁寧に横向きに寝かされ、良好な保存状態で発見されたのだ。人骨と一緒に斧、研磨した石、オーカー〔顔料として用いられた粘土〕などの副葬品も見つかったことから、ネコもまた大切な所持品だったことが示唆された。またネコは比較的大柄だったことから、十分に餌を与えられていたことがわかり、彼が飼育動物、あるいは愛情を受けて育ったペットだった可能性を示すさらなる証拠とみなされた。

ネコ家畜化の筋書き

家畜化されたさまざまな動物たち（アヒルやイヌからロバまで）がたどった道は、大きく2つに分けることができる。一方のルートでは、ヒトが最初から主導権を握り、動物を支配し、遅かれ早かれ繁殖に介入した。一部の例では、このプロセスはゆっくりと進み、人類はもともと狩猟対象としていた種を、年月とともに群れの移動範囲を制限し、広いエリアに囲い込み、メスを殺さないように気をつけることで、群れの個体数増加を加速させた。やがて人びとは、繁殖プロセスを方向づけるようになり、どの個体が子を残すかを望ましい特徴の有無で決めるようになった。ウシやヤギ、ヒツジなど、牧場でよく目にする多くの動物たちの家畜化は、おそらくこのように始まった。

もちろん、このような集団管理のルートはネコにはあてはまらない。ネコを囲い込むという考えそのものがナンセンスだし、人類がヤマネコを捕まえて選択交配を始めたと考えるべき理由は何もない。

家畜化のもうひとつのルートは、動物たちが先にわたしたちとの生活に適応したというものだ。人類文明の勃興とともに、わたしたちの住まいは食料、隠れ家、捕食者からの安全を提供し始めた。多くの種がこれを利用し、ヒトへの「片利共生種」として、人為環境のなかで人類の寛大さから恩恵を受けながら、ときには(ネズミやゴキブリのように)わたしたちにおおいに不快感を与えつつ生きるようになった。

一部のケースでは、動物たちがヒトにさらに深く依存するようになり、家畜化へと発展した。かれらはわたしたちと密接に結びついた生活に適応し、お返しにわたしたちは意図的に資源を提供するようになるとともに、しばしばどの個体が繁殖するかに口をだすようになった。

たとえばオオカミは最初、ヒトの定住地の近くにあるゴミ捨て場に惹かれ、そこで食料を漁っていたのかもしれない。こうした環境では、パックのなかでもっとも大胆で、もっとも警戒心の薄い個体は、びくびくすることなく食料をたらふく食べることができ、有利になっただろう。これに対し、心優しい一部の人びとは、食料のかけらをオオカミに投げてやるようになったかもしれず、こうしてパックのなかでもっともフレンドリーな(あるいは少なくともヒトに対してもっとも寛容な)個体はさらに優遇された。

やがてオオカミは集落をなわばりとみなすようになり、接近する見知らぬ人や動物に吠えたてて防衛するようになった。ヒトはオオカミをそばに置くことに利点を見いだし、かれらにますます親切に接するようになった。2種の距離は近づき、世代を経るにつれ、ヒトへの警戒心がもっとも薄いオオカミが最大の恩恵を得て、ますます多くの子を残した。そうしてオオカミはイヌへと姿を変えた。かれらが人びとともに暮らすようになると、わたしたちはついにどのイヌを繁殖させるかを選択し始め、さまざまな目的に即した犬種が形成されていった。

ほとんどの研究者は、ネコの家畜化についても同じような筋書きを思い描いている。約1万年前、農業が始まった。人類は食べられる動植物を探して常に移動しつづける狩猟採集の生活様式をやめ、定住し農民となった。新石器革命の夜明けであり、最初に起こった場所は肥沃な三日月地帯とよばれる、現在のイランやイスラエル、シリア、トルコなどの国ぐにがある一帯だ。

農耕生活の利点のひとつは、条件さえ適切なら大量の食料を生産でき、それらを不作に備えて保存できることだ。だが、自然はうまい話を見逃さない。考古学記録から、さまざまな種の齧歯類がまもなく侵入し、貯蔵庫に眠る大量の食料で宴に興じたことがわかっている。

肥沃な三日月地帯はキタアフリカヤマネコの自然分布域のなかにある。齧歯類が種子や穀物の山を新たに発見し、おおいに活用したように、ヤマネコも突如として激増したお気に入りの獲物を満喫したはずだ。

みなさんもご存知のとおり、ネコやその他の愛玩動物の気質には個体差がある。好奇心旺盛で大胆な個体もいれば、臆病で怖がりな個体もいる。近年、ますます多くの動物行動学者たちが、家畜だけでなく野生も含めた動物たちの性格の違いに注目するようになった。そして意外ではないが、性格の違いはほとんどの動物種に存在することがわかった。たとえばわたしのラボでも、トカゲには行動傾向に個体差があり、こうした違いは捕食者がいる状況で生存率に影響を与えることを、あるポスドク研究員が示した。

これを踏まえて、最初のヒト集落が出現したとき何が起こったかを想像してみよう。人びとが突如として、ひとつのエリアに寄り集まって暮らすようになった。ヤマネコのなかの慎重派の個体は、集落にはまったくかかわろうとせず、距離を保っただろう。しかし向こう見ずな、あるいは好奇心旺盛な個体は様子を窺い、さらには近くにとどまりさえしたかもしれない。このようなヤマネコたちは、余分な食料を見つけて恩恵を得た。あふれんばかりの齧歯類に加え、おそらくはヒトが出したゴミの山も漁って食性の幅を広げた。そのうえ、大型捕食者はおそらくこうした集落を避けたので、集落周辺に暮らすヤマネコはよその集団よりも安全に生きられた可能性がある(ただし、すでに家畜化されていたイヌの存在がメリットを帳消しにしたかもしれない)。

食料が多く捕食者が少なければ、より長生きし多くの子を残せる。自然淘汰はヒトを恐れず、ヒトの近くでの生活に惹かれるネコの進化を促したはずだ。一方、人類もおそらくネコを許容し、あるいは害獣駆除のサービスを求め、定住を促しさえしただろう。そして、ネコはヒトへの親和性を進化させただけでなく、その他の新しい状況にも適応していった。とりわけ、豊富な食料はたくさんのネコをよび寄せたため、以前はかたくなに単独生活を貫いてきたかれらといえども、集落に暮らすなかで反社会的傾向を抑えるような変化を迫られたはずだ。

この時点でネコはヒトへの片利共生生物となり、オオカミに想定される筋書きと同じように、ヒトの周辺での生活に適応した。同様のプロセスは現在、アライグマやキツネ、オポッサムなど、おなじみの都市動物にも起こっているのかもしれない。

だが、片利共生生物と家畜は違う。ハツカネズミやイエスズメを見てのとおり、かれらはわたしたちの周囲で生きることに見事に適応しているが、ほとんど家畜化されていない。初期のネコはおそらく、20世紀初頭にスーダンの辺鄙《へんぴ》な村に暮らしていたネコたちと似ていただろう。当時の記録によれば、現地の役人は「ネコを所有するという概念そのものにとても驚いていた。ネコは集落で暮らし、夜には家に入ってくるが、れっきとした野生動物であり、人とのふれあいを拒むと、彼は語った」

では、ネコはどんなふうに人家の居候から大切なペットに変わったのだろう？ 次に起こったことは想像にかたくない。人びとは食料や隠れ家を用意してネコをよび寄せ、ネズミ捕りのスキルを利用しようとしたのだろう。これに対し、もっともフレンドリーなネコは余分に餌をもらい、やがて人びとはただかれらがいると楽しいという理由で、身近なネコに価値を置くようになった。自然淘汰はヒトともっとも効率よくつきあうネコを選びだした。これにより、おそらくネコはもっと甲斐甲斐しく面倒を見てもらえるようになり、結果的に長生きし多くの子を残すようになった。こうした状況下で、ネコをヒトに対してより友好的にする遺伝的変異は、どんなものであれ優遇され、集団内に広まった。そしてまもなく、*Felis silvestris lybica* は *Felis catus* となった。

ネコはネズミ捕りが上手くない？

なかにはこのシナリオに異議を唱える研究者もいて、かれらはイエネコのネズミ駆除能力は過大評価されていると主張する。カルロス・ドリスコルその人も、「ネコは指示された仕事を実行しないため、かれらが役に立ったかどうかには議論の余地がある。ネズミ駆除に関してさえ、テリア犬やフェレット（家畜化されたケナガイタチ）のほうが適任だ。したがって、初期の農業共同体がヤマネコを積極的に探し求め、家庭のペットに選んだと考える理由はきわめて乏しい」と述べる。

これはかなり大胆な主張だ。野生動物の捕食者としてのイエネコの定評と実績に不足はないはずだが、どんな根拠に基づいているのだろう？

いくつかの研究から、獰猛《どうもう》さはさておき、ネコによるラット（ドブネズミおよびクマネズミ）の個体数抑制効果はあまり高くないことが示唆されている。イングランドの農場で１９４０年代におこなわれた研究では、ラットを根絶したあとの農場施設でネコを飼育しておけば、ふつう再定着を防ぐことができた。だが、この研究では建物のすぐ近くの農地は相変わらずラットだらけだった。

ボルティモアの市街地でおこなわれた別の研究で、ある研究者は路地に止めた車のなかから夜間のラットの行動を観察した。観察期間中、「ネコと大型のラットはしばしば近距離で観察されたが……概して両者は平和に共存していた」という。この研究者はさらに、「おとなのネコが大型のラットを追跡するところはわずか5回しか観察されず、いずれも身体接触に至る前に中断された」と記した。

最近になって、ブルックリンの産業廃棄物リサイクル施設でラットを研究するチームも、同様の観察記録を報告した。施設に生息するラットの集団を研究しているかれらは、5匹の野良ネコが現れたとき、ラットが激減し研究が台無しになることを恐れた。逆境のなかでも最善を尽くそうと、かれらは動体検知ビデオカメラを設置し、襲撃の記録を試みた。驚いたことに、ネコたちはほぼ無力だった。カメラは79日間にネコを収めた259本の動画を記録したが、追跡の様子が映っていたのは20回だけだった。ラットが殺されたのは2度だけで、いずれもネコがうまく隠れ家から引きずりだした結果だった。そのうえ、「たった1度の開けた地面での捕食の試みは失敗だった。ラットが逃げるのをやめた瞬間、ネコも追跡をやめ、ただラットを凝視したためだ」。

そんなわけで、ドリスコルの主張は一理ある。これらの研究から考えると、都市および農場において、ネコは大型ラットの優秀な捕食者とはいえそうにない。

一方、より自然に近い状況でネコによるラット捕食を記録した学術文献は豊富に存在する。実際、島に暮らすイエネコの場合、もっとも頻繁に殺す獲物はラットであることが多い。たとえば、ニュージーランドのノネコ研究では、かれらの主食はラットであり、重量比ですべての食料の約半分を占めていた。同じくニュージーランドでの別の研究では、調査対象となったネコの93％が（糞内容の分析から）ラットを食べていた。こうしたラット捕食の傾向は最近のものではない。エジプトでの考古学発掘調査では、大柄なネコの死体の胃のなかからラットの成獣5匹が発見された。加えて近年、動物福祉団体はシカゴの「キャット・アット・ワーク」プログラムなど、ラット問題に悩む事業者や家庭にネコの飼育を推奨するキャンペーンを展開している。

とはいえ、こうした議論は的外れなのかもしれない。理由はシンプルで、農業地帯における害獣はラットだけではなく、ハツカネズミやその他の小型齧歯類も大問題を引き起こしうるからだ。ネコのラット殺しの能力が看板倒れだとしても、ハツカネズミ駆除の効率性は誰にも否定できない。加えて、今日いくつかの土地では、ネコはヘビに対する攻撃性で高く評価されており、墓に描かれた壁画から、古代エジプトでも同様だったことがわかっている。

というわけで、結論はこうだ。古代、ネコは害獣を抑えてくれることから大切にされたという従来の仮説は、いまも十分に通用する。

ただし、別の可能性も存在する。たとえば、どこかで人びとはキタアフリカヤマネコの子を捕まえ、育て、フレンドリーな個体どうしを交配させるようになったというものだ。この種は最初からそこそこ友好的であるため、[*1]わたしたちがよく知り愛するフレンドリーなネコをつくりだすのに、それほど多くの世代は必要なかったのかもしれない。これを「ペット目的の人為淘汰」仮説とよぼう。よく似たアイデアはイヌの家畜化に関しても提唱されてきたが、近年は廃れつつあるようだ。

この仮説の亜種として、ネコは宗教目的で家畜化されたという考えもある。なんらかの理由でネコが崇拝されるようになり、神官たちは寺院での繁殖プログラムを立ち上げて、儀式用のおとなしいネコの作出に取り組み始めたというものだ。

このように、ネコがどのように家畜化されたかについては多くの仮説がある。では、いつ、どこで家畜化されたのかについてはどうだろう?

一番古いネコの記録

過去に起こったことを調べる伝統的アプローチは、歴史記録に直接目を通すというものだ。考古学は過去の人類文明を調べる学問分野であり、過去の人類と動物との関係の探究はその下位分野として、動物考古学《ズーアーケオロジー》という名前がついている(15歳のとき初めてこの言葉を聞いたわたしが想像したような古代の動物園の研究ではなく、動物の遺骸をヒトの考古学の文脈で研究するというものだ)。

少なくとも、約3500年前の古代エジプトに *Felis catus* が存在し、ペットとして飼われていたことは確実だ。このことがわかるのは、家族の一員としてのネコの(食卓の下に座っていたり、船に乗って湿地を旅したりといった)姿が、墓の壁画として残されているためだ。4000年以上前のエジプトの図像から、ネコの姿はまったくといっていいほど見つからない。

エジプトでもそれ以外の土地でも、家畜化の初期証拠が発見されていないことは、ネコの家畜化がエジプトで過去4000年以内に起こったという仮説を支持する。だが、科学の世界ではいつもそうだが、証拠の不在は不在の証拠ではない。4000年前にエジプトにもち込まれるよりも昔、どこか別の場所でネコの家畜化がおこなわれた可能性はおおいにある。あるいは、家畜化の初期段階はどこか別の場所で生じたが、エジプトに到着したあと、かれらは単にヒトのそばで暮らすだけの動物から、わたしたちの大好きなペットへと姿を変えたのかもしれない。

残念ながら、これらの仮説の検証を難しくするハードルが2つある。第一に、ネコの動物考古学記録や、その他のヒトとネコの関係を示す証拠は、4000年以上前の遺跡からはほとんど見つかっていない。

第二に、すでに論じたとおり、ヤマネコとイエネコは解剖学的にほとんど区別がつかないくらいそっくりだ。その結果、数千年前に埋葬されたネコのうち、これまでに見つかっているごくわずかな骨格を見ただけでは、それが畑をうろついていたキタアフリカヤマネコなのか、すでに家畜化されかまどのそばで丸くなる優雅な生活を送っていたイエネコなのかを判断できない。そのうえ、かりに遺跡から発見された骨格がキタアフリカヤマネコのものと特定できたとしても、それが単なる飼いならされた個体だったのか、それともすでに家畜化に向かう遺伝的変化の道を歩み始めていた個体群のなかの1匹だったのかを見極めるという問題が、その先に立ちはだかる。

こうした落とし穴に注意しつつ、これまでにわかっていることを整理しよう。

この章の冒頭で紹介した、9500年前のキプロスの墓に話を戻そう。埋葬の文脈と状況は、ヒトとネコの親密な関係を示唆するものだった。これがネコの家畜化の夜明け頃のものである可能性はどれくらいあるのだろう?

化石記録と古い時代の遺跡から、1万1000年以上前のキプロスにはネコがいなかったことがわかっている(島で最古のネコの存在証拠としてこの年代のネコの指の骨が発見されている)。つまり、埋葬されたネコは人びとが、おそらく近隣のトルコかシリアから連れてきたネコの子孫であるはずだ。ネコが海を越えて運ばれたこと、飼い主が亡くなった際に大切な所持品として扱われたことを考慮すれば、約1万年前にすでにネコの家畜化は始まっていたことになる(と考える人もいる)。

だが、現実には証拠はそこまで盤石ではない。古代キプロス人は、ほぼ同時代に確実に家畜ではない種(キツネなど)も島にもち込んでいた。そのうえ先述のとおり、馴れたヤマネコと家畜化されたネコを区別するのは難しい。額面どおりに受け取るなら、この古代ネコはどちらの可能性もある。

この時代の遺跡からネコの骨が見つかることは驚くほどまれだ。ここまで証拠が乏しい理由ははっきりしない。食用やその他の目的に利用されなかったため、死体が埋葬地やゴミ捨て場に行き着くことが珍しかったのかもしれない。あるいは本当に数が少なかったのか。おそらく永遠に答えは出ないだろう。

次に古い注目の記録は、イェリコ〔現在のパレスチナのヨルダン川西岸地区〕の集落で発見された約

８０００年前のネコの歯だ。エジプト最古のネコは、このさらに２０００年後の遺跡から見つかっている。キプロスの墓と同様、ヒトの足元にネコが埋葬されていた。こちらの人物は職人で、道具類とガゼルの死体（あの世で生活に困らないように？）と一緒に見つかった。

　これよりずっとエキサイティングな発見が、エジプトのヒエラコンポリス〔ネケン〕の５８００年前の墓地から見つかった６体のネコだ。２匹は成猫（オスとメス１匹ずつ）、４匹は子猫だった。興味深いことに、メスの成猫は子猫と６か月しか年齢が違わなかった。イエネコは生後半年で繁殖可能なので、これ自体は異例というほどではない。だが、キタアフリカヤマネコはふつう春に出産するため、生後半年のヤマネコが見られるのは秋で、交尾期からずれる。一方、イエネコは年間を通じて繁殖する。この半年の差は、かれらがイエネコだった証拠といえるだろうか？　筋は通っているが、決定的とはいえない。エジプトではこれ以外にも多数の遺物が発見されているが、いずれも疑問の解消には至らない。馴れたヤマネコだったのか、それともこの時代にはもう家畜化されていたのか。残念ながら、骨からは判別できない。

　こうしてわたしたちはファラオの時代に戻ってきた。古代エジプト人のネコ好きは有名だ。エジプトの絵画、ヒエログリフ、装飾品にネコが初めて登場する（さらには当時の言葉でネコを意味する「ミイト」が女の子のあだ名になる）[*2]のは約４０００年前だ。この時代のある墓の発掘調査では、17体のネコの骨格が、牛乳を入れていた可能性のある小さな鍋とともに発見された。馴れたヤマネコか家畜かは判然としないものの、明らかに大切に飼われていた。

3500年前のトトメス3世の治世以降、ネコは墓の装飾として非常によく見られるようになる。ネコはしばしば首輪やネックレス、イヤリングをつけた姿で描かれ、皿に盛られた餌を食べ、女性が座る椅子の下にちょこんとうずくまったり、ときにはその夫の膝の上に乗ったりしている。一家とともに湿地での狩りに帯同する絵さえある。この時点ではもう、イエネコの到来は明らかだ。

その後の1500年はエジプトのネコにとって黄金時代だった(ただし暗い側面もあったことは次章で)。約3000年前、ナイルデルタの古代都市ブバスティスが力をつけ、これにともない女神バステトが人気を博した。バステト神はそれまでの2000年にわたり、メスライオンの頭をもつ女性として描かれてきたが、ここで頭部がネコサイズに縮小する。ある意味で、これはさほど劇的な変化ではない。古代エジプトの壁画や彫像がメスライオンなのかネコなのかを判断するのは、そう簡単ではないからだ。ライオンからネコへの変身には、バステトの守護者や養育者としての側面を強調する意味があったのかもしれない。勇猛な部分は、同じくメスライオンの頭をもつこの時代の女神セクメトに託され、両者はしばらくのあいだ、憤怒と友愛という対極に位置づけられた。バステトのその他の性質、たとえば遊び好き、母性的、多産なども、イエネコを連想させるものだった。

バステトと結びつけられたネコたちはよい生活を送った。寺院の敷地に暮らすネコたちの一部はバステト神の化身とみなされ、人びとはネコそのものではなく、ネコという仮姿のなかの女神を崇拝した。神の化身とされなかったネコも､聖なる動物の1匹として大切に扱われた。エジプトの神話には、特定の動物との結びつきが深い多くの神々が登場するが、バステト神はもっとも篤く信仰された。

腰を下ろして背筋を伸ばした、特徴的な姿勢の美しいブロンズ像が量産された。ペットのネコを亡くした家族は、眉を剃り落として喪に服した。ペットネコや寺院に暮らすネコの埋葬のために、広大なネコ専用墓地が建設された。ネコを殺した者は死刑になることさえあった。

やがてエジプトの王朝は崩壊し、ローマ帝国の侵略を受けた。古い宗教が廃れ、バステトの威光が薄れると、ネコは再びただのネコになった。けれども、この頃にはもう、ネコによる世界征服は始まっていた。ネコの移住の壮大な物語はこのあとすぐに取り上げるが、その前にもうひとつ、古代遺跡から見つかったネコの話をしたい。古代エジプト人がネコを家畜化するよりも昔にさかのぼる、誰も予想しなかった場所での発見だ。

ネコの食べ物を推定する

中国におけるイエネコの記録は、約2200年前の前漢王朝が最初とされる。そこへ5300年前の中国中部の集落跡から、少なくとも2匹の平均サイズのネコ[*3]に由来する、8つの骨が発掘されたのだから、考古学者がどれだけ驚いたか想像してみてほしい。

ほかの考古学遺跡でもそうだったように、問題はネコがここで何をしていたかを解き明かすことだ。ヤマネコの骨がたまたま集落に行き着いた(食用や毛皮用として狩りの獲物になったのかもしれない)だけなのか、それとも集落の人びとと一種の片利共生の関係にあったのか?

この問いに取り組むにあたり、研究チームは新たなアプローチを採用した。ネコの食べ物を推定したのだ。かれらはここで、生き物はみな食べたものでできているという事実を利用した。食料の化学組成はそれぞれに異なり、生物個体は食料をつくる分子を自分の体に取り込む。そのため、動物の体の化学組成を分析することで、かれらが何を食べていたかを推定できるのだ。

多くの農作物は、自然植生とは異なるタイプの炭素(専門用語でいう異種の炭素同位体)を含む。[*4] そのため、農作物を食べた動物の体には、農地の外の自然植生を食べた動物と比べ、特定の炭素同位体が高濃度に含まれる。集落で見つかるヒト、ブタ、イヌ、ネズミの骨はいずれも、この時代この地域で一般的な作物だったキビをよく食べていたことを示唆する同位体組成を示した。一方、いくつかのシカの骨は同位体組成から、自生植物を食べていたと考えられた。

ネコの骨の同位体組成は集落の動物により近いもので、かれらが少なからずキビを食べていたことが示唆された。ひとつの可能性として、キビを食べたネズミをネコが捕食したからとも考えられるが、別の元素(窒素)の同位体組成はむしろ、このネコの食事が植物質と動物質の両方で構成されていたことを示した。なかでもある1匹に関しては、動物性タンパク質を摂取した証拠がほとんどなく、餌のほとんどが植物だったようだ。

本来ネコは超肉食動物だ。イヌと違って、自然のなかで生きるネコは動物の肉以外のものを食べない。中国の古代ネコが植物から栄養の一部、あるいはすべてを得ていた事実が意味することはたったひとつ、かれらは(ダーウィンが記したフランスの子猫のように)ヒトから餌をもらっていた、あるいは集落の生ゴミを漁っていたのだ。

手がかりはほかにもあった。下顎骨に並んだ歯の摩耗が著しかったことから、このネコは老齢だったようなのだ。野生にも老衰に至るまで長生きする個体がいないわけではないが、このケースでは人びとがネコの世話をしていた可能性のほうが高い。

これらの知見から、中国では少なくともネコの家畜化の初期段階のプロセスが、誰もが考えていたよりもはるかに古い時代、エジプトで家畜化が完了するよりも前に生じていたことが示唆された。だが、これらのネコは何者で、どこから来たのだろう？ 研究チームは、人びとがキタアフリカヤマネコを西方から中国へもち込んだ、あるいは在来のアジアヤマネコが近縁のキタアフリカヤマネコと同じように家畜化の道をたどったという、2つの可能性を提示した。だが、どちらも証拠はまったくなかった。

そしてここから、プロットはさらに複雑になる。キプロスの古代の墓の研究をおこなったフランスの動物考古学者が、中国の骨に興味を抱き、詳しい検討に乗りだした。彼は中国の博物館キュレーターとの共同研究として、問題の標本に加え、同じくらい古い時代の中国の別の2か所の遺跡で見つかった、さらに3体のネコの骨格を分析した。

追加された考古学標本のひとつは、横向きに寝かされたネコの全身骨格だった。キプロスのネコと同じように、この丁重な埋葬は、この個体が集落周辺に暮らしていたヤマネコや食用にされた獲物ではなく、きちんと弔うべき家族の一員だったことを示唆する。古代中国でネコの家畜化がある程度まで進んでいたことを匂わせる、さらなる証拠だ。

それで、ネコはいったい何者だったのか？　研究チームは4匹分のネコの下顎骨に注目した。これらの骨の長さ、幅、あらゆる部分の角度を慎重に計測し、古代の骨を博物館に収蔵されたイエネコ、ヤマネコ、ベンガルヤマネコの骨と比較したのだ(在来種にはもうひとつマヌルネコもいるが、この種は耳の周囲の骨の配置に独自の特徴をもち、考古学標本にはそれが見られなかったため除外された)。

下顎骨の後端の形が決め手だった。骨の残りの部分が水平であるのに対し、ヒトでもそうだが、この部分は上向きに突出している。ベンガルヤマネコでは下顎骨のこの部分はほぼ垂直でやや大きいが、ヤマネコとイエネコでは後方に傾いていて小さめだ。

遺跡のネコとの比較の結果に疑問の余地はなかった。4つの下顎骨の突出部分はすべて、まっすぐに上を向いていた。ヤマネコでもイエネコでもなく、明らかにベンガルヤマネコだったのだ！

衝撃の結果だった。広く受け入れられた定説では、ネコは中東のどこかで、たった1度だけ、キタアフリカヤマネコを原種として家畜化されたはずだった。それを根底から覆す発見だ。

小柄で斑紋をもつベンガルヤマネコは家畜化の候補といえなくもないが、不向きな要素も抱えている。アジアに広く分布するかれらは、ほとんどの小型野生ネコと比べて人間活動への耐性が高い。現代のベンガルヤマネコは農地やアブラヤシプランテーションのような撹乱された生息環境にも高密度で生息し、おそらくネズミの個体数抑制に重要な役割を果たしている。ヒトとはふつう距離を保つが、

ベンガルヤマネコ

ときに集落に入り込み、生ゴミを漁ったりニワトリを襲ったりすることもある。ベンガルヤマネコがこうした本来の習性から踏み込んで、中国の集落付近にずっと居座るようになったというのは、そう突飛な考えではなさそうだ。ただし、わたしの知るかぎり、現代の生息地でこうした観察事例はない。

一方、ベンガルヤマネコの家畜化の試みに誰もが驚いたのには理由がある。第3章で取り上げた、ネコ科のさまざまな種の親和的行動について動物園の飼育担当者に尋ねた研究を思いだそう。アフリカヤマネコはフレンドリーさで上位につけていた。最初から友好的な種が、家畜化されたのは納得だ。

では、ランキングの最下位、究極の人間嫌いの種は？誰であろう、ベンガルヤマネコだ。

かれらの気質を考えると、遺跡で見つかったベンガルヤマネコがどれだけ家畜化されていたか、あるいは人馴れしていたかは、いくら丁重に埋葬されていたとはいえ、わたしには疑わしく思える。まるで好意を返してくれない動物に優しく接する人は多くない。ネコの家畜化の道程には共進化的な応酬があったはずだ。ネコがほんの少し友好的になり、ヒトが食料を与えてもてなし、ネコはよりフレンドリーになるような淘汰を受け、ヒトはますますごちそうと寝床を用意して歓待し、ついには膝の上でくつろぐネコと、その従順なる下僕に行き着いた。このような共進化のギブ&テイクは、最初にネコがほんの少しの愛情を示してくれないかぎり、始まりそうにない。

もちろん、この中国のネコたちが人馴れしていたのか、あるいは家畜化されていたのかは永遠の謎なのだが、それにしても、かれらに何が起こったのだろう？　イエネコが中国に渡来したあと、もしもベンガルヤマネコと交雑したなら、現代のイエネコからベンガルヤマネコのＤＮＡが見つかるはずだ。現代人の集団からネアンデルタール人のＤＮＡが発見されたように。だが、こうした証拠は見つかっていない。ベンガルヤマネコは今日のイエネコの遺伝子プールに貢献しなかったのだ。

そんなわけで、ベンガルヤマネコがヒトの片利共生者だった可能性はある。集落をうろつき、齧歯類を食べ、ときにはヒトが与えた餌も口にしたかもしれない。けれども、このヒョウ柄ネコたちはおそらく、キタアフリカヤマネコがたどったような家畜化の道を歩みはしなかった。そして、約２０００年前にイエネコが中国にもち込まれると、かれらはすぐさま「村のネコ」のニッチを奪い取った。より愛情深かったからか、ネズミ捕りが上手かったからか、ほかの理由のためかはわからない。

動物考古学へのアプローチ

古生物学とその関連分野である動物考古学は、過去の生物がどんな姿をしていたかを示す、物理的で具体的な証拠が頼りの学問だ。ブロントサウルスの巨大な大腿骨が見つかったら、ジュラ紀にとてつもなく巨大な動物が地上を闊歩していたことを(論理的に)否定することは、誰にもできない。多くの化石種はほんの数体、あるいはたったひとつの標本が知られるのみで、ときにはひとつの骨、あるいはひとつの足跡しかないことさえある！　考古学遺跡でネコが出土することがいかに珍しいかはすでに述べたとおりだ。掘り下げるべきデータは豊富とはいえない。

もうひとつのアプローチとして、現在から過去を再構築するというやり方もある。進化生物学者は現生種のあいだの進化的関係を系統樹として描き、そこから進化の歴史を推測する。たとえば、ジャイアントパンダとレッサーパンダはいずれもササを食べ、親指に似た手の突起を使って円筒形の長い茎を握る。かつて科学者たちは、この2つの種は近縁で、かれらの類似点はササを食べる共通祖先から受け継がれたものだろうと考えた。ところが、系統樹は別のストーリーを語った。ジャイアントパンダはクマの一種であり、レッサーパンダはむしろアライグマに近縁だ。ということは、2種のパンダの類似点は独立に進化したものであり、偽の親指は共通の環境条件に対する収斂進化の産物といえる。

かつて科学者たちはベンガルヤマネコの下顎突起の形のような形態学的データを利用して、系統関係を推定していた。だが、こうしたデータを収集するには、標本をつぶさに観察して、ときにわずかな形態の違いを特定するという、骨折り仕事が必要だ。長い時間がかかるわりに、種差のある特徴に関して得られるデータは多くない。

今日、ほとんどの生物学者はDNAデータを利用して系統樹を描きだす。すでに述べたとおり、その利点は大量のデータを手軽に迅速に収集できることだ。

理想をいえば、古代の骨の計測とDNAという2つのアプローチを統合するのが望ましい。中国のネコの骨は、このような研究をおこなう絶好の機会のように思える。考古学者たちはなぜ、DNA解析でネコの種を突き止めなかったのだろう？ 答えは、口でいうほど簡単ではないからだ。

＊1　前章で述べたように、交雑という問題はある。

＊2　ときに「ミウ（miwまたはmiu）」、あるいはその他の綴りでも書かれ、意味は「ニャアと鳴くもの」とされる。

＊3　最小個体数は同一部位の骨の数から決まり、このケースでは左の脛骨（すねの骨）が鍵となった。骨は3つのゴミ捨て場から見つかったため、ネコは3匹いた可能性もある。

＊4　生化学マニアのために補足すると、それぞれC3とC4という異なる光合成回路をもつため。

Chapter 8

ミイラが明かす本当の故郷

講義で琥珀に閉じ込められたトカゲの化石の話をするとき、わたしはいつも学生たちに『ジュラシック・パーク（ＪＰ）』を見たことがない人は手をあげて、と尋ねる。ほとんど手はあがらない。恐竜ＳＦスリラー映画であるＪＰは、もはや普遍的文化といっていいだろう。だが、ＪＰは抜群に面白いだけでなく、科学的観点から時代を大きく先取りしていたことにまで気づいている人は多くない。みなさんも知ってのとおり、この映画は６５００万年以上前の琥珀のなかの吸血昆虫から恐竜のＤＮＡを抽出するところから始まる。当時は妄想めいたアイデアだったが、30年以上が経ったいま、かつてのサイエンス・フィクションは、少なくとも部分的にはサイエンス・ファクトとなった。

科学者たちはたくさんの古代の標本から無傷のＤＮＡを抽出することに成功した。恐竜時代の化石は古すぎる（ＤＮＡは数百万年のあいだに分解されてしまう）ようだが、もっと新しい標本からは、生前のままのＤＮＡが得られる。１００万年前のケナガマンモスや、50万年前のウマ、そして40万年前のネアンデルタール人まで。鍵を握るのは温度と湿度で、寒く乾燥しているほど良好な保存状態が保たれる。このため、熱帯の標本からＤＮＡが回収できることはめったになく、成功の知らせはたいてい北の永久凍土から届く。

こうした古代DNAの研究は、考古学に革命をもたらした。1980年代におこなわれたエジプトのミイラのDNA解析を端緒として、数千年、数万年前の人骨の遺伝学研究は活気あふれる研究分野へと発展した。[*1] 骨や歯、皮膚、さらにはチューインガムに含まれるDNAを分析することで、現生人類はどのように全世界に拡散したのか、現生人類とネアンデルタール人のあいだにどのような相互作用があったのか、さらには古代人が何を食べ、どんな病気で死んだのかについても、新たな洞察がもたらされた。

意外ではないが、たくさんの頭脳明晰な若者たちが、生物学と考古学が交差するこの新領域に惹きつけられた。クラウディオ・オットーニもそのひとりで、生物学者の家庭に育った彼は学部生の頃、現代の分子遺伝学を駆使して人類の歴史を紐解く手法に魅了された。ローマ・トルヴェルガタ大学の博士課程で、彼はサハラ砂漠中央部の古代遊牧民に注目した。この地域には美しい壁画や最古の畜舎など考古学遺跡が豊富に存在するが、これらを残した初期の砂漠の民と、現在この地に暮らすトゥアレグ族との関係は明らかになっていなかった。オットーニは現代のトゥアレグ族のDNAと、リビアの考古学遺跡で発掘された人骨のDNAを比較して、この謎を解き明かそうと考えた。

彼のプロジェクトの古代DNAパートは失敗に終わった。分析可能なDNAは回収できず、人骨がサハラの砂に埋まっていた6000~1万年のあいだに経験した高温のせいだろうと、オットーニは考察した。だが、それ以外の部分はすべて大成功だった。現代のDNAサンプルの分析から、ドリスコルの研究がイエネコの起源を絞り込んだように、トゥアレグ族の起源について充実した考察が得られた。そのうえ、古代人DNAの抽出こそできなかったものの、オットーニはいくつかのテクニカルな論文を書き上げ、自身がこの技術をしっかりと習得したことを示した。分析にかけるずっと前にDNAが丸焦げになってしまっていたのは、彼のせいではない！

こうしてオットーニは、ベルギーにある法遺伝学・分子考古学の名門ラボのポスドクとなり、高名な動物考古学者ウィム・ファン・ネールと共同研究を進めた。ファン・ネールは魚の研究でもっともよく知られるが、ネコの論文もいくつか発表しており、エジプト・ヒエラコンポリスの6匹のネコの発見を報告したのも彼だ。

オットーニの仕事は、ファン・ネールや研究所の同僚たちの仕事に遺伝学的観点をもたらすことで、具体的な計画は決まっていなかった。最初のうち、オットーニは古代人DNAの研究を続ける気でいたが、動物考古学を学ぶほど、対象種を変えたほうが得だと思うようになった。古代人DNAの分野は研究者が多く、競争が激しい。もう少し余裕をもって、厄介事から離れて研究に打ち込めるテーマのほうがいい。オットーニは妥協案として、まずは古代人と古代のブタの両方を対象に選んだ。

ブタの研究は大成功だった。オットーニは西アジアの48の考古学遺跡から見つかった、もっとも古いもので1万2000年前のブタの骨から得られたDNAを分析し、ブタの家畜化の歴史がそれまで考えられていたよりもはるかに複雑なものであったことを示した。論文は学術界で高く評価され、古代DNAのエキスパートとして、彼の名声はますます不動のものとなった。

ファン・ネールはラボや(古代の骨ではなく生きた)ネコでいっぱいの自宅でオットーニと話すたび、彼の関心を古代ネコのDNAに向けさせようとたくらんだ。「ネコはどう？　サンプルならあるよ」と、ファン・ネールは甘言をささやいたが、オットーニはいつもあれこれ理由をつけて逃げ回った。

実際のところ、オットーニはトゥアレグ族研究のときの古代サンプルでの失敗に怖気づいていた。ファン・ネールのネコのサンプルもまた、大部分は北アフリカの砂漠地帯で出土したものだった。また使えるDNAが得られないのではないか、同じ轍《てつ》を踏むのはごめんだと、オットーニは気乗りしなかった。だが、ブタの論文が世に出たあと、ようやく折れたオットーニは、ネコのサンプルを試してみることにした。

オットーニが最初にシークエンサーにかけたサンプルのひとつは、西暦150年のローマ帝国支配下のエジプト、紅海に面した港町ベレニケで見つかったものだった。分析結果は、ベレニケのサンプルがアジアヤマネコのものであることを示した。エジプトのサンプルからアジアヤマネコのDNAが見つかったことに、オットーニは首をひねった。現代のアジアヤマネコの最寄りの分布域は南西アジアで、アラビア半島をはさんだ反対側だ。彼は結果をなんらかの手違いだろうと判断し、深く考えなかった。

そこへファン・ネールが、2000年前のベレニケは南アジアから紅海を抜けて地中海に向かう交易の要衝だったと指摘した。突如として、エジプトの紅海沿岸でアジア系のDNAをもつネコが見つかったことが意味をなしはじめた。それどころか、わくわくするような可能性を示唆するものとなった。ひょっとしたら、2000年前のインドやアジアの他地域の人びとは、アジアヤマネコの家畜化を試みていたのかもしれない。

オットーニは俄然《がぜん》やる気が湧いてきた。ネコのサンプルからは分析可能なDNAが得られるだけでなく、想定外の結果が導きだされるかもしれない。彼はファン・ネールの残りのサンプルに注目した。動物考古学の第一人者であるファン・ネールは、共同研究者のネットワークを通じて、ヨーロッパの大部分、西アジア、北アフリカの遺跡から出土した、石器時代、青銅器時代、ローマ帝国時代、ビザンツ帝国時代、さらには北ドイツのヴァイキングの交易港で見つかった中世のネコの骨まで、幅広くサンプルを集めていた。それでも、捜査網にはひとつ大きな穴があった。

エジプトのネコミイラ

古代エジプトと聞いて人びとが思い浮かべるのはたいてい、ピラミッドとミイラの2つだ。この2つは切っても切れない関係にある。ピラミッドは要するに巨大な墓で、そこには亡くなった支配者のミイラ化した遺体が納められているからだ。

エジプトのミイラは巧みに臓器を取り除かれ、脱水され、化学処理され、亜麻布にくるまれた、驚異の科学技術の賜物だ。包帯や棺に施された壮麗な装飾のおかげで、世界各地の博物館で展示されている。だが、たいていの人は映画を通じてエジプトのミイラに出会い、そこには古代の呪いや、超自然的な邪悪な力を備えて蘇った支配者が登場する。

１９９９年の『ハムナプトラ／失われた砂漠の都』はそもそもリメイク作品で、さらに2作の続編、1作の前日譚《たん》、4作の前日譚の続編、アニメシリーズが制作された。だが、ハリウッドは1度として、わたしにとっては明白なプロットラインに手をつけなかった。古代エジプト人はヒトだけでなく、ライオンやワニ、ヒヒ、ヘビなど、さまざまな動物たちのミイラをつくったのだ。動物ミイラ大集合は間違いなく、呪いと支配者の復活というミイラ映画の定番パターンの幅を広げるだろう。

この話題を深掘りしはじめたとき、わたしはエジプト人がミイラにした動物のなかで一番人気はネコだったのだろうと思っていた。驚いたことに、この予想は外れた。ネコと比べほとんど文化的関心を向けられていなかったにもかかわらず、もっとも多くミイラにされた動物はイヌだった。ある地下墓地には約８００万体ものイヌのミイラが納められていたほどだ。とはいえ、2番手はやはりネコで[*2]、こちらも数百万体がつくられた。『ネコミイラの逆襲』なら、興行収入トップは確実だろう。[*3]

矛盾するようだが、膨大な数のネコの死とミイラ化は、古代エジプトにおける神聖な動物としての高い地位ゆえだ。バステト神の黄金期には、ブバスティスで毎年開かれる盛大な祭典に参加すべく、毎年数十万のエジプト人たちが巡礼の旅に出た。都に到着すると、マルディグラのような乱痴気騒ぎの合間を縫って、信者たちは寺院群を訪れた。

女神の威光を讃えるため、あるいは願いを聞き入れてもらうため、巡礼者たちはミイラを買い、捧げ物として寺院に奉納した。エジプトの神々はそれぞれにトーテムとされる動物がいて、ネコはバステトのトーテムだったため、信者たちはネコのミイラをもち寄った。おそらく、大きな願いをもつ人ほど、より精巧で保存状態のよいミイラを捧げたのだろう。

年に1度、神官たちはミイラを地下猫墓地、つまりカタコンベに運び込んで保存した。数千年後、地下通路が発掘されたときに出土したミイラの量はあまりに膨大で、トン単位で粉砕され、肥料としてイングランドに輸出されたほどだ。

古代、ミイラの大規模販売は儲かるビジネスだったはずで、その収入は寺院の維持管理を支えたのだろう。あまりの繁盛ぶりに、ときにネコのミイラに実物が入っていないことさえあった。ある遺跡では、ミイラの3体に1体はただの泥や粘土の塊だった。一例だけだが、ミイラ化した魚が納められたものもあり、こうした偽装からはネコの死体の供給逼迫《ひっぱく》が窺える。

ミイラのX線分析により、これらのネコのほとんどは(残酷描写につき注意!)よく育った子猫か若者だったこと、また頸椎骨折や絞殺により死亡したことが明らかになった。寺院の境内や近辺に広大なネコ養殖場があり、そこで生まれたネコをミイラづくりのために殺していたようだ。考古学者はまだネコ養殖場の遺構を発見できていないが、鳥やワニの養殖場は見つかっている。

長いあいだ、ネコのミイラは考古学研究の対象というより、邪魔なノイズとして扱われてきたため、膨大な数のわりに博物館に収蔵されている標本数は多くない。たとえば、イギリスに輸出された19トン、18万体分のネコミイラのうち、博物館に行き着いたのは数体だけだ。

それでも収蔵品の数は、野心的な動物考古学者が古代エジプトのネコのDNAを手に入れるチャンスに賭けるには十分だった。こうしてオットーニは、ミイラに残存するかもしれないDNAを抽出するため、骨、毛、皮膚の小片を採取させてほしいと、ロンドン自然史博物館に許可を求めた。

元博物館キュレーターとして断言するが、こうした施設はいわゆる「破壊的サンプリング」の依頼にきわめて慎重だ。博物館標本は貴重で替えのきかないものであり、標本になんらかのダメージを与える研究は内容を問わず、十分な説得力のある理由を提示しなければならない。

けれども、運はオットーニに味方した。以前の研究で、X線装置を使ってネコミイラの装飾の内部が可視化されたことがあった。科学者たちがネコの死因を特定できた(そしてときに外見上はネコミイラでも、内部にネコの死体とは別の何かが納められていることがあると知った)のは、この研究のおかげだ。だが、博物館が所有するX線装置はごく小さなものだった。

ネコミイラには2つのタイプがある。片方は典型的なネコの形をしていて、外見から明らかにネコと判断できる。もう片方は円筒形で、ネコは四肢を胴体にくっつけた(前肢を後方に伸ばし、後肢をおすわりするように折りたたんだ)状態で納められている。

ロンドン自然史博物館のミイラは後者で、X線装置に通すには長すぎた。そして、博物館標本の厳重な保護についての先ほどの説明とはまるっきり矛盾するのだが、先行研究のチームに対し、博物館は装置の内部に収まるようにミイラの首を切断することを許可した。標本の保存という意味では損失だが、オットーニにとっては朗報だった。ミイラがすでに損傷していたため、包帯を解いて分解する必要がなく、彼はただ、内部に器具を挿入して露出した皮膚や骨をほんの少し採取させてほしいと頼むだけで済んだのだ。こうして彼の依頼は認められた。

自身のキャリアのハイライトのひとつである、このサンプル採取を回想するとき、オットーニの語り口は穏やかになる。広大な博物館に秘められた、来館者の目に触れない地下室は、もはやそれ自体が古代史の1ページのようだった。考古学史料がところ狭しと並び、静謐《せいひつ》で、携帯電話もその他の現代的ガジェットも見当たらない。古くて澱んだ、少しかび臭いにおいが立ち込める。目を見はるような古代の遺物が（サルのミイラも！）、収蔵キャビネットにぎっしりと詰め込まれている。

もちろん、彼の記憶にもっとも深く刻まれているのはネコのミイラだ。なかには明らかに手抜き作業、スピード優先でつくられたものもあったが、一方で丁寧に亜麻布にくるまれ、優雅に交差する包帯が、ネコならではの頭部の輪郭を、てっぺんの尖った耳まで忠実に再現しているものもあった。布の上に描かれた眼はときに赤く塗られ、鼻やその他の顔の模様も描き込まれた。こうした遺物を目の当たりにして、オットーニは3000年前の異文化、異質な生活習慣のなかに転生したかのような感覚を味わった。

すでに述べたとおり、古代DNAを読むうえでの問題のひとつは、しばしばひどく劣化していて、分析に使えるDNAの量が現代のサンプルと比べてはるかに少ないことだ。このため、サンプルが現代のDNAに汚染されているおそれが常に存在する。空気も、地表も、水中も、世界は（あなたも含めた！）生物が排出したDNAの断片でいっぱいだ。分析したい標本にたくさんのDNAが含まれるなら、誰か、あるいは何かのDNAがひとかけら標本の表面に落ちたところで問題にはならない。

標本そのもののDNAの何百万ものコピーに希釈されるからだ。だが、標本由来のDNAがほんの少ししかない場合、あるいはまったくない場合、汚染DNAが分析結果の大部分を占めることがある。こうした標本を分析して得られた塩基配列は、目的の標本のものではなく、汚染源である現代生物のものかもしれない。

もちろん、これが問題になるのは、サンプルに付着したDNAが同種あるいは近縁種のものであるときだ。かりにあなたが古代のネコを研究していて、「この標本はカエルです」というDNA解析の結果が帰ってきたら、何かがおかしいことはすぐにわかる。だから、研究対象がマイナーな生物、たとえばカモノハシなら、現代のカモノハシのDNAがそこらへんに漂っている可能性は(あなたがオーストラリア在住でないかぎり)ないに等しい。だが、欲しいのがネコのDNAとなれば話は別で、細心の注意が必要になる(対象がヒトならさらにやっかいだ)。

古代DNA研究者たちは、試料汚染を防ぐための一連の滅菌手続きを採り入れている。ネコのミイラからサンプルを採取する際、オットーニとファン・ネールはラテックス手袋とマスクを着用し、試料間汚染の防止のため標本ごとに新しい装備に替えた。同じ理由で、器具と天板はひとつの標本の作業が終わるごとに漂白剤と酸性溶液で洗浄した。骨と皮膚のサンプルはアルミ箔で丁寧に包んだあと、プラスチック袋に入れて運びだした。

サンプルはDNAラボにもち帰ったあと、滅菌室に移された。ここでの作業は頭から爪先までを覆いつくす防護服を着用しておこなわれる。まずサンプルを漂白剤で洗浄。次に剃刀またはドリルで表層を取り除き、歯と骨の汚染DNAにさらされていない部分を露出させる(毛と皮膚のサンプルの滅菌はより難易度が高い)。そしてサンプルの一部を慎重に分離し、粉末にしたあと、化学処理を施しDNAを抽出した。こうした一連の作業を何度か繰り返し、各試行のDNAを比較した。同じ外来DNAによる汚染が、別べつに抽出された試料で繰り返し起こる可能性は低いためだ。

念には念を入れ、オットーニはもうひとつ安全策をとった。ガールフレンドの懇願にも屈さず、彼はネコを飼わなかったのだ。現代のネコのDNAを意図せずラボにもち込むリスクは冒せない、というわけだ(オットーニが教えてくれたのだが、ネコのDNAは飼い主によって運ばれやすいため、犯罪捜査における法医学ツールとして使われることがある。ある殺人事件では、被害者の血が付着したジャケットからスノーボールという名の飼い猫の毛が発見されたことが決め手となり、犯人の有罪が確定した)。

トルコ経由ヨーロッパ行き

オットーニの目標は古代ネコのDNAを利用し、ネコの家畜化と地理的伝播の歴史を解明することだった。分析したサンプルは地理的にも年代的にも多様だったため、特定の型のDNA変異(アレル)の拡散を時空間的に追跡することで、イエネコの伝播をマッピングし、ネコによる世界征服の足取りをついに暴きだせるはずだと、彼は期待した。

仮説は基本的に次の3つだった。それまでの定説では、ネコが(単なる片利共生ではなく)本当の意味で家畜化されたのは3500年前のエジプトであり、そこから世界各地に広がったとされていた。だが、少数意見ではあったものの、家畜化はトルコかその近辺で起こり、のちにエジプトやその他の地域に伝わったという説も根強かった。こちらの仮説の根拠は、トルコの目と鼻の先のキプロスの考古学遺跡でネコが発見されていること、そして今日のトルコでネコが溺愛されていることだ。最後に、第3の可能性として、エジプトとトルコの両方で家畜化がおこなわれたという考えもあった。

出エジプト仮説を検証する方法は明白だ。初期には古代エジプトでしか見つからないが、時代が下ったより新しい世界各地の遺跡では普遍的に見られるアレルを探せばいい。こうしたパターンは、エジプトがネコの起源地であることを示唆する。

オットーニは352のサンプルすべての分析に4年を費やした。けれども結果は、決定的というよりもどかしいものだった。トゥアレグ族についての博士研究と同じように、オットーニは使えるDNAが得られないサンプルに手を焼いた。全体としての成功率は59%という見事なものだったが、ロンドン自然史博物館のミイラはやっかいな例外で、DNAが抽出できたのは74体のうちわずか6体だった。おそらく保存プロセスのなかで脱水され、塩やさまざまな化学物質で処理されたことが、DNAの劣化につながったのだろう。エジプトの灼熱の気候も不利にはたらいたはずだ。

エジプトのもっとも古い標本からデータが得られなかったことは痛恨だった。オットーニは、2500年前のエジプトのミイラに存在し、その1000年後にヨーロッパ全土に広まるアレルを特定した。しかし残念ながら、このアレルはエジプトとほぼ同年代のヨルダン、トルコ、ブルガリアのサンプルにも見られた。さらに古い標本のデータがあれば、理論上、最初にアレルが出現した場所を特定でき、そこからアレルの拡散の経路を解き明かせるはずだが、それにはさらなるサンプル収集と分析が必要だ。喉から手が出るほど欲しいのは、より古い時代のミイラのデータだった。

意外なことに、もっともエキサイティングな発見は古代ヨーロッパからもたらされた。従来、ヨーロッパヤマネコはヨーロッパ全域とトルコに分布するとされていたが、オットーニのデータはこれと食い違っていた。トルコの72のサンプルはどれひとつとして、ヨーロッパヤマネコのＤＮＡを含んでいなかったのだ。３つはアジアヤマネコの系統に属し（この亜種の家畜化が試みられたさらなる証拠かもしれない）、残りはキタアフリカヤマネコに分類された。ヨーロッパヤマネコはその名のとおり、ヨーロッパにしかいないのだ。

この結果のどこが驚きなんだ、と思うかもしれない。生物学者たちがこれまで、ヤマネコの1亜種の分布域をちょっと勘違いしていたことがわかっただけでは？　間違いが訂正されたのはよかったけれど、イエネコの起源を解き明かすうえで、この新情報に何か意味があるのだろうか？

それが、じつは大ありなのだ。比較的新しい考古学遺跡のサンプルから、トルコのキタアフリカヤマネコで以前に見つかったアレルが、６０００年前までに南東ヨーロッパに到達していたことがわかった。注目すべきは、人びとが同じルートを経由してトルコからこの地域へと移住し、農業をもたらしたことだ。のちにポーランドのチームの研究により、中央ヨーロッパには農耕民の到達とほぼ同時期の約5000年前の時点で、すでにトルコのアレルをもつネコがいたことが明らかになった。

つまり、古代エジプトが本格的に発展するより2000年も昔に、キタアフリカヤマネコの系統に属するトルコのネコが、人類の移動にともないトルコからヨーロッパに流入していたのだ。このネコたちが片利共生者ではなくペットだったとしたら、出エジプト仮説への反証となり、少なくともエジプトはイエネコの唯一の起源地ではないことになる。もちろん、もうひとつの可能性として、ヨーロッパに移住したネコたちはまだヒトの取り巻きの片利共生者で、農業とそれにつきものの無尽蔵の齧歯類から恩恵を得ていただけだったとも考えられる。

したがって鍵を握るのは、流入したネコとかれらが追従していたヒトとの関係だ。そして、この疑問に答えをだす方法を、わたしたちはもう知っている。同位体だ! ポーランドで古代のキタアフリカヤマネコのアレルを発見した研究チームは、中国のベンガルヤマネコの研究で使われたのとよく似た同位体分析の手法を用いて、当時のネコの食性を推定した。

手法には微妙な違いもあった。施肥された農地で育った作物を食べた動物(ヒトを含む)の体には、施肥されていない場所で採食した動物と比べ、特定の窒素同位体が高濃度で蓄積される。そして、作物を食べた獲物を捕食した肉食獣も、同様にこの窒素同位体が高い比率を示す。もちろん、このアプローチですべての問いに答えが出るわけではない。ペットであれ片利共生生物であれ、ネコは農地で獲物を捕るからだ。それでも、ネコとヒトの関係がどれだけ緊密だったかの目安にはなる。

ポーランドの研究チームは2つを比較した。まず、出土した移住者のネコの骨に含まれる窒素同位体の濃度を、同じくポーランドで見つかった農耕以前のより古い時代のヨーロッパヤマネコのものと比べた。新参のネコたちが農地で獲物を捕っていたなら、農耕以前のヨーロッパヤマネコよりも窒素同位体濃度が高いはずだ、という考えに基づく。次に、移住してきたネコの同位体濃度を、同時代、同地域のヒトやイヌのそれと比較した。もしネコが家畜として暮らしていたなら、その同位体濃度はヒトやイヌと同等になるだろうと、かれらは推論した。

分析の結果、ポーランドのネコはちょうど中間の値を示した。同位体濃度は農耕以前のヨーロッパヤマネコよりも高かったが、イヌやヒトよりは低かった。ここから、ネコたちはヒトの周辺で生活し、農地で餌をとるネズミやその他の動物をある程度は食べていたが、イヌと違って完全に家畜化された家族の一員ではなかったと解釈できる。

もちろん、ネコとイヌは別の生きものであり、同じ餌を食べるわけではない。ネコとイヌのあいだの同位体濃度の違いは、家畜化の程度ではなく、食性の違いを反映したものなのでは？ポーランドのチームはこの疑問への答えも用意した。かれらは再びポーランドのより新しい時代、ネコが家畜化されていた可能性がずっと高い2000年前の遺跡から出土した、イヌ、ネコ、ヒトの同位体濃度も測定したのだ。これらのサンプルでは、ネコの同位体濃度はイヌおよびヒトと同程度で、古い時代のネコのサンプルよりもずっと高かった。いい換えれば、窒素同位体濃度は家畜としてヒトと共生していたかどうかを判断するすぐれた指標になるのだ。

この研究から、きわめて重要な結論が導きだされた。トルコから移り住んだネコの子孫である、

5000年前のポーランドのネコは、ヒトとかかわりをもち農耕集落の周辺に暮らしてはいたが、家畜ではなく、片利共生生物として生きていた。この筋書きは、ネコの骨格が出土した状況とも合致する。ヒトが直接関与した形跡はなく、集落近辺の洞窟から発見されたのだ。

ポーランドの古代のネコは、ネコの家畜化についての標準的仮説における重要な段階が実際にあったことを裏づける証拠だ。ネコはヒトの近くで暮らし、わたしたちの存在から恩恵を受けつつ、おそらくヒトに齧歯類駆除という見返りを提供していた。

だが、家畜化されてはいなかった。ポーランドのネコの祖先は、肥沃な三日月地帯での農業の夜明け以来、ヒトと共存してきたが、同位体分析の結果はかれらがまだ片利共生生物でしかなく、家畜ではなかったことを示した。今日の人為環境にすっかり溶け込んでいる動物たち、たとえばアライグマ、オポッサム、ドバトを考えてみよう。断じて家畜ではないが、ヒトの居住地が広がるにつれ、かれらも分布域を拡大する。キタアフリカヤマネコもこれと同じことをやってのけたのだろう。だが、ヤマネコが家畜化の一線を越えるには、さらに何かが起こる必要があった。

それがいったい何だったのかはまだわからないが、定説によれば、その何かは約4000年前のエジプトで起こった。そして、ネコはいったん家畜化されると、ますます人びとに求められるようになり、またたくまに世界に拡散したとされる。

ただし、この出エジプト仮説はおおむね、エジプト以外の土地でイエネコの存在を示す考古学的証拠がきわめて乏しいことに基づいている。繰り返すが、証拠の不在は不在の証拠ではない。もしかしたら、ネコはエジプトの王墓に描かれる何千年も前に、現代のトルコやシリアなどの土地で家畜化されたが、単純にわたしたちがまだその証拠を発見できていないだけなのかもしれない。だが、ポーランドで見つかったネコはこの仮説に対するひとつの反証だ。もしもネコがトルコで家畜化されたなら、古代ポーランドのネコにはその痕跡が残されているはずだ。

古代ＤＮＡについてはひとまずこれくらいにしよう。現代のサンプルが語るネコのディアスポラの歴史については、第15章で改めて考察する。

ネコは広がり、日本にまで

エジプトから世界へのネコの拡散は、考古学遺跡と歴史記録にしっかりと裏づけられている。エジプト人はネコの輸出を禁じ、いい伝えによれば軍事遠征の際には征服地のネコをすべて捕えてエジプトに送り返したという。だが、それも徒労でしかなかった。船乗りたちはネコのネズミ駆除の能力を買い、密かに船に乗せた。地中海を行き来するフェニキア人の商人たち（エジプト人は「ネコ泥棒」とよんだとされる[*4]）も、エジプトに出入りする船と並んで、ネコの移動を促した。

エジプトの外でなぜネコが求められたのかは定かではない。ギリシャ人とローマ人はすでにフェレットやイイズナにネズミ退治をさせていたので、ネコにこの役目を期待してはいなかった。少なくともローマでは、当初ペットとしても不人気だった。最初期の拡散は、単純に海運活動の結果だったのかもしれない。船乗りたちは害獣駆除のためにネコを重用して、かれらを環地中海全域へと運び、ネコたちは見知らぬ土地にたどり着くと、船を捨てみずから歩んでいった。

ギリシャでは、紀元前1700年にさかのぼる、ネコを描いたフレスコ画や水差し、カップ、印章、短剣が見つかっている。イエネコは紀元前5世紀にはギリシャに定着し、まもなく南ヨーロッパ全域に進出した。その後はローマ人がヨーロッパ全土にネコを運ぶうえで主要な役割を果たした。多くの地域において、最初のネコの証拠がローマの入植地から発見されたことが、その証拠となっている。

ネコは陸路と海路を通じてアジアにも広がった。インドにネコをもたらしたであろう、紅海と南アジアをつなぐ貿易ルートについてはすでに触れた。加えて、ネコは陸路でもシルクロードをたどってイランに到達し、そこからさらに東の中国に至った。パキスタンでは、イエネコとイヌが喧嘩をするところを描いた紀元前3世紀のレリーフが見つかっており、さらに数百年が経つと、インドや中国からもネコの存在証拠が現れる。西暦600年までには日本にも上陸した。これらはすべてキタアフリカヤマネコの子孫たちだった。

ヴァイキングネコのウソ・ホント

クラウディオ・オットーニの研究には注目すべきクールな知見が多々あるのだが、オックスフォード大学での学会で最初に結果が発表されたとき、とりわけ世界の人びとの想像力をかき立てたことがあった。それはネコのミイラ…ではなく(分析がうまくいっていればそうだったかもしれない)、トルコからヨーロッパに進出したネコでもなく、アジアとの紅海貿易に便乗したネコでもなかった。話題をよんだのは、ヴァイキングのネコだ。

強大な海軍力で知られるノルド人たちは、ネズミ対策、それにひょっとしたら伴侶として、ネコを連れて航海した。以前から一部の研究者は、アイスランドや周辺の島じまを含めた北ヨーロッパにネコをもたらしたのはヴァイキングだったと推測していた。

オットーニの研究はこの説を裏づけた。彼が分析したサンプルのひとつは、現在のドイツのバルト海沿岸に位置する、7世紀のヴァイキングの貿易港の遺構から見つかったものだった。この集落跡から出土したネコがエジプトのネコと同じアレルをもっていたことから、ヴァイキングが実際に地中海沿岸でネコを手に入れ、ロングシップに乗せて故郷にもち帰った可能性があると、オットーニは論じた。

世界のメディアはこれに飛びついた。「ネコはヴァイキングと旅して世界を制した」と見出しを打ったのは『ビジネス・インサイダー』(そう、ビジネス誌もネコの科学を報じるのだ)。一方、『クリスチャン・サイエンス・モニター』は「世界にネコを届けたのはヴァイキングだった?」と疑問形に留めた。規模の大小、洋の東西を問わず、新聞や雑誌、ウェブサイトに記事が飛び交った。ヴァイキングのヘルメットをかぶったネコのミームが、ときには『タイタニック』風に船首に立った姿で、インターネット上に氾濫した。「ヴァイキングネコがいたなんて知らなかった」と恥じる、ある遺伝学者の発言は、たくさんの記事に引用された。

この遺伝学者の勉強不足を責めるのは酷だろう。確かにヴァイキングはネコを飼っていたが、歴史上のほかの多数の民族もそうだったわけで、ヴァイキングネコが本当にそこまで際立って重要だったのかははっきりしない。ヴァイキングにまつわる興味深いが突飛な考えは、インターネットどころか学術文献にすらあふれていて、鵜呑みにしないことが大切だ。大衆向けに描かれるヴァイキングの姿は、かなりの部分が創作だ。側面に角が生えたヘルメットは実在しないし、ネコ用ヘルメットは言わずもがな。[*5] こうしたことを頭に置きつつ、ネコとヴァイキングについてわかっていることを詳しく見ていこう。

ヴァイキングがネコを崇めたという説の信奉者たちはよく、ノルド神話の愛と美と豊穣の女神フレイヤを証拠にあげる。フレイヤは馬の代わりに2匹のネコ、ベイグルとトリエグルが引く戦車に乗って移動したとされる。だが、最近の研究により、伝説上のフレイヤはじつはブタに乗っており、ネコにすり替わったのは後世のキリスト教徒による歴史修正の賜物だったことがわかった。そのうえ、フレイヤのネコの名前がベイグルとトリエグルというのも、インターネットでもどこでも広く信じられているが、やはりつくり話だった。2つの名前の初出は1984年のダイアナ・パクストンによるファンタジー小説『ブリーシンガメン』で、ノルド語の本当の名前は、たとえあったとしても、歴史の闇のなかに消えてしまった。

フレイヤの話はさておき、エジプトでもそうだったように、ヴァイキングとネコの関係が複雑だったことは確かだ。ネコはペットとして寵愛を受け、飼い主とともに埋葬された一方、宗教儀式では生贄にされ、また毛皮用に膨大な数が屠殺されて、衣服の裏地や装飾に使われた。後者の事実を裏づける、皮を剥ぐ過程でついた刃物の跡があるネコの骨が、多くの考古学遺跡から発見されているのだ。1070年にさかのぼるデンマークのある遺跡では、竪穴から少なくとも70匹分のネコの骨が発見された。

ついでにいえば、ネコのドキュメンタリーで頻繁に取り上げられる、ヴァイキングはとくにオレンジ色のネコを愛し、この毛色をヨーロッパに広めたという逸話も、ヴァイキングの角ヘルメットと同じくらい事実無根だ。わたしの知るかぎり、この話の唯一の根拠は、イギリスの北に浮かぶいくつかの島でオレンジ色のネコの比率が飛び抜けて高いことだけだ。ある学術論文のなかで、これはヴァイキングがオレンジのネコを好み、約1000年前に島じまに入植した際にかれらを連れてきたからかもしれないと論じられたが、それ以上でも以下でもない。

世界征服への道のり

ヴァイキングネコの物語からわかるように、ネコがどのように世界に拡散したのかについては、まだ明らかになっていない部分が多々ある。オットーニは臆することなく、最近EUから巨額の助成金を得て、より高度なゲノムシークエンシングの手法を用いて質の高い遺伝学的データの収集にあたっている。ファン・ネールが新たに収集した標本と合わせれば、このプロジェクトはネコの起源と分散について、さらに詳細な情報をもたらしてくれるはずだ。

並行して、オットーニはネコの家畜化の歴史を解き明かすためのもうひとつのアプローチも計画している。以前にゲノム解析によって特定された、ネコの家畜化の過程で淘汰が作用した13の遺伝子を覚えているだろうか？ 考古学遺跡で出土したネコを全ゲノム解析にかけることで、オットーニはこれらの遺伝的変化がいつ、どこで最初に生じたのかをピンポイントで特定しようと考えている。こうしたデータが得られれば、*Felis silvestris lybica* がいつ *Felis catus* になったのかという疑問の答えに肉薄できるだろう。２０２１年初頭に始まったこのプロジェクトの結果は、わたしの予想では、本書が出版される頃には『ニューヨーク・タイムズ』紙で読めるはずだ。

いずれにせよ、１５００年前までに、イエネコがヨーロッパ、アジア、北アフリカのほとんどの地域に普及したことは確実だ。ネコは世界を征服した。だが、現代のわたしたちが知る、目をみはるような多様性に至る進化の旅は、まだ始まったばかりだった。

＊１　このミイラの研究をおこなったスヴァンテ・ペーボは、２０２２年に分野の先駆者としての功績を認められノーベル生理学・医学賞を受賞した。

＊２　もしかしたら3位かもしれない。カーブしたくちばしをもつ水鳥のトキもまた、無数の死体が保存されていた。ただし、具体的な数の推定はなされていない。

＊3　これを書いたあとで知ったのだが、2019年の『スクービー・ドゥー』のストリーミングシリーズにはネコミイラが登場する。

＊4　このよび名の出典はわたしには突き止められなかった。

＊5　えっ、知らなかった？　角つきのヴァイキングのヘルメットはこれまで1度として発見されたことがない。これらは19世紀のスウェーデンのアーティストによる創作で、1870年代にワーグナーのオペラ『ニーベルングの指環』シリーズで有名になり、以後はヴァイキングの代名詞として定着した。この話題について調べはじめるまで、わたしも知らなかった。

Chapter

9

三毛柄トラがいないわけ

エジプトの墓のネコたちは、ふつう次の3つのどれかの姿で描かれている。人びとのそばで座っている(女性が座る椅子の下にいることが多い)か、湿地での狩りに同行しているか、ヘビと戦っている(たいていナイフをもって圧倒的優位に立っている)かだ。画風は写実的なものもそうでないものもあるが、共通の特徴がひとつある。どれをとっても、ネコの外見は同じなのだ。黄土色の体に縦縞あるいは縦に列をなして並ぶ斑点、リング柄のしっぽ、四肢の縞模様。体格は細身か中肉で、四肢は長めのことが多く、このようなプロポーションは同時代の彫刻にも見られる。

要するに、古代エジプトのネコはキタアフリカヤマネコにそっくりだった(地色は多少明るかったようだが)。イエネコの起源を考えれば、これは当然。それより興味深いのは、多様性の乏しさ、つまり今日のネコに見られる毛色や柄の膨大なバリエーションを示す証拠がまったくないことだ。

わたしの個人的なネコ遍歴から、現代のネコがいかにバラエティに富んでいるかを見てみよう。ヘンリー(♂)は、わたしが大人になってから一緒に暮らした3匹目のネコだ。がっしりして、地色は灰色、体の側面には不明瞭な暗色のストライプ。四肢と尾には黒のリング柄があり、額にはおなじみの

マッカレルタビー

M字型の模様。彼はヨーロッパヤマネコに似た雰囲気のマッカレルタビー[*1]だった。

だが、これまで一緒に暮らしてきたあと8匹のネコたちは、ヤマネコのヨーロッパ亜種にもほかの亜種にもまるで似ていなかった。保護施設から引き取った美しいサイアミーズのタミーとマーリーシャは、オフホワイトの地色に、足先と耳と顔は黒。ネルソンにも同じような暗色の模様があるが、地色はつややかな茶色だ。ジェーンとその生き写しのようなクラカ(♀)は、ミディアムグレーで模様なし。レオ(♂)はオレンジのアビシニアンで、毛の1本1本の先端だけ色が濃くなっていて、そばかすを散らしたように見える[*2]。アーチー(♂)は淡いオレンジで、顔と四肢だけにタビーの縞模様。そしてウィンストンは、灰色と白のぶち柄がパッチワークのようだ。

うちの9匹のネコたちからわかるのは、イエネコの多様性のごく一部だ。三毛、さび、黒、灰色、長毛に短毛、ふさふさしっぽに尾なし。体は雪のような純白で、頭としっぽだけ色違いのこともある。ここ数十年で新しく作出された品種の斬新なルックスはいうに及ばず。驚くべきことに、ネコの多様性のかなりの部分は、自由生活するイエネコ集団にも見られる。ところが、現生のアフリカヤマネコや、古代エジプトのイエネコには、こうした個体はまったくいない。ネコはいつ、そしてなぜ、万華鏡のように色とりどりになったのだろう？

毛の色とネコもよう

古代ギリシャ・ローマの遺物におけるネコの表象は、エジプトの芸術に比べて数は少ないが、初期のイエネコはアフリカヤマネコにそっくりだったという同じ事実を裏づけている。こうした記録を額面どおりに受け取るなら、今日のイエネコの多様な外見は、起源地を離れてアジアとヨーロッパに拡散したずっとあとの時代に端を発するらしい。

タビーではないネコが歴史記録に初めて登場するのは2000年前だ。ヤマネコ似ではないネコの現存する最古の図像は、フランス南部で発見された黒猫を描いたモザイクタイルで、ローマ帝国初期のものと考えられている。数世紀後、ギリシャの医師アエティウスは黒猫と白猫に関する記述を残した。さらに時代を下って、12世紀のヨーロッパに黒猫がいたことは、当時の迷信からして確実だ。黒猫をめぐるヒステリーは、13世紀の教皇令によってさらに加速し、数百年にわたって黒猫虐殺が繰り広げられた。中世ヨーロッパの絵画やフレスコには白猫も登場する。13世紀の百科事典には、オレンジ、白、黒のネコについての記述があり、長毛もいた可能性がある。16世紀までに、ネコの毛色と模様の多様性が膨大なものとなったことは、壮麗なルネサンス絵画から明らかだ。レオナルド・ダ・ヴィンチは単色のネコのすばらしいスケッチをいくつか描いている。東に目を移すと、1000年前の中国絵画にも、さまざまな色と模様のネコがいる。

しかし、中世のネコの多様性を裏づける最良の証拠は、タイ(かつてのシャム)にある。『タムラ・ミャウ』(『ネコ大全』、あるいはタイトル全文を訳すなら『ネコの特徴識別法大全』)は、時代を超えて受け継がれ改訂されてきた書物で、オリジナルは14世紀に書かれたとされる。見事なイラストにタイ語の詩が添えられたこの本は、いわばブリーダー向けのガイドブックで、さまざまなタイプのネコが描かれている。いずれもスレンダー体型で、尾は細長く、鼻先がすらりと伸びている。配色はオフホワイトに末端部(耳、脚、尾)だけが暗色という、業界では「ポイント」とよばれる、明らかに今日のサイアミーズの祖先であろうタイプに加え、灰色、白、ゴージャスな赤銅色、黒といった具合だ。残りのタイプのほとんどは、白黒の模様の入り方によって区別されていて、いつの時代に刷られた『タムラ・ミャウ』かによって説明はまちまちだ。ただし、どの版にも合わせて17のタイプが掲載されている。

歴史的記録をすべてひっくるめて考えると、世界のイエネコは1500年のあいだに、ヤマネコ似のマッカレルタビーから、毛色と模様のオンパレードへと変貌をとげたようだ。この転換は、バリエーションがどこからきたのか、なぜイエネコは祖先種やほかのすべての野生ネコの種と比べてはるかに多様なのかという疑問を提起する。まずはバリエーションの供給源という謎について考えてみよう。

ひとつめのソースについてはすでに取り上げた。種間交雑により、ある種から別の種へ新たな形質がもち込まれることがある。実際、割合としてはわずかだろうが、イエネコでもこうした現象が起こった可能性がある。ヨーロッパヤマネコはアフリカヤマネコと比べ、毛色が暗く、がっしりした体つきで、頭が丸っこい。アフリカヤマネコ的な見た目の *Felis catus* が、ヨーロッパに拡散するなかで在来のヨーロッパヤマネコと交雑したことは確実で、これによりかれらのDNAの一部を取り込んだはずだ。現代のイエネコの多くが、うちのヘンリーと同じように灰褐色のヨーロッパヤマネコ的な外見をもつのは、このためである可能性が高い。

だが、ごく単純な理由から、交雑が占める割合は小さいと考えられる。というのも、今日のイエネコが示すバリエーションのほとんどは、ヤマネコのどの個体群にもない(正確にいえばイエネコとの交雑が始まるまでなかった)ものだからだ。イエネコは、オレンジ、黒、白といった毛色を在来のヤマネコとの交雑によって獲得したわけではないし、さび、ヴァン〔全身が白で耳周りと尾にだけ別の色が入る柄〕、シールポイント〔体は淡色で顔、耳、四肢の先、尾だけが濃色になる、サイアミーズやラグドールに多い柄〕といった模様についてはなおさらだ。歴史を振り返っても、ヤマネコのカラーパレットにこうした色や模様は存在しなかった。

バリエーションのもうひとつの供給源は変異、すなわちDNAに生じる変化だ。変異のなかには

ブロッチトタビー

形質にまったく影響を及ぼさないものもあるが、一部は形態、生理、行動になんらかの変化を起こす。たとえば、ネコのある遺伝子にたったひとつの変異が生じただけで、通常ならマッカレルタビーになるはずの体の側面の模様が、ゴッホの「星月夜」のようなサイケデリックな渦巻きになる(このようなネコは「ブロッチトタビー」または「クラシックタビー」とよばれる)。

オレンジの毛色もひとつの変異に由来するほか、長毛をつくる遺伝的変異もいくつか知られている。

ということは、1匹のネコのゲノムをすべて解読すれば、外見を寸分違わず当てられるのだろうか？ それはいいすぎだが、技術がおおいに進歩したのは確かだ。ブロッチトタビーや長毛などいくつかの例については、遺伝学者たちは形質を司るＤＮＡの特定の変化を発見した。だが、ほとんどの形質に関しては、まだその段階に至っていない。たとえばオレンジの毛色は、血統のなかでの遺伝パターンの分析から、ひとつの遺伝子のなかのひとつのアレルによって生じる(このような事例のしくみは第15章で解説する)ことがわかっているが、具体的にどの遺伝子なのかは特定されていない。

変異はほとんどの人が思うよりもずっとありふれていて、それはヒトでもネコでも同じだ。1匹1匹のネコの全ゲノム配列決定が可能になったおかげで、変異率も正確に算出できるようになった。ある個体のゲノムと、その両親のゲノムを比較することで、個体のDNAのなかで両親のDNAのどちらとも違う塩基対を見つけだすことができる。こうした違いはDNAが変異した結果だ。

この手法を用いた最近の研究により、イエネコは平均で43個の変異をもつことがわかった。つまり、あるネコのDNAには、両親のどちらのDNAとも異なる部分が43か所あるということだ。この数字は、わたしたちヒトがもつ平均変異数よりもやや少ないが、これはヒトの変異率がイエネコより40％高く、またヒトのゲノムがイエネコより大きいことによる。

現代のイエネコの膨大な多様性――アフリカヤマネコには見られない毛色、模様、毛の長さ、その他もろもろの形質――は、過去2000年のあいだに出現した変異の賜物だ。でも、どうしてヤマネコにはこのような特徴をもつ個体がいないのだろう？ ヤマネコでは変異そのものが出現しなかったのか、それとも変異は生じたが、子孫を残せなかったのだろうか？

ヤマネコは数十万年から数百万年にわたって存続してきた種なのだから、間違いなくそのあいだに無数の変異が出現したはずだし、そのなかには現代のイエネコに見られるような変異もたくさんあっただろう。ヤマネコの集団がイエネコに比べて見た目のバリエーションに乏しい理由が、それを司る変異がまったく生じなかったためである可能性はきわめて低い。むしろ、こうした変異の多くはどこかの時点でヤマネコにも生じたが、定着しなかったと考えるのが妥当だろう[*3]。数かずの変異がはかなく消えた理由は、自然淘汰だ。

マッカレルタビーの模様は、ヤマネコが灌木《かんぼく》サバンナや暗い森林植生に紛れるのにぴったりのカモフラージュになる。たとえば、スーダンにいるアフリカヤマネコの個体群を思い浮かべてみよう。そしてあるとき、オレンジや白、あるいは三毛の子猫がそこに生まれたとする。カモフラージュできないこのネコは、はるか遠くにいるうちから獲物に察知されてしまうだろう。それに忘れてはいけないのが、ヤマネコには天敵もたくさんいて、こうした動物にも簡単に見つかってしまうことだ。長生きできるとは思えないし、そうなればこの個体の死とともに、変異は遺伝子プールから消え去る。

この筋書きは納得のいくものだが、意外なことに、これまで誰も仮説として検証していない。少なくとも理屈の上では、そう難しくないはずだ。わたしはトカゲを対象に同じような研究をしたことがある。手順としてはこうだ。まず自然のなかで自力で生活し、ヒトから餌をもらっていない、ノネコの個体群を見つける。こうした個体群はおそらく野良ネコの子孫で、さまざまな毛色や模様の個体がいるはずだ。検証すべき仮説は、マッカレルタビーはほかの毛色や模様と比べて生存率が高く、より多くの子を残せる、というものになる。

検証にあたっては、できるだけたくさんのネコを個体識別しておく必要がある。写真を撮り、模様やヒゲの生え方、その他の特徴に基づいて区別するのはひとつの方法だ——ヴェレド・ミルモヴィッチがナクラオットでしたように。あるいは、できるだけ多くのネコを捕獲して、それぞれに恒久的な識別マーカーを装着させるという手もある。ペットが迷子になったときに備えて埋め込まれるマイクロチップのようなものだ。「知り合い」のネコを増やしつつ、各個体の毛色と模様に加え、性別や体重といったその他の情報も記録して、ひと通り終わったら家に帰る。

半年、あるいは1年後、同じ場所に戻って、どのネコが生き延び、どのネコが死んだかを記録する。ひとつやっかいなのは、いくら探しても見つからないネコがもうこの世にいないのか、それともほかの土地に移っただけなのかを、どう区別するかだ。広範囲を徹底的に探す必要があり、また記録できなかった個体の移出が毛色と無関係である(たとえば、白いネコはほかの毛色のネコよりも集団から出ていく確率が高い、といったことがない)ことを願うほかない。ここまで終わったら、記録を整理して、結果を表にまとめる。毛色や模様は生存率を左右するだろうか? オレンジのネコの死亡率は、グレーのネコよりも高かった? 縞模様のネコは、三毛ネコよりも高確率で生き残った? もしそうなら、自然淘汰がはたらいたということだ。

これと合わせて、子猫を捕まえてDNAサンプルを(毛や唾液から)採取するのもいいだろう。これを血統解析にかけて、それぞれの母親と父親を突き止めれば、毛色や模様と繁殖成功のあいだに関係があるかどうかを検証できる。

このとおり、理屈の上では朝飯前だ。けれどもわたしの知るかぎり、イエネコの野外個体群を対象に自然淘汰のはたらきを測定した研究は、これまでにひとつもない。

それはさておき、長い年月のあいだにヤマネコの個体群のなかに毛色や模様にかかわるさまざまな変異が出現したが、そのたびに自然淘汰によって早々に取り除かれてしまった可能性は、きわめて高い。

では、今度は初期のイエネコを考えてみよう。まだ見た目はアフリカヤマネコそっくりだが、もう野生で暮らしてはいない。ほとんどの捕食者はヒトの定住地を避けるため、かれらに天敵はおらず、しかも残飯をもらえるので狩りをする必要もない。となると、こうしたネコたちが経験する淘汰圧はずっと穏やかなものになる。こうした状況では、オレンジ、白、さびといった毛色に生まれたとしても、不利にならないかもしれない。

形質の進化の裏には、いつも何らかの優位性があるとはかぎらない。単なる偶然のこともある。「変異」という言葉には概してネガティブな含みがあり、実際に有害な変異も多いが、すべてがそうというわけではない。多くの変異は生存と繁殖に影響せず、学術用語でいえば「淘汰上中立」だ。たとえば、舌を筒状に曲げられるかどうかに影響を与える変異があるが、舌を曲げる能力がかつてヒトの生存と繁殖成功を左右したとは考えにくい。同じ理屈が、集落で暮らしたイエネコの毛色や模様にもあてはまるかもしれない。

淘汰上中立な変異が生じた場合、定義からして自然淘汰は作用しないので、変異の行く末は偶然によって決まる。変異は最初レアな存在(集団のなかのたった1個体だけがもつ)なので、ほとんどの変異は次世代に継承されず、遅かれ早かれ集団から消える。しかし、ときには新たな変異が当たりくじを引き、幸運な偶然によって、変異をもつ個体が長生きし、たくさんの子をもうけることもある。こうした偶然が何世代か、繰り返すが自然淘汰とは無関係にたまたま続けば、変異アレルが集団内で広まる。場合によっては、同じ遺伝子の以前のアレルに置き換わることさえありうる。

わたしたちが見慣れているイエネコの多様な外見はおおむね、このようなランダムな進化、専門用語でいう「遺伝的浮動」の結果なのかもしれない。そしてもちろん、これは毛色にかぎった話ではない。イエネコの特定の集団において、奇妙な形質をもつ個体が驚くほど多いことは珍しくない。四肢の指が通常よりも多い（「多指症」[*4]）、しっぽの先が曲がっている、尾がまったくない、といった具合だ。自然淘汰がこうした個体に有利にはたらいたとは考えにくいため、こうした特徴の定着は遺伝的浮動によるものだろう。

だが、わたしたちはもしかすると、ある形質が自然淘汰によって選び抜かれる理由について、思い違いをしているのかもしれない。

家畜動物、とくにペットに生じた新たな形質が正の淘汰を受けるとしたら、まっさきに思いつく理由はヒトの好みだろう。わたしたちは新しいものが好きだからだ。この現象は、進化生物学用語では「負の頻度依存性淘汰」とよばれ、レアな形質が有利になることをさす。オレンジや白黒のネコを初めて見た人はきっと、「わあ、面白い！」と思ったはずだ。過去2000年にわたり、人びとは目新しい形質をもつネコをひいきして、餌をたっぷり与え、甲斐甲斐しく世話をしただろうし、意図的に繁殖させようとさえしたかもしれない。このような人為淘汰が、今日のイエネコの豊かな多様性を生みだしたとも考えられる。[*5] このあとの数章で取り上げるが、こうした新奇性嗜好は現代にも見られ、ときにはずいぶん風変わりな特徴にも向けられる。

自然淘汰は、別の形でもイエネコの多様性に貢献した可能性がある。多くの遺伝子は複数の形質に影響を与える。たとえば、末端部が暗色(シールポイント)のネコは青い眼をもつ。このような遺伝的相関により、ある形質に対して正の淘汰がはたらいた結果、それと遺伝的なつながりをもつ別の形質もまた集団内に定着することがある。シールポイントのネコを優遇する淘汰は、次世代により多くのシールポイントのネコをもたらすだけでなく、青い眼のネコも増やすことになるのだ。

オレンジの毛色は、こうした淘汰の一例かもしれない。地域によっては、オレンジの割合が非常に高いことがあるのだ。なぜか？　カモフラージュに役立ったからとは思えない(かぼちゃ畑に暮らしているなら別だが)。ひとつの可能性として、オレンジの毛色はネコにおいて、別の有利な形質と遺伝的に相関するのかもしれない。実際、いくつかの研究で、オレンジのネコは同性・同年齢のほかの毛色のネコと比べて体重が重い傾向が示されている。理由は研究者たちにもわからないが、この相関から、オレンジの毛色を司る変異がネコのその他の生物学的特徴にも影響を与え、より大きく成長させているのだろうと考えられる。そして、体の大きな個体が自然淘汰によって選び抜かれることはおおいにありうる。一部の地域で高頻度にジンジャーカラーが見られるのは、体を大きくする方向への淘汰の副産物なのかもしれない。

あるいは、オレンジの毛色が広まったのは、行動との遺伝的なつながりの結果とも考えられる。オレンジと黒(またはこれに似た2色、黄色と灰色など)がモザイク状に入り交じるさびネコは性格に癖があり、「トーティチュード」〔tortitude、さび柄を意味する tortoiseshell と(とくに反抗的な)態度・姿勢を意味するattitudeを合成した造語〉をもつとされる。愛猫家向けのウェブサイト「Meowingtons」の記事によれば、これは「さび、または三毛のなかで、ちょっぴり〈キャッティチュード〉のあるネコ」[*6]を評する言葉だという。幸い、同サイトにはもう少し詳しい説明もされている。「少し手がかかり、頑固で、飼い主への独占欲が強い」のに加えて、「自立心旺盛、短気、気まぐれ」だという。

このような行動傾向をもつネコが、自然淘汰に優遇されても不思議はない。となれば、オレンジの毛色が広く見られるのは、オレンジと短気さの遺伝的相関の結果なのかもしれない。だが、トーティチュードはほんとうにあるのだろうか？

いまあるデータはインターネット上のアンケートの結果だけだ。１２００人以上のネコの飼い主を対象とした調査によれば、さび、白黒、灰色と白のネコは、ほかの毛色のネコと比べ、ヒトに対して攻撃的だという。また別の調査では、大手コミュニティサイト「クレイグスリスト」のボランティア募集ページで集めた参加者に、5つの毛色のネコについて、10の性格特性にそれぞれどれだけあてはまるかを評定してもらった。矛盾するようだが、こちらではオレンジのネコが「フレンドリーさ」で最上位につけ、さびと三毛は「不寛容」、「よそよそしい」、「頑固」と評価される傾向にあった。

理想をいえば、ネコの気質と毛色の関係はもっと厳密な方法で研究することが望ましい。必要なのは、気質を測定する標準化された手法だけだ。測定手法さえ確立できれば、あとはネコを実験室に連れてくるか、あるいはニコラス・ニカストロらが発声行動の研究のときにしたように、研究者が飼い主の家を訪ねて実験すればいい。だが、わたしの知るかぎり、このような方法で行動と毛色や模様のつながりを検証した研究はまだない。

魔女の相棒の悲劇

ここまでイエネコとヤマネコを比較してきたのには、もっともな理由がある。イエネコはヤマネコの子孫なのだ。でも、ネコ科のほかの種はどうだろう？ かれらに見られる毛色や模様から、*Felis catus* の外見の多様性を理解するのに役立つ情報は得られるだろうか？

おおざっぱにいえば、答えはノーだ。ネコ科全体を見渡しても、イエネコのような毛色や模様はないに等しい。タキシード・タイガー〔白黒のネコのなかで、黒の面積が広く、四肢の先や胸、顔の一部だけが白いタイプは英語でタキシードとよばれる〕、三毛のカラカル、まだらのピューマはどこにもいないのだ。それどころか、祖先のヤマネコに似たマッカレルタビーと、近年になって野生種を真似てつくられた斑点や縞模様のある品種を除けば、野生ネコとイエネコに共通する毛色や模様はほとんどない。ただし、ひとつだけ例外がある。魔女の相棒から、マーベルのスーパーヒーロー、『ジャングル・ブック』の少年モーグリのよき守護者まで、漆黒のネコたちは古今東西、人びととの想像をかきたてる特別な存在でありつづけてきた。

そして、黒い個体は野生種にもいる。ブラックパンサー、すなわちクロヒョウがもっともよく知られているが、黒化型（メラニスティック）の個体は15種の野生ネコで知られている。[*7] 哺乳類では、黒化はユーメラニンという色素が毛の1本1本の根本から先端まで沈着する変異によって生じ、全身が真っ黒になる。ネコ科において黒化を引き起こす変異はこれまでに5つ見つかっている[*8]。

黒いイエネコは長らく不幸な歴史を歩んできた。魔女の「手先」、あるいは魔法使いが変身した姿とされた黒猫は、中世を通じてむごたらしい虐殺の犠牲になった。この大虐殺が、しばしばネコ全般にまで拡大された結果、ネズミの個体数の爆発的増加を引き起こし、ひいては齧歯類につくノミが媒介する黒死病(腺ペスト)の蔓延を招いたという説もある。今日でさえ、黒猫はときに凶兆とみなされ、ほかの毛色よりも頻繁に虐待を受け、里親が見つかりにくい(だからこそ進んで黒猫を引き取ってきた、わたしの妹をはじめとする多くの人びとに拍手)。

イエネコ集団には、黒猫がとても多いものもあれば、まったくいないものもある。現代のヨーロッパで黒猫が比較的珍しいのは、過去の虐殺の影響ともいわれる。ありうる話だが、この説を支持する証拠はない。

対照的に、野生ネコの種内および種間の黒化型の分布パターンはよく調べられている。黒化型が知られる14種の野生ネコのうち、10種はおもに森林に生息する。この関係は多様な環境を利用する種のなかの個体群間でも知られていて、ヒョウ、ジャガー、ジャガランディでは、黒化型の出現頻度は森林に暮らす個体群で際立って高い。

こうしたデータから、全身が黒いことは暗い森林のなかでカモフラージュ効果を高める適応であり、黒化型個体は昼夜を問わず活動できると考えられる。この仮説を検証するため、カメラトラップを利用して3種の森林性野生ネコ（ジャガーネコ、ミナミジャガーネコ、ジャガー）の黒化型と通常型の活動パターンを記録した研究がある。結果はどの種も同様で、黒化型は斑点のある通常型よりも日中の活動が多かった。また、仮説を支持するさらなる証拠として、黒化型は満月の夜にも活発だった。これらが意味するところは明らかだ。ある程度の光があるとき、暗い環境を利用する黒化型は、斑点型よりも見つかりにくいため有利になるのだ[*9]。

ネコ科の他種において森林性と黒い毛色に関連があるなら、野生化したイエネコにも同じことがいえると考えるのが道理だろう。意外なことに、この仮説が直接的に検証されたことはないが、傍証ならある。オーストラリアでは、南東部の森林のノネコ集団では40％が黒猫であるのに対し、アウトバックの砂漠ではその割合は4％にすぎない。

ネコの多様化を促すもの

わたしたちのそばに暮らすことで、ネコはカモフラージュがいらないニッチへと進出し、これが毛色や模様の多様化をお膳立てした。しかし、イエネコの豊かな多様性をつくりだすうえで、ヒトがどのような役割を果たしたのかははっきりしない。カラフルな変異が花盛りになったのは、単なる遺伝的浮動の賜物で、適応度はどの毛色も同じだったのかもしれない。ヒトの好みが毛色の進化を促した主要因だったかどうかは不明で、おそらく永遠に知りえないだろう。

だが、ネコの多様性は毛色と模様だけではない。*Felis catus* がもっとも興味深いバリエーションを示すのは、サイズ、体型、毛の質感だ。これらの多様性が増大する過程で、人為淘汰を通じ、わたしたちの審美眼が大きな影響を及ぼしたことに疑問の余地はない。それでも、全部がわたしたちの手柄ともいえない。ネコ自身もまた、数世紀にわたって人間の施しを受けずに生きてきた環境に、みずから適応してきたのだ。

＊1　ネコの世界では、「タビー」は特別な意味をもつ言葉で、額にM字の模様があるネコをさす。胴体の柄はさまざまで、完全なストライプや、途切れ途切れの破線になったストライプに加え、まったくない場合もある。

＊2　このような「色分け」のある毛をもつ哺乳類は多く、学術的には「アグーチ」とよばれる。このタイプの毛をもつ中南米の熱帯に棲む齧歯類からとった名前だ。

＊3　ただし、集団が大きいほど生じる変異の数も多くなることも考慮しよう。現代の6億匹のイエネコは全体で見れば、はるかに小さいヤマネコの現生集団よりもずっと多くの変異を経験する。一方、ヤマネコはイエネコよりもずっと長い年月を経てきたので、そのあいだに変異が出現する機会はいくらでもあったはずだ。

＊4　ヒトの多指症と同じで、指がふつうより多くてもネコには何のメリットもない。

＊5　このような淘汰は自然界でも起こる。たとえばメスのグッピーは、珍しい色のオスと好んで交尾する。

＊6　ごくまれな例外を除き、さびと三毛はメスだけに見られる毛色だ。これはオレンジが性染色体に依存する形質であるためで、オレンジのアレルをもつオスは全身がオレンジになるが、同じアレルをもつメスはふつう、オレンジとほかの色の部分が組み合わさった配色になる。

＊7　「ブラックパンサー」がヒョウをさすのは例外で、「パンサー」は一般的には、アラスカからパタゴニアまで南北アメリカ大陸に広く分布するピューマをさすことのほうが多い。ネコ科の多くの種と違って、黒化型のピューマの記録はない。

＊8　この話の興味深い補足として、黒化はヒョウ、ジャガー、サーバルなどのネコの斑点を完全に消し去ってしまうわけではない。毛の1本1本を見ると真っ黒だが、黒の濃さにはばらつきがあり、やや薄い黒の毛が生えている部分には、光の当たり方次第でぼんやりと通常の斑点模様が浮かび上がる。

＊9　黒い被毛が有利なら、どうしてすべての個体が黒にならないのだろう？　このように、ひとつの形質が生存上有利になる場合、自然淘汰によりもうひとつの形質は集団から取り除かれると予測できる。研究者たちは、黒ではないことにも不利を相殺するだけの利益があるのだろうと考えているが、それが何なのかはわかっていない。ひとつの仮説として、多くの種の野生ネコは体の一部(耳の背面など)に明るい色の模様をもち、これをコミュニケーションに利用している。たとえば、子猫は母親について歩くとき、耳の模様(虎耳状斑)を頼りにする。黒猫にはこの模様がないため、子猫が母親とはぐれやすいのかもしれない。研究者たちはこうしたいくつかの可能性を検証中だ。

Chapter 10

モフモフネコの物語

多くの種の哺乳類では、寒い気候帯に生息する個体群は熱帯の個体群よりも厚い毛に覆われている。このようなパターンが見られる理由はいうまでもない。外が寒いときは、暖かいコートが欲しいに決まっている。自然界にこうした例はたくさんあり、ケナガマンモスもそのひとつだ。野生ネコにも同じ傾向が見られる。アムールトラは長く厚い毛で覆われているし、アジアの北の果てに棲むヒョウやベンガルヤマネコの個体群も然り。一方、これら3種の南方の個体群はもっと薄着だ。このパターンはヤマネコにもあてはまり、とくに北方のヨーロッパヤマネコは温かく着込んでいる。

したがって、イエネコが起源地の中東から北に進むにつれ、自然淘汰によって長く密な被毛が進化し、寒さに適応したとしても、まったく不思議ではない。加えて寒い土地で作出された品種は、もとになった地元のネコが最初からモフモフだったおかげで、厚い毛に覆われていると予想できる。そして実際、そのとおりなのだ。

モフモフネコその1　メインクーン

妻と一緒にネルソンをキャットショーに連れて行くようになるまで、わたしはメインクーン[*1]のことをよく知らなかった。カンザス州レネックサで開催された、わたしたちにとって初めてのショーで、見たこともないくらい巨大なネコに出会った。メインクーンのトビー、体重13キロ。ブリーダーの電動スクーターのマスコットとなって、会場を走り回っていた。大きな頭とがっしりした顎、威圧的な表情に、わたしは最初ひるんだが、この長毛でおっとりした巨猫がトップクラスの人気品種(2021年のランキングでは2位)である理由はすぐにわかった。ライオンのような威風堂々とした外見に加え、フレンドリーで鷹揚なメインクーンは、家庭で暮らす伴侶動物としてとても優秀で、とくに子どもと相性がいいのだ。

メインクーンはアメリカ生まれの品種の元祖で、その起源は少なくとも1世紀半前にさかのぼる。メイン州の人びとは1860年代からキャットショーを開催し始め、19世紀末に全米大会が開かれるようになると、デカ猫たちがたくさんの賞を獲得した。この頃にはすでに、メインクーンの外見はいまとそっくりで、初期の描写では大きな体、長い被毛、大きな耳、ふさふさのしっぽが強調されている。

ネコ趣味《ファンシー》[*2]の世界の例に漏れず、この品種の起源にも楽しいおとぎ話がついてまわる。なかでもとびきり馬鹿げた話が、最初のメインクーンは野良ネコとアライグマ(ラクーン)が交尾して生まれ、だからこの名前がついただけでなく、大きな体と太いしっぽをもつようになったというものだ。また、少しだけ妄想を抑えた別の噂によると、この品種のご先祖様はマリー・アントワネットが愛した長毛ネコで、亡命に備えて先に送りだされたが、知ってのとおり王妃との再会は叶わなかったという。

　現実には、メインクーンの祖先がどうやってメイン州にたどり着いたかが解明されることはおそらくないだろうが、その後の経緯については定説がある。キャット・ファンシアーズ・アソシエーションのウェブサイトでは、次のように説明されている。「メインクーンは母なる自然のブリーディングプログラムを通じて進化してきました。〈適者生存〉の進化によって特徴を発達させてきたのです。それぞれの特徴には目的、あるいは機能があります。メインクーンは丈夫で質実剛健なネコで、北東部の厳しい冬と変化に富んだ季節に適応しています」。具体的な特徴としては、厚い毛皮、およびそれを構成する、1本1本が驚くほどやわらかいシルクのような毛がもたらす防寒性に加え、体をすっぽり包むしっぽ、耳の先の房毛と耳のなかに密生する毛、氷雪の上を歩くのに便利な毛束の発達した手足、ある程度の防水性能をもたらす通常より多めの被毛の油脂といった点があげられている。

メインクーン

　要するに、メインクーンの基本的な特徴は自然淘汰によって形成されたものであり、この品種はよく知られたメイン州の冷涼な気候のなか、野外で生きることに高度に適応しているのだ。もちろん、いまの血統個体の外見は、現代のブリーダーの手による洗練や改変を経てつくられたものだ。それでも、メインクーンの本質を形づくったのが母なる自然であることは間違いない。

モフモフネコその2　ノルウェージャン・フォレストキャット

だが、寒冷地仕様のネコはメインクーンだけではない。5000キロ離れた、同じくらい酷寒のスカンジナビアでも、よく似た環境条件がそっくりなネコを生みだした。ノルウェージャン・フォレストキャットだ。

ネコ趣味の初心者は、以前のわたしのように、メインクーンとノルウェージャンを見分けるのに苦労するかもしれない。2品種はとてもよく似ているため、なかには北米に(ひょっとしたらヴァイキングの船で)連れてこられたノルウェージャンがメインクーンの祖先になったと考える人もいるほどだ。

けれども、キャットショー審査員の養成講座に(わたしのように)通えば、そんな勘違いを正してもらえる。瓜二つの両品種は祖先と子孫ではなく、モフモフの外見を独立に進化させた。分厚い毛皮は一見よく似ているが、層構造が異なり、長毛の原因遺伝子も別べつだ。[*3] 訓練を積んだ人にとっては、その他の違いを見つけるのもたやすい。どちらも立派な頭をしているが、ノルウェージャン・フォレストキャットの頭部は三角形寄りで、メインクーンほどのいかめしさはない。耳の幅が広く、横から見たときに額から鼻先までのラインがまっすぐなのも、ノルウェージャンがメインクーンと違うところだ。

メインクーンと同じように、ノルウェージャン・フォレストキャットの生い立ちにも伝説があり、数百年、あるいは数千年前からかの地を徘徊してきた、ノルド神話に登場する屈強な森のネコの子孫だとされる。そして、メインクーンと同様、現地名でいうノシュク・スコグカットも、寒冷な生息環境への適応として厚い毛皮やその他の特徴を獲得したと考えられている。

自然に代わり、人間がノルウェージャン・フォレストキャットの改良に乗りだしたのはここ100年のことだ。計画的な交配は1930年代に始まり、第二次世界大戦後に本格化した。この品種を作出した人びとは、ノルウェーの森に暮らす典型的なイエネコの外見をプロトタイプとして、ノルウェー各地の裏庭や農場から条件にあてはまるネコをかき集めた。こうして、自然淘汰を通じて進化した特徴をもつ品種がまたしても誕生した。

モフモフネコその3　サイベリアン

雪国生まれのモフモフネコの品種はまだある。何世紀も前から、ロシアと近隣のアジア諸国の各地では、長毛ネコの記録が残されていた。キャットショーとネコのブリーディングを確立した人物であるイギリスのハリソン・ウィアーは、19世紀後半のどこかの時点でロシア産の長毛ネコを入手した。

ウィアーはこのネコについて、大柄な体、ウールのような毛皮、短い四肢、立派なたてがみ、房毛があり長毛に覆われた大きな耳をもつと描写した。

メインクーンやノルウェージャン・フォレストキャットと区別がつかない？ それはそうだろう。野外で生活してきたロシアのイエネコも、おそらく自然淘汰を通じて、こうした特徴を獲得してきたのだから。メイン州やノルウェーに輪をかけて、ロシアはとんでもなく寒いのだ！

だが、道はいったん途絶えてしまう。ロシアのネコたちはキャットショーから姿を消し、かれらの話をする人さえいなくなった。少なくとも西側諸国では、その存在は忘れ去られた。ロシア北部の路地裏や農場や森では、変わらずうろついていたとしても。

ときは流れて1980年代後半、ロシアのネコ愛好家たちは国産の長毛品種を確立しようと決めた。ブリーダーたちはまず、この品種の理想的な個体が備えるべき必須要素のリストを考案した。そしてサンクトペテルブルクやモスクワなどの都市の路地裏を探し回り、この基準にそこそこ近いネコを集めた。こうして得られたネコと、のちに発見されたネコを基礎として、かれらはこのネコのアップデート版をつくりだした。サイベリアンという魅惑の名前を授かったこのネコたちは、由緒正しきロシアの長毛ネコの子孫とされた。

サイベリアンを定義する特徴は、シベリア、ロシア北西部、モスクワ郊外の田舎に暮らす現代のネコたちに見られる特徴とよく似ている。とりわけ、長く、厚く、三層構造をなす被毛は、メインクーンともノルウェージャン・フォレストキャットとも異なる。この被毛のおかげで、サイベリアンは寒冷気候にもっともよく適応した品種とされる。背中、眼と耳のまわり、胸とおなかはとくに毛が密生している。

ネコの見た目と自然淘汰

忘れないでほしいのだが、これら3品種のいまの姿が数世紀前の先祖と同じだとは誰も主張していない。それどころか、人為淘汰はかれらの外見をわずか数年のうちに変えてきた。これらの品種は祖先から離れていっただけでなく、同じ品種のなかでさえ、ブリーダー団体のあいだで外見の理想について意見が違うために、異なる特徴を示すことがある。たとえばメインクーンは、アメリカのどの組織に血統登録しているかによって微妙に異なり、またロシアとアメリカのあいだでも外見に違いがある。サイベリアンも両国で見た目が異なる。こうした最近の変化はさておき、3品種に見られるおもな特徴は自然淘汰のはたらきを裏づける。それぞれの品種はローカルな環境条件のなかで生き延びられるような適応を獲得してきたのだ。

自然淘汰の刻印が見られるのは、北の長毛品種だけではない。ヤマネコの地域差を思い出そう。アフリカヤマネコは脚が長く痩せ型で、頭はほぼ三角形、毛足は短い。これらの特徴は、アフリカヤマネコが生息する暑い気候帯を考えれば理にかなっている。外が酷暑のときに、たっぷり肉をまとったり、毛皮のコートを羽織ったりしたいとは、誰も思わないだろう。これに対し、ヨーロッパヤマネコ

ずんぐりネコ

はずんぐりして頭が丸く、長い毛に覆われている。

こうした違いは、世界のイエネコが示す地域差と重なる。タイの野良ネコは概して脚が長くスレンダーで、くさび形の頭をしている。カイロのネコも同じだ。対照的に、イギリスの野良ネコはふつう、熱帯のネコよりもがっしりした体つきで、頭が丸い。

ヤマネコとイエネコにおいて、地域による体型の違いがパラレルな関係をなすのは、次のような進化的背景によるものだと考えられる。イエネコの祖先のキタアフリカヤマネコは暑い環境によく適応していた。エジプトあるいはその近辺で新たに誕生したイエネコは、世界に拡散するなかで、東と南では同じように暑い土地に進出したため、自然淘汰はもとの体型を維持するようにはたらいた。一方、ヨーロッパとアジアの北部に進み、さらに後世には北米の北部へと運ばれたネコたちに対して、自然淘汰はスレンダーな祖先型のネコを、寸胴のがっしり体型につくり変えるように作用した。このプロセスを後押しする形で、ヨーロッパヤマネコとの交雑が起こり、寒冷地に適した形質がイエネコの系統に導入された可能性もある。

ネコの品種はこの体型スペクトラムの直線上に位置づけることができる。一方の端にいるのは、いちばんがっしり体型で、寸詰まりの胴体、太く短い四肢をもつ品種だ。頭は丸く、鼻面は短い。

ご想像のとおり、こうした「ずんぐり」体型の品種(ブリティッシュ・ショートヘア、マンクス、セルカーク・レックスなど)は、ほとんど例外なくヨーロッパにルーツをもつ。このタイプのもっとも極端な例であるペルシャは、地理的には外れ値だ。ただし、第15章で見ていくが、品種の名前と出身地が一致するとはかぎらない。

ずんぐりした北のネコの対極に位置するのは、暖かい南の地で生まれた品種だ。こちらのネコたちは、スレンダーで胴が長く、骨ばった長い脚をもち、頭は三角形やくさび形をしている。従来、こうした品種は「オリエンタル」または「フォーリン」とよばれてきたが、どちらの単語も一般にあまり使われなくなりつつあるうえ、そもそも特徴を表現するものではないので、わたしは単に「スレンダー」とよびたいと思う。長毛と同じように、こうした品種にも自然淘汰の痕跡が見られるものの、人為淘汰によって祖先型からは変化しており、その程度は品種によってまちまちだ。

ただし、最近つくられたある品種は、祖先的な外見をよく保っている。その名はソコケ・フォレストキャット。聞いたことがない? わたしもこのあいだまではそうだった。とても珍しい品種で、ケニア沿岸の野良ネコの集団に起源をもつ。

40年前、この地域の人びとは地元のネコに目を留め、その外見を気に入った。そこで何匹かを捕獲し、互いとかけ合わせて外見を維持するようなブリーディングを開始した。こうした経緯のため、ソコケ・フォレストキャットの見た目はいまも、野外生活していた祖先からほとんど変わっていない。そして、イエネコの野外集団が世界の暑い地域でどんな姿をしているかといえば…そう、脚が長くスレンダー、三角形の頭に短毛だ。ソコケ・フォレストキャットから、わたしたちは品種改良のごく初期の段階を垣間見ることができる。ある地域のネコをもとに品種がつくられたばかりで、まだ人為淘汰による変化が加えられていない段階を。

上書きされる人為淘汰

章の終わりに、ここでの議論の弱点を2つ指摘しておきたい。第一に、ある土地にいま暮らしているネコと、同じ土地に過去に暮らしていたネコの外見が似ているからといって、必ずしも両者に遺伝的なつながりがあるとはかぎらない。古代品種という触れ込みに反して、じつは最近のルーツをもつネコの一例が、エジプシャン・マウだ。スレンダーで斑点模様の品種で、しばしば「ファラオが愛したネコの子孫」と謳われる。だが、エジプシャン・マウは1950年代なかば、カイロの路上で拾われたスレンダー体型で斑点のあるネコをもとに作出された品種だ。始祖となったネコたちは、ファラオの墓の壁画に描かれたネコたちにどことなく似ていたかもしれないが、それだけで3000年の時代を超えた古代エジプトとのつながりを主張するのは無理がある。同じように、タイのネコをもとにつくられた純白の美しい品種、カオマニーは、『タムラ・ミャウ』に描かれたネコを忠実に再現したもの、あるいはそれらの子孫といわれているが、これも無理筋だ。ロシアの研究者のなかには、現代のサイベリアンと、同国の歴史と伝説に描かれた長毛ネコとのあいだのつながりを疑問視する考えもある。

第二に、この章で論じてきたことと矛盾するようだが、地域の気候条件に適応してきた進化の歴史は、けっして書き換えることのできない運命などではないことも、強調しておかなくてはならない。ヒトが方向づける人為淘汰は祖先の青写真をたやすく上書きし、年月とともに品種の外見や体型を、ときに大幅に変更する。ずんぐりネコがいつまでもずんぐりネコのままとはかぎらないのだ！

アメリカン・バーミーズ[*4]がいい例だ。アジア起源の品種でありながら、アメリカン・バーミーズは地理的法則を無視するかのような、寸詰まりのずんぐり体型と丸い頭をもつ。なぜか？このネコはサイアミーズに似すぎていると考えたアメリカのブリーダーたちが、比較的短期間のうちに、人為淘汰を通じてまるで違った外見の品種をつくりだしたのだ。この過程で、祖先が自然淘汰を通じて獲得した体型の特徴は、すべて上書きされたというわけだ。

＊1　この品種の公式名称は、ブリーダー団体によっては「メイン・クーン・キャット」となっている。

＊2　「ファンシー（fancy）」という単語は、少なくとも19世紀から「ペットまたは家畜の愛好、振興、ブリーディング」の意味で使われてきた。

＊3　これらの変異はいずれも同じ遺伝子、すなわち線維芽細胞増殖因子5（*FGF5*、遺伝子名は斜体で表記するのが

正式)に生じる。*FGF5*に生じる変異はイヌ、ウサギ、ハムスターなどその他の哺乳類にも長毛をもたらすが、ケナガマンモスでは見つかっていない。

＊4 ヨーロピアン・バーミーズ(ネルソンと同じ品種)との混同に注意。アメリカでヨーロピアン・バーミーズとよばれる品種はほかの国では単にバーミーズとされ、アメリカでいうバーミーズは海外ではアメリカン・バーミーズまたはコンテンポラリー・バーミーズとなる。ああ、ややこしい! この2品種は20世紀なかばに分岐した。

Chapter 11

百花繚乱キャットショー

キャットショーと聞くと、たいていの人はウエストミンスター・ケンネルクラブ・ドッグショーを想像する。スマートな着こなしのトレーナーたちが、美しく手入れされ完璧なマナーを身につけたイヌたちを連れて颯爽と会場を練り歩き、目まぐるしいアジリティ(障害物競走)では俊足の精鋭たちが、立ちはだかる障害物のなかを寸分の狂いもなく駆け抜ける。ネコにこんなことができるはずもない。けれども、キャットショーは確かに存在する。そう断言できるのは、わたしが観客として、またネルソンを連れた出場者として、たくさんのショーに参加してきたからだ。キャットショーはドッグショーよりシンプルだ。ハンドラーがネコを連れ歩くことはないし、最近になって追加されたアジリティ競技でも、ドッグショーで見られるようなひたむきな熱気は感じられない。

とはいえ、キャットショーが壮観であるのは間違いない。会場に集められ、不満げに鳴いたり、喉を鳴らしたり、うたた寝したりする、２００匹、あるいは場合によっては８００匹の出場者たちは、現代のネコの多様性を映しだす。会場は、高校のおんぼろ体育館や無機質な退役軍人会館のこともあれば、ホテルの宴会場や大規模展示場のこともある。長テーブルがずらりと列をなし、カラフルなキャットタワーが所狭しと並ぶ。出場者たちは布で仕切られた囲いのなかでくつろぎ、審査員テーブルによばれるのを待つ。サイアミーズが絶え間なく鳴いている。時折「キャット・アウト」や「キャット・オン・ザ・グラウンド」の声が響くと、脱走ネコが捕まるまで、ちょっとした騒動が巻き起こる。

午前中、会場にいるのはネコの世話係(「出展者」とよばれる)だけで、ネコたちをキャットタワーに落ち着かせ、出番のためにおめかしする。午後になり、客席を埋める統一感のない観客たちは、みな3ドルを払ってネコのスペクタクルを目に焼きつけようという筋金入りのネコオタクだ。

モキュメンタリー〔ドキュメンタリーの体裁でつくられたフィクション作品〕映画『ドッグ・ショウ!』に出てくるクセの強いキャラクターを想像した人は、出展者がごくふつうの人たちであることにがっかりするだろう。かれらはただ、ネコを心から愛し、それゆえ1年を通じて週末ごとに開催されるイベントからイベントへと飛び回ることを、生活の中心にすることをいとわないだけなのだ。頻繁に集まって競争し交流するグループの例にもれず、そこには真の友情、激しいライバル関係、ゴシップ、審査への不満、あれやこれやのお祭り騒ぎがある。[*1]

キャットショーの出展者たちはじつに魅力的だが、メインイベントに話を戻そう。そう、ネコだ!ほとんどの出場ネコたちは上品でエレガントだ。場慣れした社交性ではサイアミーズが頭ひとつ抜けていて、ノルウェージャンの落ち着いた気高さと好対照をなす。外見や振る舞いで魅了するネコもいれば、意外な個性で観客を沸かせるネコもいる。だが、それより何より、こうしたイベントではネコの世界の多様性に目を奪われる。長くしなやかで流麗なオリエンタル、堂々として気品あるメインクーン、つややかでヒョウのようなアビシニアン。ふわふわのボールのようなヒマラヤンに、妖精フェイスのデボン・レックス。

キャットショーに参加すると、*Felis catus* は1匹のネコではなく、千差万別のネコのブランドの集合体であることを実感する。そして、ネコの多様性は急成長の真っ最中だ。ブリーダーは自然に生じた変異を活かし、それまで誰も想像しなかったような新品種をつくりだす。巻毛のデボン・レックスに、抱き上げると人形のようにくたっと脱力するラグドール。愛好家のなかには、変異の新たな供給源を求めてイエネコとネコ科の他種をかけ合わせ、ゴージャスな斑紋をもつベンガルや、長い脚のサバンナといった品種を送りだした人もいる。

国際ネコ協会(TICA)は現在、73のネコの品種を認めていて、この数は急速に増えつつある。どの品種もネコの本質を備えているものの、品種間の違いはますます大きくなっていて、多くの点で野生ネコの全42種を合わせたよりも多様だ。ネコブリーダーは、現代のネコのあり方をどこまで拡張できるのだろう? ネコの進化に限界はないのだろうか?

その答えを探るため、クリーブランドに向かおう。

軍の航空部隊の全航空機を余裕で格納できそうな、9万平方メートルを超える床面積を誇る国際展示センターは、全米最大級の展示場のひとつだ。かつては戦車工場だったこの建物で、いまではボート、自動車、RVの展示会、大統領選の支持者集会、NFLのファンイベント、見本市や会議が開かれる。併設の遊園地にある観覧車は、長年にわたり屋内施設のものとしては世界最大だった。

けれども、わたしがI-Xセンター（地元民はこうよぶ）に来たのはほかでもない、ネコを見るためだ！ 年に1度、キャット・ファンシアーズ・アソシエーション（CFA）は全米最大のショーである、インターナショナル・キャットショーを開催する。[*2] 2018年と2019年、このショーはクリーブランドで開催された。

キャットショーにはそれなりに参加してきたわたしだったが、それまでのどの大会とも桁違いだった。まずは会場の規模。ほとんどのキャットショー会場は、I-Xの数分の1のサイズだ。それに出場するネコたちの数はじつに約800匹と、一般的なショーの約5倍にのぼる。

インターナショナル・キャットショーは、だだっ広い空間にたくさんのネコをかき集めるだけのイベントではない。まさにショーのなかのショー、ネコのワールドシリーズなのだ。梁《はり》に平行に吊るされた巨大な横断幕には、各品種の愛らしい写真がプリントされている。サイアミーズ、サイベリアン、ソマリ、スフィンクス、トンキニーズ、ターキッシュ・アンゴラ…。横断幕ははるか先まで続いている。

それまでカオマニーを見たことはなかったが、横断幕をざっと見渡すと、麗しきタイの白猫は会場左手奥にいた。いくつかのキャットタワーでくつろいで、審査によばれるのを待っている。シンガプーラが見たい？ 小柄で眼の大きなかれらなら、右手の前方だ。

ネコセレブにも事欠かない。エルトン・ジョンのようなサングラス・キャット（生まれつきまぶたがなく、眼の保護のためにかけている）とのミート&グリート［ファンと対面しての交流イベント］には、1万1000人の観客のなかで順番待ちをいとわないファンたちが長蛇の列をつくっている。ザワークラウト・キティは最新ファッションに身を包み、スフィンクスのサラ・ポーセットは、クラシックなウィッグをかぶって無毛ではなくなっていて、マリー・アントワネットのコスプレがびっくりするくらいお似合いだ。蝶ネクタイがおしゃれなアビシニアンのソクラテスなど、フレンドリーな「アンバサダー・キャット」たちは、リードつきで会場を散歩し、来場者になでてもらったり、挨拶したりしている。

エンタメも盛りだくさん。正面左手のステージでは、数百人の観客を前に、サヴィッキー・キャッツが人気番組『アメリカズ・ゴット・タレント』で審査員のサイモン・コーウェルを唸らせた数かずのトリックを披露している。アジリティコースでは、ネコたちがときに機敏に障害物を飛び越えくぐり抜けるが、やきもきする世話係をよそに、のんびりとコース上のあらゆるものの匂いをかいで、観客の笑いを誘うこともしょっちゅうだ。ネコの起源や行動に関するレクチャーも頻繁に開催され、「アドプタソン」と題した里親探しのコーナーでは2日間のイベント期間中に100匹以上のネコたちに引き取り手が見つかる。

だが、なんといっても主役は800匹のショーキャットだ。CFAが認める48品種のうち、3品種を除くすべてがショーに参加している。[*3] 品種の多様性はじつに驚異的だ。

キャットショーで見えてくる人為淘汰

キャットショーはあらゆる意味でスペクタクルだ。けれども生物学者にとって、この祭典には特別な意味がある。わずかな時間で膨大な進化的変化を生みだす淘汰の力がいかに強いかを、まざまざと見せつけるものだからだ。自然淘汰に何ができるかはすでに見てきたが、キャットショーでは好事家たちによる人為淘汰の成果を心ゆくまで味わうことができる。

まずはアウターを見てみよう。短毛品種のほうが数は多いが、高い人気を誇るひと握りの品種(ペルシャ、メインクーン、ラグドール)のおかげで、ショーに出場する個体の数は長毛のネコのほうが多いことも珍しくない。

毛色と模様も品種によって異なる。ロシアンブルーやハバナブラウンなど、どの個体も同じ毛色の品種もいくつかある(ところで、イヌネコの世界では灰色をなぜか「ブルー」とよぶ)が、バリエーションがあるほうがふつう(たとえばエジプシャン・マウならシルバー、ブロンズ、スモーク)で、なんでもありの品種(メインクーン、マンクス、ジャパニーズ・ボブテイルなど)もある。

模様も品種によりけりだ。たとえば、タビーストライプはメインクーン、オリエンタル、マンクスなどの品種ではよく見られるが、サイアミーズやシャルトリューにはない。同じことが、三毛などその他の模様にもあてはまる。

毛の長さ、色、模様の多様性は非血統ネコにも見られる。だが、ほぼ完全に血統ネコにしか見られ

ペルシャの正面顔と横顔

ない毛の特徴もある。たとえば、ウェーブのある毛、巻毛、ごわごわの毛をもつ品種は多い(デボン・レックス、コーニッシュ・レックス、セルカーク・レックス、ラパーマ、アメリカン・ワイヤーヘアなど)。スフィンクスなど、いくつかの品種は一見したところ無毛だ(実際には極細の綿毛に覆われていることが多い)。さらに極端な例、いやむしろ控えめな例かもしれないが、リュコイの毛は年に2回ほぼすべて抜け落ち、それ以外の時期はつぎはぎしたように生える。このためCFAのウェブサイトの品種解説によると「脚、指先、顔面にまばらに毛が生え、人狼のような外見になる」。冗談で書いているわけではなく、暗い路地裏でこのネコに出くわすのは、わたしもちょっと遠慮したい。

今度は頭に目を移そう。品種によっては、頭の形も大きく変化している。キャットショーで優勝するような現代のペルシャを見れば、何かが欠けていることに気づく。鼻だ！ 代わりにあるのは小さな2つの鼻孔だけで、両眼のちょうどあいだに収まっている(誇張でもなんでもなく、ふつうのネコやヒトのように両眼を結んだ線より下ではなくて、線の上にあるのだ)。横から見ると、ペルシャの顔は眼から顎の先まで垂直に切り立っている。形成異常のネコの話だろうって？ そう思うなら、ペルシャの理

現代のサイアミーズ

想形を説明した品種の公式基準を読んでみよう。「横から見ると…額、鼻、顎先が垂直に並ぶ」

それに頭だけではない。ペルシャは体のほかの部分も同じように圧縮されていて、胴が短く、寸詰まりで骨太な体型をしている。まるでふつうのネコを万力にセットして、前後から圧をかけたようだ。

この奇妙な鼻の配置はネコの健康に悪いのではと心配する人もいるだろう。実際、その可能性はある。ペルシャやその他の特定品種のネコが抱える問題については、第14章で取り上げる。

ネコブリーダーは、ペルシャを圧縮して鼻をなくす一方、サイアミーズには真逆のことをした。１９６０年代なかばのサイアミーズは、スレンダーな体型とくさび形でやや先細りの頭をもつネコだった。ところが、ほんの2、30年のうちに、育種家たちはこのネコを動物界に類を見ない姿につくり変えた。

今日のサイアミーズは、長く、幅が狭く、尖った顔をしている。矢じりのような顔とバランスをとるように、耳は大きく間隔が広い。その結果、現在のサイアミーズの頭は、インパクト抜群の三角形だ。

残りの部分も同じように引き伸ばされている。胴体は円筒形で、四肢は長く華奢、しっぽも細長い。妖艶なサイアミーズは、あらゆる面でペルシャの対極だ。正直にいえば、現代のサイアミーズには洗練された優雅さがあると思う。ネコとしては奇抜なルックスだが、見目麗しさは否めない。

進化が本当に起こるかどうか疑っている人も、サイアミーズとペルシャを見れば一目瞭然だろう。ネコやその他の家畜化・栽培化された動植物の品種間の違いは、たった数十年の選択交配によって生じたものであり、生物種の形態と行動を急速に変化させる淘汰のはたらきを裏づける、動かぬ証拠だ。

それどころか選択交配の結果、現代のサイアミーズとペルシャは現生種と絶滅種を含めたネコ科の全種を見渡しても、どれとも似ても似つかない姿になった。サイアミーズとペルシャの違いは、ライオンとチーター、ライオンとイエネコの違いよりも大きい。もしもこうした品種の存在を知らずに、古生物学者がペルシャの化石を見つけたら、ネコ科の新種どころか新属、ひょっとしたら独自の亜科の化石を記載する論文が、トップ学術誌に掲載されるだろう。

さすがにいいすぎ？　でも、ペルシャの姿かたち、鼻の欠損を思い返してみてほしい。そして、ライオンやトラ、オセロットやボブキャットと比べてみよう。ネットで検索して、もっとマイナーな野生ネコの姿も確認してみよう。いうまでもなく、これらの種はみな立派な鼻をもっている。種によって鼻面が長めだったり短めだったりするが、どれもマズルがちゃんとある。それに鼻孔は両眼を結んだ線より下にある。眼と眼のあいだではなく。

サイアミーズはそこまで極端ではないが、やはりこんなに長く、幅が狭く、先細りになったマズルをもつネコは、現生種にも既知の化石種にもいない。こんなに大きな耳をもつネコもほかにいない。つまり、これらの品種に見られる顔の構造は、ネコ科3000万年の進化の歴史が生みだしてきた野生種の多様性を、大きく逸脱するものなのだ。

現代のペルシャとサイアミーズの違いは、ネコの品種に見られる頭の形のバリエーションの大部分をカバーしているが、これとは違った点で特異な品種もいる。たとえば、がっしりした四角い頭をしたメインクーン、高い頬骨がやんちゃな雰囲気を醸しだすデボン・レックス、鷲鼻で卵型の頭をしたコーニッシュ・レックスがそうだ。

加えて、耳の多様性も見逃せない。小さかったり、コウモリのように大きかったり、頭頂に並んだり、間隔が広かったり、先端に房毛がついていたり、なかまで毛に覆われていたり(耳の「内装《ファーニシング》」とよばれる)とさまざまだ。奇妙な魅力の折れ耳も忘れてはいけない。スコティッシュ・フォールドの耳介は前方に倒れるため、丸い顔も相まって耳がないように見えるし、アメリカン・カールの耳は後方にカーブして、ときには頭にくっつくこともある。

マンチカンにまつわる噂の検証

サイアミーズ〜ペルシャ連続体は、前章で説明した「ずんぐりしたヨーロッパネコ」と「スレンダーなアジアネコ」の違いを体現し、さらに誇張したもので、ネコの品種に見られる体型のバリエーションの大部分をこれでカバーできる。一般則として、脚の長いネコはスレンダー体型で、ずんぐりネコは短足の傾向にある。ただし、最近になって生まれたある品種は、この一般則の例外だ。

おなかから上を見るかぎり、マンチカンはふつうのネコだ。やや長めの胴体、先細り気味の頭、ネコの体型スペクトラムのなかではスレンダー寄り。だが、視線を下に向けると、このネコが『オズの魔法使い』に登場する小人族から名づけられた理由がわかる。この品種は脚が極端に短いのだ。正確な測定データは見つからなかったが、わたしが見るかぎり、マンチカンの脚の長さはふつうのネコの半分にも満たないだろう。ひとことでいえば、マンチカンはネコ界のコーギーだ。

マンチカンについての情報は意外なほど少ない。最初にこの品種が紹介されたとき、一部のブリーダーはひどく憤慨し、かれらを「奇形

マンチカン

のソーセージ」で「見るに絶えない」とこき下ろした。見た目の好みはさておき、この品種はダックスフントやコーギーといった短足犬種と同様、脊椎や腰に問題を抱えやすいのではという懸念もあった。だが、イヌとネコの骨格にはいくつか重要な違いがあり、これまで知られているかぎり、マンチカンはこうした異常に苦しんではいないようだ。その他のいくつかの疾患を抱えやすいという報告もあるが、はっきりした証拠は得られていない。

一方、マンチカン愛好家のほうもうさんくさい主張をしている。ＴＩＣＡのウェブサイトいわく、「活発で低重心なマンチカンは、スピードと敏捷性の申し子」だという。ほかの情報源では、比較対象はさらに明白だ。レーシングカーは低重心でとても速い。マンチカンも同じ、というのだ。由緒正しき『キャットスター』誌によれば、「マンチカンの真の強みはスピードだ。無尽蔵のスタミナ、スピードと敏捷性の能力にすぐれ、モフモフのレーシングカーのようにコーナリングを決めつつ、低重心を保って最大限のトラクションを発揮する」という。

動物の走行能力について研究してきた動物学者として、わたしはこの主張を疑わずにいられない。足の速い動物を思い浮かべてみてほしい。チーターやガゼル、グレイハウンドは、太く短い脚をしているだろうか？　とんでもない。かれらの脚は並外れて長く、そして脚が長いほど、１歩で移動できる距離は長くなる。わたしの研究では、小さな陸上トラックをつくってトカゲの短距離走の能力を検証したが、結果は同様だった。脚が長いトカゲほど走るのが速かったのだ。

そんなわけで、マンチカンはネコ界のスプリンターという謳《うた》い文句は嘘くさい。とはいえ、このネコについてのさまざまな噂と同じで、確実な科学的データがあるわけではない。そこで主張を検証するため、わたしはいつもの方法をとった。YouTubeだ。

予想どおり、マンチカンがリビングルームを走り回る動画はたくさんあった。最初にひとつはっきりさせておこう――マンチカンはとてもかわいい。とくに子猫は。でも、オリンピック級のスプリンターかといわれると…そうは思えない。確かにその熱中ぶりは、毛玉やレーザーポインターの点を追いかけるどんなネコにも引けを取らないが、隣どうしに並べて競争させたら、賭けてもいいが、ほとんどのネコはマンチカンに圧勝するだろう。とはいえ、わたしの言葉を鵜呑《うの》みにするより、まずは動画を見てほしい。

それでも、短足のマンチカンは高速ターンが得意というのはありえる話だ。スピードが遅いから方向転換がしやすい(車の運転でもそうだ)ことに加え、もうひとつ、体が地面に近いぶん、重心を移動しやすいという理由もある。

わたしは直感にお墨つきをもらおうと、バイオメカニクスの第一人者であるオーストラリア人研究者のロビー・ウィルソンに聞いてみた。彼も同じ意見で、短足の動物は高速で方向転換できるはずだと語った。「よくいわれる話だけど、脚の短いサッカー選手のほうが無駄のないターンをするよね。それと、うちにはチワワが2頭いて、それぞれ脚の長さが違うんだ。あいつらが追いかけっこをするのを見ていると、短足のほうはすぐ捕まるんだけど、ターンはびっくりするくらい綺麗だよ。見ていて飽きないいね」

マンチカンはジャンプができないという噂もあったが、これも正しくない。それどころか、マンチカンはジャンプが大好きだ――ただし、射程圏内に入るのは椅子やコーヒーテーブルで、キッチンカウンターは無理だろう(この品種のメリットのひとつだ)。マンチカンはまた、後肢で直立するのも得意で、ウサギのようにこうして周囲を見渡す癖がある。

ギネス世界記録によれば、世界一背が低いネコは9歳のマンチカンの「リリパット」で、肩までの高さはたったの13センチ。マンチカンほど脚が短い野生種のネコはいないことから、この形質は自然淘汰を通じて選び抜かれたものではないと考えられる。ただし、半野良のイエネコ集団に短足の個体が高頻度で見られたという報告はいくつかある。これらの「野良マンチカン」は健康に暮らし、次世代に形質を継承しているようなので、この形質に伴う健康上の悪影響はさほど深刻ではないのかもしれない。

かぎしっぽはどうしてアジアに多い？

どんなネコでもしっぽはしっぽだろう――そう思ったあなたは甘い。ネコのしっぽは、鞭のようなコーニッシュ・レックスから、羽のように優雅なターキッシュ・ヴァン、身体をすっぽり包むマフラーのようなメインクーンまでさまざまだ。

けれども、そんな多様性が見られるのは、しっぽがある品種にかぎられる。いくつかの品種は固有の特徴として、ごく短いしっぽ(ボブテイル)や痕跡的な塊しかなかったり、あるいはまったくなかったりする。こうした品種には比較的新しいものもあるが、ジャパニーズ・ボブテイルとマンクスは数百年前から尾なしだ。

じつは、現代アジアの一部地域では、かぎしっぽや短尾といった尾の異常の頻度がきわめて高く、集団の3分の2にのぼることさえある。わが家の愛しのサイアミーズ、マーリーシャもそうで、尾の末端が椎骨1つか2つぶん直角に折れ曲がっていた。この形質はかつてサイアミーズに多かったが、ブリーダーが年月をかけて人為淘汰でおおむね消し去った。

こうした風変わりなしっぽがアジアで広く見られる理由はわかっていない。ネコのしっぽはバランス、保温、コミュニケーションになくてはならないものなので、しっぽの形成異常や欠損が有利にはたらくはずはない。つまり、自然淘汰では説明できないのだ。もちろん、変わったしっぽがなんらかの理由でアジアの人びとに好まれた可能性はあり、そのため選択交配によってこうした形質が広まったのかもしれない。関連のありそうないい伝えも残されている。たとえば、昔むかし、タイのお姫様は、入浴前に指輪を外し、かぎしっぽのおかげで指輪が落ちない、宮廷で暮らすネコのしっぽに掛けておいたという。

もうひとつ、かぎしっぽは淘汰上中立という可能性もある。最初にアジアに到達したネコたちのなかに、偶然にもこうした形質をもたらす遺伝的変異をもつ個体がいたのかもしれない。「創始者効果」とよばれるこうした事象は遺伝的浮動の一種であり、このとき尾の形成異常は、生存と繁殖に悪影響がないかぎり集団内に広まる(もし悪影響があるなら、自然淘汰によってアレルが集団から取り除かれる)。このような偶然のできごとをきっかけに、ヒトが変わったしっぽを好むようになり、次に出現した変異個体は大切に扱われたのかもしれない。もちろん、これはただの憶測。しっぽの形成異常の謎は、いまのところ謎のままだ。

＊1　キャットショーや、ショーにネコを連れてくる人たちのことをもっと知りたいなら、2018年のカナダのドキュメンタリー『キャットウォーク——キャットショー・サーキットの物語』がおすすめだ。

＊2　CFAは世界最大のネコブリーダー団体で、1906年の設立以来、200万匹の血統書を発行してきた。インターナショナル・キャットショーはおそらく世界で2番目に大きなショーで、わたしが知るかぎり、これを超えるのはワールド・ショーだけだ。ヨーロッパのネコ団体「国際ネコ連盟(FIFe)」が主催する毎年のショーには、じつに1600匹が出場する。

＊3　欠場した3つのレア品種は、アメリカン・ワイヤーヘア、ラパーマ、ターキッシュ・ヴァンだ。団体によってはもっと基準がゆるく、CFAが承認していない多数の品種の出場が認められていることもある。ハイランダー、スノーシュー、セレンゲティ、サバンナ、オーストラリアン・ミスト、チャウシー、クリリアン・ボブテイル、ドンスコイなどだ。

Chapter
12

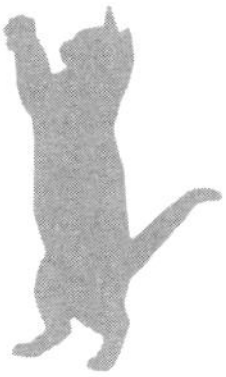

しゃべりだしたら止まらない

ここまでの章では毛や脚、しっぽといった、ネコの身体的特徴に注目してきた。けれども、ネコ好きなら誰でも知っているように、ネコは気質や行動の面でもかなりのばらつきがある。そして、こうした多様性が一目瞭然になる場所といえば、ネコの祭典キャットショーをおいてほかにない。

キャットショーについてまず知っておいてほしいのは、ショーはひとつの品評会ではなく、いくつものコンテストの集まりだということだ[*1]。ショーにはたくさんの審査員（ふつう4～12人）がいて、それぞれが独立したコンテストの審査を担当する。審査員はすべてのネコを吟味して、各品種でいちばんの個体と、ショー全体でいちばんの個体を、子猫、避妊・去勢済み個体、未手術個体に分けて選びだす[*2]。このため審査員の人数次第で、最大12匹の「ベスト・キャット・イン・ショー」が選ばれる。インターナショナル・ショーは例外で、ショーの最後に審査員が協議し、ショー全体のナンバーワンが選出される。

審査員はそれぞれ自分だけの「リング」を与えられ、そこですべてのネコを審査する。リングはひとつのテーブルで、爪とぎ棒が設置されることもあり、メインテーブルの周囲の3面を取り囲むよう

サイアミーズの審査をするキャットショーの審査員

に、ワイヤーケージを積んだテーブルが配置される。ショーのあいだじゅう、スピーカーから「102番から114番のネコちゃんはリング6にお越しください」といった案内が流れ、よびだされた出展者はネコをキャットタワーから離し、リング6に連れていって、控えケージに入れて待機させる。

その後、審査員がネコを1匹ずつケージからだし、メインテーブルに乗せて見定める。審査は入念におこなわれ、頭の形を丹念に確かめたあと、ネコをもち上げて体型をよく観察し、おもちゃやキジの羽で釣って眼を覗き込む。審査員は各品種において重要とされる特徴に注目するため、評価ポイントはさまざまだ。たとえばサイアミーズなら、胴体は長くスレンダーで円筒形がよいとされる。片手を脇の下に、もう片方の手を下腹部に差し入れてネコをもち上げ、伸びをさせて、体が適切な円筒形をしているかどうかチェックすることもよくある。

ほとんどのショーキャットは子猫のときから経験を積んでいて、こんなふうにいじくり回されるのは慣れっこだ。審査用テーブルに乗せられても、爪をとぎ、気ままにおもちゃを追いかけ、好きなようにネコパンチを繰りだしたり跳ねまわったりしている。名物審査員はショーを盛り上げ、テーブルを囲む観客や出展者を楽しませる。

ネコたちは品種の基準をどれだけ満たしているかで評価される[*3]。つまり、各品種の評議会が定めた頭、胴体、尾、毛並みの理想的特徴にどのくらい近いかが重要だ。

審査員がネコと遊ぶのは、姿かたちをよく観察するためであることがほとんどで、性格を見ているわけではない。キャットショーとはそういうものだ。とはいえ、評価の詳細は審査員の裁量に任せられており、個別に話を聞いてみると、「無愛想」なネコは勝てないと多くの審査員が認める。実際、審査員を咬んだネコは(たまにだが実際にある)即座に失格となり、審査員を3回咬んだネコはショーから永久追放される。

審査員のリングでは、品種間での行動の違いをはっきりと見ることができる。テーブルから飛び降りないように体を抑えておかなければいけない品種もいれば、自由にさせても平気な品種もいる。たとえばペルシャはとてもおとなしく、間違ってもテーブルを離れたりしない。爪とぎ棒が置かれている場合、よじ登って頂上でぐらぐらとバランスをとるのはコーニッシュ・レックスだ。コラットなど、いくつかの品種は審査員の手からおもちゃをひったくり、頑として返さないことがある。オシキャット、ヨーロピアン・バーミーズ、ターキッシュ・アンゴラ、ジャパニーズ・ボブテイルはとても遊び好きだ。

ネコたちはアビシニアンから始まって、品種のアルファベット順にリングによばれる。リングのまわりには14個ほどのケージが置かれるため、いつも複数の品種が顔を合わせる。そして、アルファベット順の不運なめぐり合わせのおかげで、ヨーロピアン・バーミーズのうちのネルソンは、たいていカラーポイントのそばで待機するはめになる。

ネルソンを連れてショーに出るようになるまで、わたしはこの品種を知らなかった。カラーポイントは要するに、伝統的にサイアミーズに認められた毛色や模様(胴体は白、クリーム色、淡黄褐色、淡いスチールグレーで、手足、尾、顔、耳にサイアミーズの代名詞である暗色部分がある)にあてはまらないサイアミーズだ。過去のあるとき、一部のサイアミーズ愛好家がこの品種のカラーパレットをもっと充実させようと、さまざまな毛色や模様を導入したことがあった。けれども守旧派の愛好家はこれを嫌い、こうしたネコたちをサイアミーズとして血統登録することを拒んだ。こうして全面戦争が勃発し、最終的にカラーポイントという別の品種を立て、非伝統的な色柄のネコをこちらに分類することで解決に至った(この騒動はじつは2度あり、このときにもオリエンタルという、同じくサイアミーズの色違いの品種が生まれた)[*3]。ネコ趣味世界の政争にこれ以上深入りする必要はないだろう(経験から学んだが、この世界はもめごとに事欠かない)。ほとんど同じ見た目の品種が3つあると知っておいてもらえば十分だ。

ともかく、ネルソンの不運の話に戻ろう。審査リングによばれるたび、メリッサとわたしはリングに連れていき、彼をケージに入れて近くの席に座る。それから15分のあいだ、わたしたちはカラーポイントの絶え間ないわめき声のセレナーデに包まれる。「ミィアアアア、ミィアアアア」。まったく鳴きやまないのだ！　こんなノンストップのおしゃべりにつきあわされては、ネルソンが不機嫌になるのも当然だ。

サイアミーズとその近縁品種は、おしゃべりネコとしてよく知られている。サイアミーズに特化したあるウェブサイトは「いつでもひっきりなしに話しつづけます」と評する。ほかのサイトを見ても、「エンドレスにしゃべりつづけるという評判は折り紙つきです」とある。

ある研究では、ネコ専門の獣医師80人を対象に、15品種のネコの行動の違いを順位づけしてもらった。検討された特徴のなかで、発声は品種間の違いがもっとも大きなもののひとつだった。いちばんおしゃべりなのは？　もちろんサイアミーズの圧勝で、オリエンタルが2位につけた[*4]。ちなみに、いちばん無口と評価されたのは、ペルシャとメインクーンだった。

この調査では、ほかにもさまざまな行動特性に関して品種間の違いが見られた。活発なネコが飼いたいなら、ベンガルかアビシニアンがおすすめだ。おっとりのんびりのほうがいいなら、ペルシャかラグドールを候補に入れよう。いちばん遊び好きなのは、ベンガルとアビシニアン、それにトンキニーズにサイアミーズ。対照的に、遊びに無関心なのはペルシャとスフィンクス。愛情深さではラグドールがトップで、マンクス、ベンガル、アビシニアンが最下位だった[*5]。

獣医ではなく、ネコの飼い主を対象におこなわれた調査もある。結果の詳細はそれぞれに異なるが、全体的な結論はよく似ている。ネコの品種には、思いつくかぎりありとあらゆる行動特性について違いが見られる。ほかのネコへの攻撃性、同居人への攻撃性、知らない人や見たことのない物体への警戒心。こうした品種差は、家具での爪とぎ、おもちゃのフェッチ、トイレの覚えやすさ、ウール製品のおしゃぶり、屋内での尿スプレーにまで及ぶ。

動物行動を研究してきた科学者として、ひとつ問題点を指摘したい。ないものねだりではあるが、人びとに質問用紙に回答してもらうのではなく、さまざまな品種の行動を直接観察し記録した研究を、誰かがやってくれたらなあと考えずにはいられないのだ。これらの調査結果はかなり的を射たものだとは思うが、調査結果にはさまざまなバイアスが入り込む。たとえば、この品種はこんなふうに行動するもの、と最初から思い込んでいる人は、ネコとのやりとりのなかで、そうした行動を促すようにふるまうかもしれない。あるいは、たとえばラグドールを飼っている人は、ベンガルを飼っている人よりも、概して評価が甘いかもしれない。つまり、品種間のスコアの差は、実際のネコたちの行動傾向ではなく、お気に入りの品種と暮らしている飼い主の性格を反映したものであるかもしれないのだ。こうしたバイアスは、適切に設計された研究がおこなわれれば排除できるだろう。

愛猫ネルソンの反抗

それはともかく、もう1度ネルソンに話を戻そう。ネルソンの最大の魅力は、信じられないくらい愛情深い性格だ。『ネコ品種百科事典(Encyclopedia of Cat Breeds)』では、1から10までの尺度で、ヨーロピアン・バーミーズの愛情深さは9ポイントと評価されていて、さらに高得点なのは(よりによって）スフィンクスだけだ。[*6] そしてネルソンは、生後4か月でうちにやってきたとたん、9点超えをわたしたちに証明してみせた。

ネルソンがうちに来るまで、わたしにはイヌの魅力がさっぱりわからなかった。でも、いまならわかる。自分の姿を見ただけで心から幸せを感じ、一緒にいる時間を思いっきり楽しんでくれる伴侶動物と暮らしていると、温かな気持ちで満たされる。ネルソンはいつでもわたしたちについてまわり、抱き上げたとたん、それどころか目を合わせただけで、ゴロゴロとはっきり聞こえる心地よい音で喉を鳴らす。彼はあっというまに、世界でいちばんのネコにのぼりつめた。

だからこそ、次に起こったことはまったくの予想外だった。最初のうち、ネルソンはキャットショーで見事な成績を収め、うちの地下室はあれよあれよという間に勝者の証であるカラフルなリボンに彩られた。青、オレンジ、白のストライプは、イリノイ州子猫部門で6位を獲得したときのもの。青の長いリボンはウィチタ子猫部門3位。赤と黒はセントルイスでのベスト・プレミア準優勝。そして黄色と白は、クリーブランドのインターナショナル・キャットショーでのベスト・プレミアだ！ 好成績を収めたネコにはそのたびにポイントが付与され、グランド・プレミアやグランド・チャンピオンといった次のレベルに進出できるようになっている。ネルソンは王座を約束されているかに思えた。

数かずの栄誉に輝いた彼だが、体重がちょっとした問題になりつつあった。ヨーロピアン・バーミーズは比較的スレンダーな体型からは想像もつかないほどずっしりしているものなのだが、わたしたちはちょっとおやつを与えすぎたらしい。それに気づいたのは、あるショーでフレンドリーな審査員のひとりが、ネルソンにリボンを飾りながら、「おでぶ」になりかけているから、気をつけないと「ジャバ・ザ・ヨーロピアン・バーミーズ」に改名しないといけなくなるよと、わたしたちに忠告したときだった。

わたしたちは体重問題を解決したが、それから雲行きが怪しくなった。ネルソンは根っからのキャットショー嫌いになってしまったのだ。理由はよくわからない。たくさんのネコたちのにおいに辟易《へきえき》したのか、カラーポイントの絶え間ない哀願の声のせいか…。メリッサにいわせれば、決定的だったのはカンザスで開かれたあるショーで、未去勢のおとなオスが近くの子猫用キャットタワーに尿スプレーをしまくって、悪臭を撒《ま》き散らしたハプニングだという。

理由はともかく、わが家の優しくて愛情深い少年は反抗期に入ってしまった。ネルソンはショーが気に入らないことをはっきりと態度や姿勢で示すようになった。審査テーブルに立った彼は唸り声をあげ、審査員に威嚇することさえあった。もはや咬むのも時間の問題。ネルソンのグランド・プレミアへの道は絶たれた。

そんなとき、コロナパンデミックの数少ないポジティブな副作用として、キャット・ファンシアーズ・アソシエーションはプレミアとグランド・プレミアのあいだに新カテゴリーをつくることを決めた。認定に必要なのは、ある程度の(グランドプレミアの必須要件よりも少ない)ポイントの累積があることと、15ドルの認定料だけ。どちらもビンゴ！　やっぱりネルソンは栄冠に値した!!　これ以来、ネルソンはネコ趣味の世界での公式な称号を得て、彼にふさわしい敬意と恭順をもって扱われることとなった。その名は、シルバー・プレミア・マヨナカズ・ネルソン・ロソスである。*7

だが、もっと大切なことがある。華やかなショーの世界から引退したネルソンは、再びおっとりして愛情深い、もっともフレンドリーなネコの品種のひとつであるヨーロピアン・バーミーズの長所を取り戻したのだ。

サイアミーズはどうしておしゃべりなの？

イヌの行動が品種によって大きく異なることはよく知られていて、これは牧羊、番犬、追走、闘犬、捜索などさまざまな仕事をさせるための人為淘汰の結果だ。ネコの品種がこのような淘汰を受けてきたなんて、考えるだけで笑ってしまう。ネコに決まった仕事をさせることなどできないのだから。ネコの品種はほぼ完全に外見の違いに基づいて作出された。特定の作業や能力を念頭につくられた品種はひとつもない。

だからといって、品種の歴史のなかで行動への淘汰がまったくなかったわけではない。ほかの形質と同じように、個体間の行動のバリエーションも淘汰の対象になりうる。そして、そのバリエーションが遺伝的差異によるものなら、進化が起こりうる。実際、第14章で見ていくが、行動特性に対する淘汰はいくつかの新品種をつくりだす過程で一定の役割を担ってきた。

ペルシャが代表例だ。ハリソン・ウィアーはネコ趣味の黎明期である1889年、この品種について「短毛ネコと比べ気質にむらがある…少ないながらも獰猛《どうもう》といっていいほどの性格の例があり、ネコというよりイヌのように咬みついてくる…わたしの従者はアンゴラ、ペルシャ、ロシアンの被毛や歯並びを調べようとして、たびたびけがを負ってきた」。14年後、フランシス・シンプソンも著書『ザ・ブック・オブ・ザ・キャット』で、「ペルシャは短毛品種に比べ、気質があまり友好的ではなく、むらがある。ただし、わたしの考えでは、ペルシャは賢さで勝っている…かれらは短毛品種と遜色のない優秀なハンターだ」と評した。

こうした記述からは、穏やかなのんびり屋の現代のペルシャとはまったく違ったネコの像が浮かび上がる。記録は乏しいものの、この変化はどうやら人為淘汰の結果のようだ。ブリーダーはとくに穏やかで、刺激に反応しにくいネコを選び、次の世代を生みだした。落ち着いた性格は、毛がとても長いため毎日のブラッシングが欠かせないペルシャには必要なものだったのだろう。

一方、品種の行動は祖先のネコから受け継がれたもので、品種改良の過程での淘汰によって固定されたのではない場合もある。たとえばアビシニアンなら、おおもとになった個体がとてもアクティブだったのかもしれない。ベンガルやサバンナがエネルギーのありあまった曲芸師のようなのは、ほぼ確実に、第14章で詳述するこうした出自が理由だろう。

では、サイアミーズのおしゃべりは？ こんな特徴を、まともな神経をした愛好家がわざわざ選び抜くことなどあるだろうか？ サイアミーズは西洋に紹介されて間もない頃から、すでに多弁で知られていた。「この品種はまぎれもなく…すべてのネコのなかでもっとも騒々しい」と、あるブリーダーは20世紀初頭に述べている。「大声で常にニャアニャアと、まるで耳の聞こえない人に話しかけるように鳴きつづける」との評もある。

つまり、よく鳴く個体への正の淘汰がもしあったとすれば、品種の生まれ故郷で起こったに違いない。『タムラ・ミャウ』は事実上のブリーダー向けの指南書だったのだから、十分にありうる話だ。だが、この古文書に鳴き声への言及はほとんどなく、また現代のタイのサイアミーズ（ウィチェンマートとよばれる）のおしゃべりさは個体差が大きく、タイのほかのネコと比べてとりたてて饒舌《じょうぜつ》なわけではないという。そんなわけで、サイアミーズのおしゃべりが人為淘汰によるものであることを示す証拠はほとんどない。ひとつの可能性として、本来タイのサイアミーズはよく鳴くものばかりではなかったが、いちばん騒々しいネコが西洋に送られたのかもしれない。このような創始者事象が、意図的だったにせよ偶然にせよ、おなじみの多弁な品種の形成につながったとも考えられる。

たいていの場合、品種がどのようにつくりだされたかは歴史の闇のなかだ。比較的新しい品種でさえ、行動への淘汰に関する記録は乏しいが、だからといってなかったとはかぎらない。実際、多くのブリーダーは、交配の過程では人びとのよき相棒になるかどうかを基準として重視していると語る。そうはいっても、ウール製品をしゃぶったり、おもちゃを取ってきたりといった行動に基づいてネコを交配するブリーダーがいるとは思えない。それよりも、品種間に見られるこうした行動の違いは意図せずに生じたもので、品種の基礎となった少数の個体の特性によるもの、あるいは淘汰の対象となった身体的特徴とこうした行動のあいだの遺伝的なつながりによるものと考えるほうが妥当だろう。

品種間の行動の違いがどのように生じたかはさておき、こうした違いがあることから、2つの示唆が得られる。第一に、特定の品種の個体が示す行動はある程度予測できる。第二に、こうした行動のなかには、家庭で暮らす伴侶としての適性に影響を与えるものがある。この2つのポイントについては、第14章で改めて考えることにしよう。

＊1 キャットショーのルールや手続きは団体や国によって多少異なる。ここでの記述はアメリカのキャット・ファンシアーズ・アソシエーションが主催するショーについてのもの。

＊2 ドッグショーでは避妊・去勢済み個体の出場は認められていない。キャットショーはこの点でよりインクルーシブだが、グループ分けされているのは、去勢されたオスはテストステロンの減少により成長過程が変化するため（未手術個体と比べて筋肉量が少なく、頭が小さくなる）、またブリーダーは概してとっておきの個体は避妊・去勢せず、繁殖させて系統を維持するためだ。インクルーシブといえば、近年のキャットショーには血統品種ではない「家庭ネコ」部門が設けられることもよくある。

＊3 血統管理団体によっては、これらの品種（とくにカラーポイント）をサイアミーズと別品種と認めていないところもある。

＊4 この研究にはカラーポイントは含まれなかったが、より多くの種を網羅し広く読まれているネコの品種図鑑では、サイアミーズ系統の3品種が揃って「おしゃべりランキング」のトップに君臨した。

＊5 血統ネコを飼っている友人にこの結果を話すたび、気分を害されたり、うろたえたりされる。これだけはいわせてほしい――使者の首を打つのはご法度。わたしは研究結果を伝えただけで、信じるかどうかはあなた次第だ。

＊6 フィンランドで4316匹のネコ（の飼い主）を対象におこなわれた調査でも、ヨーロピアン・バーミーズは2位につけた。こちらではトップはサイアミーズで、スフィンクスはずっと下位だった。

＊7 マヨナカはネルソンが生まれたブリーディング施設の名前。

Chapter
13

伝統品種と新品種

キャットショーとネコ趣味はヴィクトリア時代のイングランドで、イヌ世界での同じような展開を追いかけるように始まった。19世紀末に知られていたネコのタイプのほとんどは、毛色、模様、毛の長さで区別されていた。体型や頭の形はほとんど注目されていなかったが、サイアミーズが西洋世界にもたらされたのはこの頃で、その唯一無二の特徴は目を惹いた。今日の品種のほとんどがまだ存在しないか、現代とはまったく違う姿をしていた。例外は尾のないマンクスと、世紀の変わり目にイングランドでも存在が知られるようになったメインクーンくらいだ。要するに、ある程度のバリエーションはすでにあったとはいえ、いまあるサイズ、体型、外見の膨大な多様性には程遠い状態だったのだ[*1]。

血統ネコの世界で両極端に位置する2品種、ペルシャとサイアミーズの変貌ぶりは、イエネコ全体に起こった変化を体現している。『ナショナル・ジオグラフィック』誌の1938年11月号の「暖炉の前のヒョウ」と題した記事には、キャットショーで入賞したペルシャとサイアミーズの写真が多数掲載されている。1匹だけ鼻ぺちゃのペルシャがいる(犬種のペキニーズにたとえて「ペキフェイス」とよばれている)が、ほかはすべて美しくもありふれた見た目のネコたちだ。実際、ペルシャとサイアミーズの受賞個体には、顔のつくりだけ見ればかなりそっくりなネコもいる。

いまとなっては、すでに見てきたとおり、ペルシャとサイアミーズはとても同じ種とは思えないほどかけ離れている。これほどの分化はどんなふうに、そしてなぜ達成されたのだろう？

新しい品種のつくりかた

まずは「どんなふうに」から考えよう。一見したところ、選択交配という営みはきわめて単純だ。最初のブリーダーが、もっとスレンダーで三角形の頭をしたサイアミーズをつくろうと思い立ったところを想像してみよう。すべての生物のあらゆる個体群には、ほとんど例外なく個体差が見られる。ネコも然り。したがって、もっとスレンダーなサイアミーズをつくりたいなら、サイアミーズの集団のネコたちを調べあげ、いちばんほっそりした個体を選んで、互いとかけ合わせるだけでいい。2つの形質を同時に選び抜こうとすると、話は少しややこしくなる。いちばん細身なネコの頭がいちばん三角形に近いとはかぎらないので、妥協が必要になるからだ。

ともあれ、まずは個体を選び、一緒にして、繁殖を待つ。そのあとは生まれた子猫をよく調べ、また同じことをする。同世代のなかでいちばん極端な姿をしたネコを選んで交配させる。これを何世代も繰り返す。

ときには3歩進んで2歩下がることもある。このネコの眼の色は完璧だけど、ほかの特徴はいまひとつ、といった具合だ。この場合、繁殖させて眼の特徴を司るアレルを遺伝子プールに固定したあと、また何世代もかけてほかの特徴に関連するアレルを取り除いていかなくてはならない。

けれども、選択交配は車の両輪のひとつでしかない。淘汰がはたらくためには、集団内に多様性が必要だ。もしも、たとえば集団のすべての個体が茶色の眼をしていたら、ほかの色が進化することはありえない——変異または移入によって、集団のなかに眼の色が違う個体が現れないかぎりは。多様性は、それに対して作用する淘汰と同じくらい、進化において重要なのだ。

そして、ここで遺伝学の話になってくる。本書の残りの部分では、おもにひとつの遺伝子によって決定される形質を取り上げる。こうした形質はふつう、不連続な異なる状態として現れる。耳が後方にカールしているか、していないか。しっぽが長いか、ごく短い(あるいはまったくない)か。こうした違いは、それぞれの個体がもつ、特定の遺伝子の異なるアレルに由来する。

だが、たくさんの遺伝子のはたらきを足し合わせた結果として形質が生じ、ひとつひとつの関連遺伝子の効果は比較的小さい、という場合もある。一般に「量的形質」とよばれるもので、このような形質の個体差は、別べつのカテゴリーではなく、ひとつの連続体を構成する。体の大きさや、頭の形(幅がいちばん狭いものから広いものまで)がそうだ。このような形質に関して、子の特徴は両親の特徴を平均したものになる傾向にあるが、あくまで傾向であって、ばらつきは大きい。サイアミーズと丸顔のブリティッシュ・ショートヘアをかけ合わせたら、生まれる子猫のほとんどは平均的な顔の形をしているだろうが、なかには三角形寄りの子、丸寄りの子もいるはずだ。

そして、最後にもうひとつだけややこしい話をすると、形質の遺伝様式は前述の2つを両極端として、そのあいだのどこにでも位置づけられることがある。ある形質に対し、ひとつまたは少数の遺伝子が多大な影響を及ぼす一方、ほかにもたくさんの遺伝子がそれぞれわずかながら影響を与える、といった場合があるのだ。

遺伝的変異によって常に生まれつづける新たなバリエーション。それこそが、祖先集団には似たものがまったく存在しなかったような形質をつくりあげる、クリエイティブな作用としての進化を支えている。たったひとつの変異によって、新たな形質が完成された状態で現れることもある。その実例はすぐあとで取り上げよう。けれども、選択交配はただ望ましい形質を見つけだし、それを備えた個体を繁殖させるだけの過程ではない。新たな変異が何世代もかけて蓄積され、集団内に生じる形質が少しずつ変化していった結果、以前は存在しなかった新しい形質が進化することもあるのだ。どの子もふつうに鼻があった1930年代のネコからスタートして、現代のペルシャに行き着くまでには、こうした積み重ねがあった。最初のうち、ブリーダーはごく平均的な見た目のネコ集団から、いちばん鼻が短いものを選んで交配させた。そうするうちに新たな変異が現れ、さらに鼻が短い個体が誕生した。[*2] このような個体を繁殖させることで、集団内の鼻の長さの平均値は下がる。そこへまた別の変異が生じ、鼻はさらに変形した。変異と淘汰、変異と淘汰が何世代も繰り返された。そしてついに、鼻のないネコにたどり着いたのだ。

科学者たちは過去1世紀にわたり、このような方法の有効性をラボでの実験で裏づけてきた。対象としてとくに人気だったのはショウジョウバエだ。理由としては、多数の個体からなり豊富なバリエーションを含む大規模コロニーを簡単に維持管理でき、そこに新たな変異が頻繁に出現すること、1世代が短い（ほんの2、3週間）ために進化的変化が急速に起こることがあげられる。このような実験から、ショウジョウバエに生じるほぼすべての特徴は、人為淘汰によって急速に変化させることができるとわかった。翅《はね》の大きさや腹部の剛毛の数から、上方へ飛びたがる傾向まで、選択交配をたった数年続けるだけで、祖先集団と大きく異なるハエをつくることができたのだ。

これはいうまでもなく、農家がとうもろこしや小麦、羊、牛を、祖先種から現代の栽培作物や家畜へと、劇的につくりかえる際に用いた手法と同じものだ。ネコも例外ではない。強い淘汰がはたらけば、進化は急速に起こるのだ。

鼻消失事件は未解決

このとおり、ブリーダーが人為淘汰という標準的なやり方で、ペルシャとサイアミーズをありふれたネコの外見から、現代の両品種の姿かたちへと変貌させていったところは想像にかたくない。むしろ大きな疑問は「なぜ」のほうだ。ネコを奇妙で型破りな姿に変える力がブリーダーにあるからといって、そうしなくてはいけないわけではない。素人心理学者として考察してみても、こんな見た目のネコ（とくにペルシャ）をつくることに執念を燃やす理由が、わたしにはさっぱりわからない。ごくふつうの顔立ちをした綺麗なネコを見て、ここから鼻をなくして眼と眼のあいだに穴だけが残るようにしようなんて、いったい誰が思いついたのだろう？　ほかの人たちはどうしてそんな計画に賛同したのだろう？　それに、なぜプロセスは途中のどこかの時点で終わらず、ペルシャの鼻が完全になくなるまで続いたのだろう？　答えはおそらく、ペルシャの育種家団体の内部文書や議事録のなかに埋もれているのだろうが、わたしには見つけだせなかった。そんなわけで、「鼻消失事件」は未解決のままだ。代わりといってはなんだが、「ほっそりネコ事件」に挑むことにしよう！

サイアミーズが初めて西洋世界の注目を浴びたのは1870年代で、この頃に何匹かがイングランドに輸出され、キャットショーのデビューを果たした。「シャム王家のネコ」[*3]と謳われたかれらは一大センセーションを巻き起こした（ただし好意的な評価ばかりではなく、『ハーパーズ・ウィークリー』誌はサイアミーズを「不自然で悪夢に出てきそうなネコ」と評した）。

1902年の時点で、イングランドにはすでにサイアミーズ・キャット・クラブが設立され、この品種の改良が進められていた。クラブが定める「スタンダード・ポイント」は以下のようなものだった。

●体型――胴は比較的長く、脚は大きさのわりに華奢
●頭――比較的細長く尖っている
●全体的外見――…興味深く印象的な見た目のネコであり、中型で、体重はあっても屈強であってはならず、これは名高い「しなやかな」雰囲気を損なわないためである。タイプとし

> ては、あらゆる特徴に関して、短毛のイギリス品種における理想の対極である

イギリスの平均的なネコは、とくに20世紀初頭の時点では、頭が丸く、骨太で、寸詰まりの体型をしていたことを思いだそう。つまり、この基準が掲げる目標は、サイアミーズをおなじみの国産ネコとはっきり区別できるものにすることだったのだ。

これらの基準は１９０３年に刊行されたフランシス・シンプソンによる『ザ・ブック・オブ・ザ・キャット』に記され、いまでも古典とされる。サイアミーズの章にはたくさんの写真が掲載されているが、どれもかつては珍しくなかった、ごくふつうの体型の「伝統的」サイアミーズだ。わたしが少年時代を一緒に過ごしたタミーとマーリーシャもそうだった。ここで問題になるのは、クラブの新基準は単に当時の状態をそのまま記述したもの、つまりメンバーの家で飼われていたサイアミーズの見た目のとおりだったのか、それとも将来的にずっと極端な体型へとつくりかえていくためのロードマップだったのかだ。こういい換えてもいい――この基準をつくった人たちは、頭は細長く尖っているべきだと書いているとき、どれくらい細長くて尖った頭を想像していたのだろう?

１９３８年の『ナショナル・ジオグラフィック』誌の写真を見るかぎり、ここまでの数十年では、サイアミーズにあまり変化はなかったようだ。ところが、第二次世界大戦のあとで状況はがらりと変わった。１９５０年代には極端な外見の個体がキャットショーに出場するようになり、１９６０年代になると、品種基準が改定され、極端な体型ほど好ましいことが明記された。１９８０年代にはもう、

伝統的なサイアミーズの頭の形と体型をもつ個体はキャットショーで見かけなくなった。ほっそりネコが定番になったのだ。

それにしても、なぜ50年以上も経ってから、サイアミーズのブリーダーたちは突然、伝統的なタイプに手を加えて、いまの過激なほど極端なネコをつくろうと決めたのだろう？ ネコ世界の権威と話した結果と、イヌの品種改良の過程で起こったこと（こちらは学術研究がある）からの類推に基づいて、次に可能性のある仮説を5つ提示しよう。なおネタバレになるが、どれが答えかはわたしにもわからない！

仮説1 裕福なネコブリーダーによる、サイアミーズの世界から庶民を締めだすための策略。エリート愛好家が極端な品種基準を維持すべきだといい張りつづけることで、素人ブリーダーを蚊帳の外に置き、ひと握りの選ばれし人びとがすべての利益、そしてもちろんすべての名声を独占した。

仮説2 ネコブリーダーの性《さが》。ブリーダーは理想のネコのあるべき姿を思い描き、それを満たす個体をつくりだすことこそが生業であり義務であるとみなす。こうした考えの必然的な帰結として、ある品種のいまこの時点の状態はけっして理想とは一致しない。正しい方向への1歩ではあっても、品種は必ずさらなる洗練を要するのだ。当然ながらこの仮説では、サイアミーズの変身が勢いづくのに50年もかかった理由は説明できない。

仮説3 サイアミーズのブリーダーは最初から現代の姿を夢見ていたが、適切な変異をもつネコが生まれるまで、淘汰は起こりようがなかった。いい換えれば、集団のなかのすべての個体の頭の形が同じなら、人為であろうがなかろうが淘汰の余地はなく、進化的変化が生じることはないのだ。おあつらえ向きの変異が生じるのに半世紀かかった、ということなのかもしれない。

仮説4 いったん品種が変貌し始めると、もはやブレーキが効かなくなった。品種基準で頭は長く尖っているべきとされたら、現状に輪をかけて頭が長く尖っているネコを想像するのは難しくない。ペルシャの鼻がなくなった理由は、どう考えてもこれだろう。1世紀前、まだペルシャにごくふつうの鼻があった時代に、誰かがこんな姿を理想として掲げたとしたら、よほどの物好きだ。それよりも、ほんの少し短めの鼻が望ましいという思いつきの結果と考えたほうがしっくりくる。

仮説5 見た目が極端なほどキャットショーで勝てた。ショーの審査は簡単ではない。審査員は数十の品種それぞれの基準を熟知しておかなくてはならない。品種基準に「頭は長く尖っていること」とあるなら、いちばん長くて尖った頭のネコに優勝のリボンを授与するほうが、品種において最適とされる長さや角度を記憶して照らし合わせるよりも簡単だ。このようにして、極端な姿かたちが褒めそやされる傾向を審査員が後押ししたのかもしれない。

サイアミーズの品種改良の歴史には、面白いこぼれ話がひとつある。どうやらほとんどの一般人は、わたし自身も含めて、今日のサイアミーズの品種基準が要求する極端な新バージョンの姿よりも、「伝統的」な容姿のほうが好きらしい。1980年代、一部の愛好家たちが結束し、昔ながらの外見をもつ新品種づくりに乗りだした。この反乱は激しいキャットファイトを巻き起こし、既存のサイアミーズ保存会のメンバーはあの手この手で新品種の承認を阻もうとした。だが、悪あがきも虚しく、かつてのサイアミーズと瓜二つの古くて新しい品種「タイ」が誕生し、いくつかの血統管理団体はこれを現代のサイアミーズとは別物として認めている。

こうしたシナリオが意味するのは、ブリーダーには品種の特徴を急速に、大幅に変える力があるということだ。こうした変化はおおむね、品種基準を定める立場にある人びとの気まぐれな美的感覚を原動力としていた。そう聞いて、みなさんは疑問に思うかもしれない――品種評議会にはいったい誰が所属していて、どうして品種の命運がかれらの手に委ねられているのだろう？　品種評議会のメンバーになるための条件は血統管理団体ごとに異なるが、どの団体も例外なく、その品種のネコを飼っていることを必須要件としている。もちろん、飼い主だというだけで、そうでない人よりも品種のことをよく知っているとか、意見により価値があるとはいえないが、ともかく、ネコの特定の品種の見た目がどうあるべきかを判断しているのは、そんな人たちだ。そして、サイアミーズを例に見てきたように、評議会の判断はときに、その品種を愛するほとんどの人たちの考えから逸脱することがある。[*4]

アメリカン・カールの誕生

ここまで、品種が時代とともにどう変化するかにかぎって話をしてきた。だが、血統ネコ世界の際立った特徴といえば、認定品種の激増だ。こうした新品種はどこから来たのだろう？ 多くの場合、きっかけは幸運な偶然だった。ひと味違った見た目のネコにたまたま出会った誰かが、こう思ったのだ。「こんなルックスの品種があったらいいな」と。

1981年のある日、カリフォルニア州レイクウッドに住むグレイスとジョーのルガ夫妻の家の前の駐車場に、2匹の子猫が現れた。当時グレースは妊娠7か月で、1日中続くひどいつわりのせいで、自身いわく「できるだけ何もしないようにしていた」。仕事から帰ってきたジョーは子猫たちを見つけ、15分ほど戯れた。それから家に入り、グレイスに子猫がいるよと伝えたあと、「ずいぶんやせてるけど、餌をやっちゃだめだよ」と念を押した。ジョーが部屋を出たとたん、グレイスは起き上がり、「冷蔵庫の残り物を適当にかき集めた何か」を皿に盛り、水を入れたボウルと一緒にもちだした。子猫の姿を見た彼女は、「耳が頭のうしろの方に変な形で曲がっている」ことに気づいた。

1週間と経たないうちに、子猫たちは室内に自由に出入りするようになった。1匹は数週間後に姿を消し、残った美しい黒猫を、グレイスは旧約聖書の雅歌の女性主人公にちなみ、シュラミスと名づけた。

シュラミスは見目麗しいだけでなく、優しく愛情深いネコだった。何度か出産を経験し、里子に出された同じようにフレンドリーな子猫たちのなかには、耳がカールしている子もいた。子猫を見た人はみな風変わりな耳介《じかい》に驚いた。ときには先端が下を向くほど後方に強く曲がっていることもあったのだ。やがてルガ夫妻は、シューのトレードマークの耳は血統ネコ世界でそれまで存在しなかった特徴だと知る。友人の友人に、カールした耳の新品種をつくってみたらと勧められ、夫妻はそうすることにした。品種の名前に関しては、かわいらしい候補がいくつもあがったが、結局は短く、特徴をよく表していて、愛国的な名前に落ち着いた。アメリカン・カールだ。

🐾アメリカン・カール

カールした耳の新品種を立ち上げようと心に決めたルガ夫妻は、大きな決断を迫られた。アメリカン・カールは、どんなネコであるべきなのか？　当然ながら、ネコの特徴は耳の形だけではない。公式に品種として認められるために、ルガ夫妻は何人かの助けを借りつつ、独自の品種基準を打ち立てることに取り組んだ。まずは耳について、次のように定めた。

●角度——カールは最低90度の弧を描き、180度を超えない。丈夫な軟骨が耳の基部から少なくとも全体の3分の1の高さまで達する

●形——基部は幅広く開いていて、前方から見ても後方から見ても、なめらかな曲線を描い

て後方にカーブしている。先端は丸く柔軟

●サイズ――やや大きめ

●位置――頭の側面のいちばん高い位置に左右対称に直立

●内側の毛《ファーニッシング》――あるのが望ましい

これらに加えて、品種基準には頭の形、体型、尾、その他の部位の詳細を含める必要があった。アメリカン・カールは、ペルシャのように寸詰まりでずんぐりしているべき？　それともサイアミーズのようにほっそりスレンダーであるべき？　はたまたメインクーンのように屈強でたくましい体つきがいい？　あるいは大胆で斬新でオリジナルな、さまざまな特徴の新しい組合せに狙いを定めるという手もある。

だが、ルガ夫妻にとって、こうした選択肢は検討するまでもなかった。品種の始祖となるネコはシュー(シュラミス)なのだから、アメリカン・カールは初代女王の外見を理想とするべきだ。ややスレンダーで、あまり極端ではないくさび形の頭。大柄すぎない。耳のサイズと下顎をほんの少し強調するくらいで十分だ。

第1章で示した、品種の定義を思いだそう。品種とは、ほかとはっきり区別できる特徴をもち、その子どもたちも特徴を受け継いで同じような見た目になる、家畜動物の集まりのことだった。血統犬の世界ではこのところ、ありとあらゆる組合せの2品種のかけ合わせが氾濫していて、セント・バードゥードルやブルメシアンなど、いわゆる「デザイナー犬種」が乱立している。セント・バードゥードルどうしを交配させて、子犬がセント・バードゥードルっぽい見た目になるなら、はい、新品種のできあがり。[*5] 同じように、スレンダー体型、ややくさび形の頭、後方にカールした耳をもつネコが、よく似た子猫を産むのなら、このネコたちをアメリカン・カールという品種とみなすことができる。

アメリカン・カールの理想像ができあがったあと、ルガ夫妻は第二の壁に直面した。近親交配である。この新品種の個体はすべて、必然的にシューの子孫となる。彼女に生じ、子孫に受け継がれた変異が、品種の基礎なのだ(もちろん、同じ変異がどこかほかの場所で再出現すれば話は別だが、いまのところそうした例はない)。

血縁個体ばかりの品種には、近親交配による遺伝病リスクという問題がつきまとう。解決のためには、血のつながりのない新しい個体を品種の遺伝子プールに取り込んで、遺伝的多様性を増大させる必要がある。

もちろん、この解決法には非血縁個体はカール耳をつくるアレルをもっていないという欠点がある。カール耳のような顕性形質がどのように遺伝するかを考えてみよう。かりに、カール耳のアレルのコピーを2つもっているアメリカン・カールのオスと、血縁関係のないメスをかけ合わせたとする。生まれる子猫たちはすべて、父親から受け継いだカール耳のアレル1つと、母親から受け継いだ立ち耳のアレル1つをもっている。ある遺伝子の異なる2種類のアレルをもつ個体は「ヘテロ接合体」、同じ種類のアレルのコピーを2つもつ個体は「ホモ接合体」とよばれる。カール耳は顕性形質なので、ヘテロ接合体は外見上みなカール耳だが、立ち耳のアレルをもっている。

では、ヘテロ接合体のアメリカン・カールどうしを交配させたらどうなるか。平均すると、子猫の4匹に1匹は立ち耳のアレルを父親と母親の両方から受け継ぎ、立ち耳になる。ブリーダーにとっては残念な知らせだ。アメリカン・カールのブリーディングをするのは、カール耳のネコが欲しいからなのに。

立ち耳のネコは交配には使われないため、立ち耳アレルはゆっくりと集団から取り除かれていく。だが、こうしたふるい分けには長い時間がかかる。カール耳のネコが立ち耳アレルをもっているかどうかは、見た目ではわからないからだ(この問題は、第15章で取り上げる遺伝子検査で解決できる。カール耳の遺伝子が特定されればの話だが)。欲しい形質を備えていない非血縁個体を品種に取り込むことは、こうした代償を伴う——長い年月をかけて、望ましくない形質を取り除いていかなくてはならないのだ[*6]。

カール耳のネコたちとかけ合わせる、血縁のない立ち耳のネコを手に入れるのは、品種基準をシューに似た体型や頭の形と定めたおかげで、ルガ夫妻にとってそれほどたいへんではなかった。面倒を避けるため、ほかの血統品種のネコはすべて選択肢から外した。たとえばターキッシュ・アンゴラのブリーダーに、ルガ家のネコはただの耳の曲がったターキッシュ・アンゴラだ、といったクレームをつけられるリスクがあったからだ(実際、シューの外見はどの既存品種よりもターキッシュ・アンゴラに似ていた)。

夫妻は代わりに、昔ながらのありふれたイエネコを「行く先々で見つけては」(グレイス談)かき集めた。アニマルシェルター、ファストフード店の駐車場、キャットショー…体型さえシュラミスに似ていれば合格だった。グレイスは万一に備え、どこへ行くにもキャットキャリーを手放さなかった。毛色と模様にはこだわらなかった。「家庭ネコが起源であるため、どんな毛色や模様も認められる」と、品種基準にはある。この品種はアメリカのネコであり、全米のネコの多様性を反映した品種であるべき、というわけだ。毛の長さにも制限は設けなかった。

シュラミスがルガ家に迎えられてから5年後、アメリカン・カールは品種として認定された。

新品種誕生の歩み

だいたい同じような話が過去70年にたびたび繰り返され、目新しい特徴をもった個体を発端に新品種が生みだされていった。ネコ品種の歴史から、ほんの少しかいつまんで紹介しよう。

1950年、イングランドのコーンウォールで暮らしていた家庭ネコが出産し、生まれた子猫たちのなかに、まるで子羊のような強い巻き毛の1匹がいた。カリバンカーと名づけられたこの子は、最初のコーニッシュ・レックスとなった。

1960年、1匹のメスの野良ネコが、心優しいある女性の家の裏庭で巻き毛のオスの子猫を産んだ。カーリーはデボン・レックスの始祖となった。

1966年、トロントの家庭ネコから1匹の毛のない子猫が生まれ、スフィンクスがつくられた。1983年、ルイジアナである女性がピックアップトラックの下に隠れている妊娠中の短足ネコを見つけて家に連れ帰り、ほどなくして短足の子猫たちが生まれた。マンチカンの誕生だ。

2010年、ヴァージニア州のある農場で、まばらに毛が生えた風変わりな外見をした2匹の子猫が生まれた。心配した愛護団体のメンバーが動物病院に連れていき、そこに居合わせた別の飼い主が、子猫を見て特別なものを感じた。そして気づいたときにはもう、リュコイが品種として認定されていた。

スコティッシュ・フォールド(1961年)、アメリカン・ボブテイル(1966年)、アメリカン・ワイヤーヘア(1966年)、ラパーマ(1982年)、ピクシーボブ(1986年)、ドンスコイ(1987年)、セルカーク・レックス(1987年)、テネシー・レックス(2004年)と、こうした例には枚挙にいとまがなく、とてもすべては紹介しきれない!

品種によってディテールは違えど、ストーリーの大筋はほとんど変わらない。新しい形質を備えたネコが生まれるか、路上から拾われる。試しにかけ合わせてみて、形質に遺伝的基盤がある(母ネコがなんらかの毒物にさらされたといった、非遺伝的原因による形成異常の結果ではない)とわかる。品種基準が、たいていは最初に変異をもって生まれた初代のネコの外見に基づき、新品種がどの既存品種とも区別がつくように策定される。固有の形質をもたないほかのネコが加えられ、遺伝的多様性が強化される。しばらくして、品種が確立され、ひとつまたは複数の血統管理団体によって認定される(もちろん、ニュータイプネコのなかには正式な手順を踏まずにつくりだされ、公式認定を受けていないものもいる）。

アメリカン・カールの曲がった耳がそうだったように、品種に固有の形質にかかわる変異のなかには（知られているかぎり）1度しか生じていないものもある。一方、数十年のあいだに何度も生じた形質もある。たとえばルイジアナで発見される40年も前から、短足ネコはイングランドやブルックリン、スターリングラード、ペンシルベニア、ニューイングランドでも見つかっていた。このうちいくつかの土地では短足の形質が何世代かにわたって受け継がれたが、例外なくやがて消失した。マンチカンが品種として確立されたあとにも、いくつかの場所で短足変異が出現し、そのうちの何匹かは品種に取り込まれた。

同じように、「無毛」、「裸」、「ヌード」、それに「メキシカン・ヘアレス」のネコは、過去2世紀のあいだに何度も発見されてきた。ほとんどはやがて姿を消したが、2つの無毛変異はスフィンクスとドンスコイという2つの品種を生みだした。

短足マンチカンとの交配

マンチカンの短足は、ひとつの遺伝子のひとつのアレルによって生じることがわかっている。スフィンクスの無毛も別の遺伝子のひとつのアレルによるものだ。ということは…いや、まさか。

そう、そのまさかだ。

さあ、ご覧あれ。丸裸でしわしわの肌に短足の異形のネコ、バンビーノの登場だ。見るに耐えない？　それともかわいい？　どちらにしても、一度見たら忘れられない。

人びとはマンチカンをさまざまな他品種とかけ合わせてきた。巻き毛のマンチカンが欲しいなら、コーニッシュ・レックスと交配すればいい。ただし、巻き毛だけじゃなく、脚と同じくらい長い耳もついてくることをお忘れなく。マンチカンとアメリカン・カールのミックス？　もちろんいるし、正直いって、愛おしくてたまらない外見だ。サイアミーズとマンチカンのハイブリッドは、優雅さと滑稽さが絶妙のバランスを保っている。そして、メインクーン×マンチカンとなると…威厳はもはや形なしだ。

同じような熱狂が、ヘアレス・キャットでも巻き起こった。すでにありとあらゆる品種がスフィンクスまたはドンスコイと交配されていることが、グーグル検索するとわかる。

こうした風潮の過熱から、国際ネコ協会（ＴＩＣＡ）は遺伝学委員会の勧告を受け入れ、「新奇な変異をもたない品種については…いかなる提案も認めない。既存の変異は既存の認定品種のみに帰属する」と表明した。「これにより、ひっきりなしにやってくる「マンチカン化」された新品種の申請に終止符を打ち、また必然的に予想される既存品種の「レックス化」、「ボブテイル化」、「多指化」を抑えることができるだろう」と、ある委員は述べている。

この決定からいえるのは、ある品種がつくられたからといって、ネコやイヌの血統管理団体が必ずしもそれを認定するわけではないことだ。同じように、こうした団体に所属しないブリーダーもたくさんいて、かれらは団体が定める品種基準に縛られない。実際、ショーのためにネコを交配させる人びとと、利益のために交配させる人びとのあいだには対立が存在する。ショーブリーダーもネコを売ることはあるが、たいていは支出を賄《まかな》うには至らない。一方、商業ブリーダーは金儲けが目的で、血統管理団体の品種基準を満たすかどうかよりも、一般大衆に売れるネコをつくることに関心がある。

この章で解説した例はじつにシンプルだ。風変わりな特徴を生みだす変異をもったネコを見つけた人が、その特徴を軸として新品種をつくるブリーダーになる。さらに踏み込んで、それぞれ独自の特徴をもつ2つの品種をかけ合わせるという発想に至るのも、そう難しくない。だが、なかにはさらに壮大な野望を抱くブリーダーもいる。そして、かれらが野望の実現のためにとったアプローチは、イヌの世界には例のない、多くの人びとが不可能だと思っていたものだった。

＊1　同じことがイヌにもいえる。機能に特化した犬種（伝統的な「ワーキング・グループ」）は、何世紀も前からさまざまなタスクの補助をするように改良されてきたが、イヌの品種もほとんどは最近になってつくられたものだ。

＊2　別の変異の結果として長い鼻をもつ個体も生まれただろうが、ブリーダーはこうした個体を繁殖に使わなかった。必要は変異の母ではない。変異は淘汰とは無関係にランダムに生じる。

＊3　この称号はいまでは間違いだったとわかっている。サイアミーズは王族だけが所有できるネコだったわけではない。

＊4　ネコの血統管理団体にはそれぞれ独自の品種評議会(品種委員会など、よび名はさまざま)があるため、各品種の基準も血統管理団体の数だけある。団体ごとの基準の違いはふつう些細なものだが、いつもというわけではない。

＊5　ただし、血統犬種の世界での昨今の風潮はこれとは異なる。デザイナー犬種は毎世代、2つの異なる品種の両親をかけ合わせて新しく生まれるのがふつうだ。ただし特筆すべき例外として、オーストラリアン・ラブラドゥードルがある。

＊6　求める形質が潜性の場合はまた違った展開になる。ジャパニーズ・ボブテイルの短尾を例にとろう。この品種が短いしっぽをもつには、短尾アレルのコピーを2つもっていなくてはならない。ここで、ジャパニーズ・ボブテイルと、ありふれたノーマルなしっぽのネコをかけ合わせるとしよう。ノーマルしっぽのネコが短尾アレルをもっている可能性は非常に低く、長尾アレルのホモ接合と考えていい。そのため、生まれる子猫たちはすべてヘテロ接合体であり、短尾は潜性形質であるため、1匹残らずノーマルしっぽになる。考えてみてほしい。あなたがジャパニーズ・ボブテイルのブリーダーで、ボブテイルの子猫が1匹も生まれなかったら？　だが、遺伝学を熟知したあなたにとっては予想どおりだ。次にあなたは、このネコたちを同じようにして生まれたヘテロ接合のネコと交配させる。第2世代では、子猫の4匹に1匹が短尾アレルを両親から受け継いでホモ接合となり、ボブテイル形質を示す。このような潜性ホモ接合のネコたちが十分に集まったら、あなたの仕事は終了だ。あとは短尾のネコどうしをかけ合わせて、長尾アレルは品種集団からいなくなる。つまり、潜性形質の場合、コストが高いのは最初だけ。最初に望みの形質をもっていないネコがたくさん生まれることになるものの、そのあと不要な形質のアレルはまとめて一掃できる。対象的に、顕性形質では不要なアレルが集団から消えていくのに時間がかかり、たくさんの世代を重ねてもなお、望まない形質が時折出現する。

Chapter 14

ヒョウ柄ネコと野生のよび声

すでに見てきたように、品種に新しい形質を取り入れたいなら、別の品種との選択交配が手っ取り早い方法だ。だが、いくらネコの品種が驚くほど多様だといっても、このアプローチには限界がある。どんな品種にもいっさい見られない形質もあるからだ。

それなら、もっと視野を広げてみたら？ イエネコはヤマネコのどの個体群とも交雑するのだから、ネコ科のほかの種とだって繁殖できるかもしれない。

そして数十年前、一部のブリーダーが実際にこの方法を試すことにした。かれらの目標は、サーバルのような見た目のイエネコをつくることだった。

脱線になるが、ここでどうしてもいっておきたい。本書ではすでにサーバルに何度か言及したが、わたしはどうにか感情を抑えるよう努めてきた。でも、平静を装うのも限界だ。

東部・南部アフリカで長い時間を過ごしてきたわたしは、トカゲを研究したり、講義をしたり、ネイチャーツアーのガイドをしたり、ただ滞在を楽しんだりしてきた。そのなかでいちばん鮮烈な記憶のひとつが、メリッサと一緒に南アフリカの猟獣保護区をドライブしていたある日の思い出だ。丈の高い草原を通り抜ける途中、わたしは不意に、草のなかから突き出ている1対の三角形に気づいた。あれはもしや、何年もずっと見たいと願いつづけていたものだろうか？ 双眼鏡をもち上げて、わたしは三角形が2つの巨大な耳の先端であることを確認した。その下に、黄褐色をした斑点のある頭、間隔の狭い両眼、黒い鼻、尖ったマズルが見えた。やっぱりそうだ！ メリッサはいまだに、このときのわたしが思わずあげた、悲鳴混じりのささやき声を真似してからかってくる。「あれサーバルだよ！」サーバルはほどなくゆったりと歩いて立ち去り、高い植生のなかに消えていった。それでも、わたしのオールタイム・フェイバリットな野生ネコとして不動の地位を確立するには、この一瞬で事足りた。

そうなるのも当然だ！ チーターの小型ネコ版を思い浮かべて、さらに美しさをレベルアップさせてみよう。黒い斑点の散る鮮烈な配色の賜物。そこに例の直立した巨大な耳、すらりとしてこのうえなく優雅な首、ボーダー柄のハーフ丈しっぽを足せば、唯一無二の姿をしたネコのできあがりだ（70ページの図を参照）。

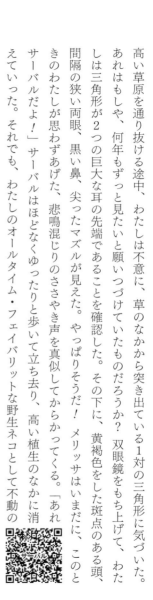

サーバルの種間交雑

サーバルの狩りも、容姿と同じくらいインパクト抜群だ。ばかでかいパーティーハットは飾りではない。しゃがみこんで前傾し、耳を地面のほうに傾けて、サーバルは背の高い草のなかで小型哺乳類がたてる、かすかな物音をキャッチする。そして狙いを定めると、アカギツネのように放物線を描いてジャンプし、両手を同時に着地させて獲物をしっかり押さえこむ。

サーバルは古代エジプトの時代から手なづけられてきた種で、動物園の飼育担当者の評価でも、野生ネコのなかでもっともフレンドリーな部類に入る。こうした事実を考え合わせれば、サーバルのイエネコ版をつくるというアイデアを思いつくのは自然なことだ。計画はシンプル。2種のあいだにお見合いをセッティングするだけでいい。

だが、そこに大きな落とし穴があった。89ページのネコ科の現生種の系統樹を見てのとおり、イエネコとサーバルは遠く離れた位置にいる。サーバルに至る枝は早い段階で分岐していて、イエネコ(およびその他多くの小型ネコ)と袂《たもと》を分かったのは、じつに約1050万年前だ。

これはかなりの時間だ。そして、2つの種の進化的分岐が大きいほど、種間交雑は起こりにくくなる。年月とともに、2つの系統はそれぞれに異なる変異を蓄積させ、自然淘汰が異なる生息環境への適応を促す。結果として、2種の遺伝的な違いは顕著になる。子はどの遺伝子についても、父親と母親からひとつずつコピーを受け継ぐ(性染色体上にある伴性遺伝子を除く)ため、こうした違いは問題を引き起こしかねない。両親のDNAの違いがあまりに大きいと、さまざまな不具合が生じやすい。精子が卵と融合できない、受精卵が発達しない、胚が正常に成長しない、健康な子が生まれない、たとえ健康だとしても不妊である、といったことだ。

その結果、2種の進化の道筋が分かれてからの時間が長ければ長いほど、正常な繁殖がおこなわれる確率は下がる。問題なく種間交雑が起こる種のほとんどは、別べつに進化してきた時間が比較的短い――イエネコとヨーロッパヤマネコがいい例だ。哺乳類全体を見ても、こうした傾向は一貫している。種を超えて繁殖でき、正常な子が生まれるのは、ほとんどが進化的分岐から400万年以内の種のあいだなのだ。

要するに、サーバルとイエネコの進化的分岐の古さから考えて、2種のあいだに繁殖能力のある子が生まれるとは思えない。そもそもの段階から、サーバルを祖先にもつイエネコの新品種をつくりだす試みは、かなり無謀な賭けだった。

DNAの不和合性も問題だが、さらに強く足を引っ張ったのは、もっとありきたりな問題のほうだった。サーバルはイエネコよりずっと大型で、最大体重は13キロを超える。オスのイエネコがメスのサーバルとの交尾を試みるとき、かれらはネコの正しい作法に従って、メスの首筋を咬んで姿勢を安定させるが、ある専門家がいうには「下半身がしかるべき場所に届かない」のだ。哀れなオスネコがどんなに戸惑いあわてふためくか、想像すると切なくなる。残念ながら、種を超えた情事が完遂されることはめったにない。

逆の組合せにはまた別の、もっと恐ろしい問題がある。オスのサーバルはときに強く咬みすぎて、メスのイエネコにけがをさせたり、殺してしまったりするのだ。こうした事態を避けるためにブリーダーがどんな工夫をしたのか、わたしには知る由もないが、とにかくうまくいくこともあったらしい。そして驚くなかれ、サーバルとイエネコのハーフの子猫、サバンナの第1世代が誕生した。

サバンナ

だが、できたてほやほやのこの品種は次世代をつくれるのだろうか？　子の繁殖能力は？　分岐からの歴史が長い種どうしの交配では、健康だが不妊の子が生まれることは珍しくない。ラバ（オスのロバとメスのウマの交配で生まれる）が有名だ。当然ながら、子に繁殖能力がなければ、新品種はそこで終わりだ。

不思議なことに、サーバルとイエネコのハーフの場合、メスには繁殖能力があり、オスにはなかった[*1]。これは種間交雑においてしばしば見られる現象で、最初に指摘した科学者にちなんだ「ホールデンの法則」という名前までついている。哺乳類や昆虫などの場合、多くの種の組合せでは、雑種メスは繁殖できるが、雑種オスは繁殖できない。一方、雑種オスに繁殖能力があって雑種メスにはない、というケースはほとんどない。どうやら性染色体に関係しているらしく、オスはX染色体とY染色体を1つずつ、メスはX染色体を2つもつことが鍵のようだ。これを裏づけるように、メスがZ染色体とW染色体という異なる性染色体の組合せをもつ鳥やチョウでは、不妊のハイブリッド個体はほぼ常にメスだ。この現象のメカニズムはまだ完全には明らかになっていないが、パターンは明瞭だ。

不妊のオスと妊孕性のあるメス。ここから新品種は始まるのだろうか？　それとも行き止まり？　サバンナの場合、グラスの水はまだ半分もある、と見るのが正解だった。メスにさえ繁殖能力があれば十分だったのだ。ブリーダーは第1世代ハイブリッド（F1とよぶ）のメスをイエネコのオスと交配させた。F1はかなりサーバルに似ていたが、体格はだいぶ控えめで、メスの平均体重は8・6キロ。ネコとしてはまだかなり大柄だが、さいわいオスネコがベッドで仕事をこなせる範囲だった。

F2のオスはまだ不妊で、F3とF4も同様だった。それでもブリーダーは諦めず、妊孕性のあるメスとイエネコのオスをかけ合わせつづけ、そしてついにF5でオスにも繁殖能力が確認された。そこからはサバンナどうしでの交配が可能になり、イエネコの遺伝子をこれ以上加える必要はなくなった。

この方法にはひとつ欠点がある。イエネコとの戻し交配の世代が進むほど、祖先であるサーバルの遺伝子の寄与率は半減するのだ。第1世代のハイブリッドは半分サーバルで、見た目もまさにそうだった。F2は25％サーバルで、以下同様。第5世代のサバンナでは、サーバルの遺伝子が占める割合はわずか3％にまで下がる。相変わらずハンサムではあるが、ここまでくるともう、ネコたちをサーバルと見間違えることはありえない。毛は茶色みを帯び、尾は長くなり、顔は以前ほど尖らなくなるからだ。

また、かれらは概して小柄だ。[*2] F1はとても大きく、F2もまだかなり大柄だが、のちの世代のサバンナの体重はふつうで、わが家のウィンストンのような大きめのイエネコの範囲に収まる。だからといって、のちの世代のサバンナは昔ながらのイエネコと何も変わらないというわけではない。かれらには唯一無二の斑点模様があり、脚はまだ典型的なイエネコよりはるかに長い。

脚の話でいえば、サバンナはネコの品種のなかでもっとも背が高く、マンチカンの対極にいる。おなかから上を見るかぎり、サバンナもマンチカンと同じでごくふつうの、ややスレンダーなネコでしかない。だが視線を下げると、一般的なイエネコよりもはるかに長い、その脚に目を奪われる。マンチカンなら、大柄なサバンナのおなかの下を、頭をぶつけずに悠々とくぐれるだろう。

わたしのお気に入りのYouTube動画をひとつ紹介しよう。2015年に撮影された、わずか9秒のクリップだ。最初のシーンでは、大柄で斑点模様のネコのズーイーが腰を下ろし、真上の天井にある電球を見つめている。次の瞬間、彼女は垂直にジャンプし、短いコードに爪を引っかけて電気を消す。体をめいっぱい伸ばした瞬間、ズーイーの驚くほど長い脚があらわになる。部屋の天井は低めのようだが、それでも2メートル近い垂直跳びは圧巻だ。別のオンライン動画では、別のサバンナが物差しで測った2・4メートルの高さまでジャンプして、おもちゃをゲットする。

後期世代のサバンナは性格もおとなしくなっている。F1が家庭のペットに向いているかどうかは諸説あり、サバンナ愛好家がつくるウェブサイトでは、やんちゃだけれど愛情深いネコだと説明されているが、血に飢えた野獣だと中傷されることもある。体重9キロを超えるオスのF1を飼うのに相当な覚悟が必要なのは確かだ。ある専門家に聞いた話では、「大柄なネコで、おとなになるということを聞かせるのはかなり難しい。尊大にふるまい、飼い主に反抗することも珍しくなく、そうなると負けるのはヒトのほうだ」。

サーバルは野生ネコの種としてはフレンドリーな部類で、各地の動物園がアンバサダー・アニマルとして学校や施設への出前授業に連れていくほどだ。もちろん、飼育環境によってかなりの差がでるだろうが、わたしの見るかぎり、適切な社会化を経験し、十分に日々のケアを受けているF1サバンナは、そこそこ優秀なペットになりそうだ(サバンナはたっぷりかまってやらないといけないらしく、ひとりで留守番させると破壊活動に興じることがある。どこかのイヌのようだ)。それでも、ネコに精通した友人の忠告は頭に入れておくべきだろう。

とはいえ、後期世代サバンナが初期世代よりもおとなしいのは確かで、これはサーバルのDNAが薄まっていることに加え、ブリーダーが扱いやすい気質のネコを選択交配したことによるものだ。

偶然の産物ベンガルはさらに美麗に

サバンナは、イエネコと野生種の交配で生まれた最初の品種ではない。栄誉を手にしているのはベンガルという美麗な品種であり、そのはじまりは偶然だった。

ベンガルヤマネコは容姿端麗さではサーバルに引けを取らない。ゴージャスな斑点模様の毛皮、愛嬌たっぷりの大きな眼、額に走る縞模様、ピンク色の小さな鼻、かわいらしい丸い耳。だが、サーバルが新品種の始祖に選ばれた理由は、ルックスのよさだけではなかった。サーバルはフレンドリーで人馴れしやすいのだ。この点に関して、ベンガルヤマネコは分が悪い。動物園の飼育担当者が、ベン

ベンガル

ガルヤマネコをネコ科でもっとも扱いづらい種のひとつと評価したのを思いだそう。『ニューヨーカー』誌にいわせれば、かれらは「ゴージャスなヒョウ柄コートをまとった気の荒い小さな野獣」だ。

それでも美しさは本物で、しかも昔は、性格に難があるにもかかわらず、ペットショップで売られていた。ジーン・ミルがベンガルヤマネコを手に入れたのも、そんな経緯だった。彼女は新品種をつくるつもりはなかったが、オスの黒猫とメスのベンガルヤマネコを一緒に飼っているうちに、2匹は惹かれ合い、やがて最初のベンガルが生まれた。

サバンナと同じで、F1オスのベンガルは不妊だった。イエネコとの戻し交配により、F5かもう少し前の世代で繁殖能力が回復した。サバンナと違ったのは、ベンガルの代名詞である、まばゆい暖色の地色に散る暗色の斑点模様が、入念な選択交配により、年を追うごとに美しさを増したことだ。

実際、ベンガル愛好家たちは斑点を強調するブリーディングで偉業をなしとげた。複数の斑点がつながった暗色のリングが、内側のオレンジブラウンの部分を取り囲む､大きなロゼット柄を生みだしたのだ。ロゼット柄はネコ科の多くの種(ヒョウ､ジャガー､マーゲイなど)に見られるが、イエネコで獲得したのはベンガルが初めてだった。最初のロゼットがどのようにベンガルに現れたのかは定かでないが、ブロッチトタビー柄のアメリカン・ショートヘアとの交配によるものではないかと憶測されている。ブロッチトタビーの渦巻きと、初期のベンガルの斑点がなんらかの形で融合し、ロゼットができたという考えだ。

周到に計画された選択交配によって斑点はますます明瞭になり、地色に溶け込むぼんやりした模様だったのが、はっきりした輪郭をもち地色とコントラストをなす模様になった。

さらに、ベンガルの多くの個体の被毛には構造色の光沢が見られる。「グリッター」とよばれるこの形質を最初に発見したのはジーン・ミルで、もち主はニューデリー動物園のサイの飼育舎に出入りしていた出自不明のネコだった。ミルはこのネコをどうにかして手に入れ、カリフォルニアに連れ帰って、この形質をベンガルに導入した(その後の交配により、ベンガルの光沢とロゼットはほかの品種にも導入された)。

同時に、ブリーダーはフレンドリーな個体に正の淘汰をかけ、この取り組みはおおむね成功した。初期のベンガルはしばしば先祖のベンガルヤマネコ譲りの短気さを示したが、のちの世代の個体は愛情深く親しみやすい伴侶となった。[*3] ただし、断じてひざの上でじっと丸くなっているようなネコではないが。

こうした長年のブリーディングの結果、類まれなるこのネコは、ますます美しさに磨きをかけていった。いまやベンガルはもっとも人気のある品種のひとつであり、世界のブリーダー数は2000人を超える。

しかし、ベンガルの世界も順風満帆ではない。なかにはさらに高い理想を掲げ、華麗な装いのイエネコ以上のものを求める人びともいる。

ジーン・ミルは押しも押されぬベンガルの創始者だ。そして彼女からバトンを受け取り、いまやベンガルブリーダー界の頂点に君臨するのが、アンソニー・ハッチャーソンである。ハッチャーソンは10代の頃から、ベンガルのすべてに魅了されてきた。

彼がヒョウ柄ネコの魅力に取り憑かれたのは11歳の頃、小学校の図書館でのできごとがはじまりだった。もとからネコ好きの彼は、ある古い本に載っていたペットのオセロットに釘づけになった。オセロットや、さらに大型のチーターやヒョウをペットとして飼うことは、20世紀なかばまでそう珍しいことではなかったのだ。けれどもハッチャーソンが心を奪われた頃には、法的にも経済的にも飼育のハードルは格段に上がっていた。彼はやがて、オセロットの居場所は家庭ではなくジャングルだと考えるようになったが、それでもヒョウ柄ネコをペットにしたいという思いは消えなかった。そして数年後、ハッチャーソンはベンガルのブリーディングを始めた。彼は決意したのだ――野生のオセロットを飼えないなら、それに負けないくらいワイルドでエキゾチックなイエネコを、自分の手でつくりだしてやろう。

ハッチャーソンはものすごくチャーミングで、親しみやすい人物でもある。笑顔で人々を魅了する、抜群のエンターテイナーなのだ。

そんな彼自身の長所と、美しくワイルドなネコの魅力が合わされば鬼に金棒で、彼がメディアの寵児となるのは当然だった。ハッチャーソンの記事は『ワシントン・ポスト』紙や『タイム』誌を飾り、CBSニュースや『マーサ・スチュワート・ショー』にも登場した。2017年、ウエストミンスター・ドッグショーの特別ゲストとしてネコが招かれたとき、ベンガルとともに登場した彼は主役の座を奪わんばかりだった。『ニューヨーカー』誌の「イヌvsネコ」のディベート企画では、ネコチームの一員として参戦し、両手に1匹ずつベンガルを掲げた彼の写真がトップに掲載された。

それにハッチャーソンは、けっして実績のない誇大広告などではない。彼は2009年以降、TICAのベンガル品種部門の責任者を務め、またインターナショナル・ベンガル・キャット・ソサエティの代表でもある。彼のネコであるプレステージは、2016年にTICAの世界ナンバーワン・ベンガルに輝き、プレステージの母親のアバイディング・オベーションは前年のトップ子猫に選ばれた。

ハッチャーソンがベンガル世界の大物であることは、これでわかってもらえただろう。ところで、どこに揉《も》めごとが？ ベンガルのブリーディングでは、当初から野生を彷彿とさせるネコをつくることが目標とされてきた。だが、ハッチャーソンにいわせれば、ジャングルのネコの必須要素は毛皮だけではない。

TICAのベンガルの品種基準には、次のような文言がある。「ベンガルのブリーディングプログラムの目標は、小型の森林性野生ネコに特有の身体的特徴と、愛情深く安定したイエネコの気質を兼ね備えたイエネコをつくりだすことである」。ここでいう「森林性野生ネコ」は、ベンガルヤマネコ、またはオセロットだ。そしてハッチャーソンは、いまのベンガルを心から愛しつつ、改良の余地はまだあると考える。

ベンガルは一般的なイエネコと比べ、「耳は先が尖らずに丸くなり、眼は大きめで、尾は先端にかけて太くなり、長さはふつうのイエネコよりも短め、頭は前後の長さが幅をやや上回る」のが望ましいというのが、彼の考えだ。さらに、外見をよりオセロットに近づけるため、「ぜひとも生みだしたいのが水平に流れるようなロゼットで、複数が横につながっているか、あるいは水平な流れをつくるように模様が連続するものが考えられますが、このような柄は現時点でイエネコにはまったく例がありません」と、彼はいう。というわけで、乞うご期待。ベンガルはいまでも息を吞むほど美しいが、もしハッチャーソンの狙いが当たれば、さらにゴージャスでエキゾチックな品種になりそうだ。

ハッチャーソンの頭痛の種がもうひとつある。一部のブリーダーが、もっとベンガルヤマネコを輸入して品種に取り込むべきだと声高に主張しつづけているのだ。実際のところ、そうする利点はとくにない。後期世代のベンガルに欠けている形質は何もないし、むしろ初期のハイブリッドよりも洗練されている。加えて、さまざまな品種との異系交配と、かつてのベンガルヤマネコとの異種交配のおかげで、ベンガルの遺伝的多様性は高い水準にある。

また、ベンガルヤマネコを追加導入することに伴う負の側面を、ハッチャーソンは強く懸念している。ベンガルはいまやれっきとしたイエネコの品種だ。ワイルドな気質への懸念を再燃させれば、品種の評判を損なう。それに、ベンガルヤマネコの国際取引を助長することで、野生のかれらを危険にさらすことはしたくない。

こうした懸念にもかかわらず、ベンガルヤマネコを輸入したがるブリーダーはあとを絶たない。理由は単純で、カネのためだ。たとえ扱いにくい性格でも、密林に暮らす野生ネコとのハーフを飼っていると自慢したいがために、財布の紐を緩める人びとはいる。ハッチャーソンはこうした企みを一掃したがっている。余計なことはやめよう――ベンガルはすでにファビュラスなイエネコの品種だ。ジャングルに暮らすベンガルヤマネコのことは、そっとしておくべきだ。

サバンナとベンガルはハイブリッドキャットの看板だが、イエネコと野生種をかけ合わせてつくられた品種はほかにもある。ジャングルキャットと交配したチャウシー、ジョフロイネコと交配したサファリ、カラカルと交配したカラキャットなどだが、どれも一般的ではない。これ以外の種についても、異種交配が試みられたという噂には事欠かない。

主要な血統管理団体の多くはハッチャーソンと同じ立場で、野生種との交配によって生まれたネコをこれ以上は新品種と認めない方針を掲げる。野生ネコの多くの種はすでにさまざまな原因で絶滅の危機に瀕していて、さらに悪影響を及ぼすことは避けたいという思いからだ。とはいえ、これは品種が血統管理団体のお墨つきを受けられないというだけの話であって、やりたいようにやる人が出てくることは避けられない。

遺伝子の絵の具でデザインする

ブリーダーはじつに臨機応変だ。新たに出現した変異を利用したり、品種どうしをかけ合わせて形質の新たな組合せを生みだしたり、さらには野生種の遺伝子を拝借までして、どこかのネコがもつバリエーションを品種として確立することに全力を尽くす。

だが、ブリーダーは必ずしも、現実にある特定の形質をもとに品種改良に取りかかるとはかぎらない。こんなネコがいたらいいなという理想を心の眼で思い描き、そこからスタートすることもあるのだ。ヴィジョンを具現化するために、かれらは品種のピースをひとつずつ組み立てる。野良からショーキャットまで、ありとあらゆるネコのなかから個体を選りすぐり、望ましい特徴をひとつにまとめあげるのだ。

カレン・サウスマンは幼少期から動物に夢中だった。大学生のとき、彼女はシカゴのリンカーンパーク動物園で飼育担当のアルバイトを経験した。そこからいろいろあった末に、彼女はカリフォルニア州パームスプリングスにリヴィング・デザート・ズー・アンド・ガーデンズを創設し、園長に就任した。39年にわたる任期のあいだに、リヴィング・デザートは地元の名士の思いつきから、年間50万人が来園する面積32ヘクタールの立派な施設となった。サウスマンは動物園の世界に大きな貢献を果たし、さまざまな革新的手法を編みだして、動物園経営における最高の栄誉であるR・マーリン・パーキンス賞をはじめ、多くの褒賞を得た。

動物園をいちからつくって経営していたら、ほかの趣味に費やす暇などなさそうだが、サウスマンには熱心な家畜ブリーダーとしての顔もあった。彼女はアンダルシア馬の飼育・繁殖に加え、いくつかの犬種のブリーディングもおこなった。さらにはリャマにまで手をだし、わずか5年で全米チャンピオンを送りだした。

サウスマンにはさらにもうひとつ、ドローイングとドライブラシ水彩ポートレートという芸術の趣味もあり、これが意外にも家畜育種と密接に結びついていた。共通するのは創造性で、キャンバスの上で、あるいは血肉を備えた命として、動物がどんな姿になりうるかを思い描く能力だった。独学のアーティストとして、彼女は綿密に構成を練り、完璧な容姿にするために何が必要かを理解する力を身につけていった。「動物を本物そっくりに描こうとしているうちに、いつのまにか本質を見極められるようになっていたんです」と、彼女はいう。こうして彼女は、動物を見てその姿を紙の上にどう表現するかを思案するのと同じように、動物たちの集まりを眺めながら、どの特徴にどう手を加えれば思い通りの品種になるかを考えた。

サウスマンはイヌのブリーディングにとくに情熱を注ぎ、フォックステリアなどの犬種に新たな特徴を導入した人物として、血統犬の世界でよく知られている。だが、ネコのブリーディングには、イヌでは考えられない選択肢があった。異なる品種をかけ合わせて新品種をつくることができるのだ(セント・バードゥードルなどの犬種を超えた交配による「デザイナー犬種」は、主要なイヌの血統管理団体から正式に犬種認定を受けることができない)[*4]。

サバンナが最初に作出されたとき、サウスマンは興味をかき立てられた。サーバルはリヴィング・デザートの飼育動物のなかのお気に入りだったうえ、彼女は脚の長いイヌの大ファンでもあり、サイトハウンドとスコティッシュ・ディアハウンドを飼っていた。サバンナに惚れ込むのは当然だ！　だがサウスマンにいわせれば、サバンナはサーバルの代役としてはまだ大きすぎで、家庭のよき伴侶になるとは思えなかった。ノーマルサイズで脚が長く、大きな耳をしたネコがいたらもっといい。やるべきことは明白だ。みずからの手でイエネコサイズのサーバルを、サーバルの血を引くネコを一切使わずに、いちからつくりあげればいい。

でも、どうやって？　ミニサーバルまであと一歩で、ほかの品種からあとひとつ形質を追加するだけで完成、といえるような品種はどこにもない。そのため彼女は必要な形質をあちこちで見つけてきては足し合わせる、という方法をとるほかなかった。長めの脚はこの子から、斑点模様はあの子から、といった具合だ。大きな耳も欠かせないし、丸くて大きな眼も欲しい。うまくいけば、世代を重ねるごとに、生まれてくるネコたちは目標に近づくはずだ。

まずはベンガルから始めた。もとからブリーディングをしていたし、斑点もあるからだ。オリエンタルの長い脚と大きな耳は魅力だったが、脚はまだ長さが足りないうえに華奢すぎ、また耳は頭の側面についていた。そこでサウスマンはオリエンタルのチャンピオン個体とベンガルをかけ合わせるのではなく、（ショーの観点からは）難ありの個体に目をつけた。オリエンタルの品種基準には適合しないが、彼女が求めているような特徴をもつネコを探したのだ。ベンガルに関しても、品種基準よりも自分の頭のなかのヴィジョンに合う個体を選んだ。

それだけでなく、血統か非血統かを問わず、ほかにも探している特徴をもったネコがいないか、彼女はいつも目を光らせた。シェルターから引き取ったあるネコは、完璧な長い脚と大きな眼をもっていた。インドから輸入した野良ネコは、美しい斑点と長い脚を備えていた。長年の品種改良のあいだに、さらに何匹かのベンガルとオリエンタルも加えられた。

材料がすべてそろったら、あとは選択交配を何世代も繰り返して、子猫たちが正しい方向に変わっていくように、思い描く理想のネコにどんどん近づけていくだけだ。「まさに生きた芸術作品を描いていくんです。遺伝子の絵の具を使って」と、彼女はいう。

20年後、彼女の努力は美しく実を結んだ。セレンゲティと名づけられたそのネコは、脚が長く、耳は大きく直立し、たくましいがスレンダーな体つきで、温かみのある黄褐色の毛皮に、黒い斑点が散りばめられている[*5]。

セレンゲティとサーバルを見間違うことはない。そのつもりでつくられた品種ではないのだ。サウスマンが生みだしたのは、アフリカに暮らすオリジナルに敬意を表した、うっとりするような新品種だった。加えてセレンゲティは、愛嬌たっぷりのやんちゃで愛情深いネコでもある。

そんなわけで、いまやサーバルにインスパイアされたネコの品種は2つもある。サーバル激推しの

セレンゲティ

あなたなら、どちらを選ぶ？

外見、気質、サイズに関して、後期世代サバンナとセレンゲティはよく似ている。おもな違いは、セレンゲティはより大きく丸い眼をしていて、やや頭が長く、体つきがあまり骨太ではないことだ。

さらに大きく異なる点——そして率直にいって、多くの人びとが魅力を感じる点——は、F1とF2のサバンナがもつ、よりサーバルに近い外見とサイズだ[*6]。記録にあるかぎりもっとも背が高いイエネコは、F2サバンナのアルクトゥルス・アルデバラン・パワーズで、肩までの高さが48センチ、体重は14キロ弱。メジャー（巻き尺）をもってきて、どれくらいの体高かを確かめてみよう！　平均的なイエネコの体高の2倍以上だ。これほどのネコになると、ひと跳びで飼い主の頭上を悠々と超えられる。

ただし忘れないでほしいのは、こうした大型の初期世代サバンナは自己完結した集団ではないことだ。オスが不妊なので、F1やF2どうしをかけ合わせて同じように大柄な子を得ることはできない。必然的に、こうした個体を生みだすためには、サーバルとイエネコの交配を続ける必要がある。つまりサーバルの安定供給を、野生またはサーバルブリーダーを通じて確立する必要があるのだ。サーバルはいまのところ絶滅危惧種ではないが、それでもこのような商業利用は間違いだと、多くの人びとが考える。もちろん、セレンゲティと後期世代サバンナは正常な繁殖能力をもち、こうした問題とは無縁だ。

トラ縞模様のトイガー

サウスマンが自身のプロジェクトを立ち上げる数年前、同じく南カリフォルニアで似たような計画を思いついた人物がいた。彼女がつくろうとしたのは、よりによって世界最大の野生ネコ、トラのミニチュア版だった。

ジュディ・サグデンがこんな壮大なヴィジョンを掲げたのは意外ではない。サウスマンと同じようにサグデンも芸術肌だったが、専門は別だった。建築学を学んだ彼女は、新たな生命を思い描く想像力と、それを具現化するプロセスを積み上げるロジックを兼ね備えていた。そしてサグデンには、サウスマンにはない素養もあった。彼女はベンガルを世に送りだしたあのジーン・ミルの娘だったのだ。幼い頃から新しいネコを形づくることに慣れ親しみ、母が小さなヒョウを生みだすのを見てきた彼女にとって、ミニチュアのトラを次の目標にするのは理にかなっていた。サグデンの方針もまたシンプルだった。骨太でパワフルな体格、オレンジの地色に黒の縞模様といったトラのエッセンスと、イエネコのフレンドリーな性格を融合させるのだ。

トラ縞のイエネコをつくるのは簡単そうに思えるかもしれないが、現実はそうはいかない。オレンジのネコはもとからいるし、マッカレルタビーには垂直な黒の縞模様がある。両者を交配させて、形質を組み合わせればいいだけでは？

だが、またしても落とし穴があるのだ。オレンジの毛色をつくるアレルは、地色だけでなく全身の模様にも影響を与える。オレンジのマッカレルタビーは実在するが、縞模様は黒ではなく、色味の濃いオレンジになる[*7]。「ガーフィールド」ファンには残念なお知らせだが、あなたの推しの柄は生物学的にありえない。

ハードルはもうひとつあった。タビーの縞模様は、トラ縞とはつくりが違うのだ。タビーの縞はかなり直線的で、まるで刑務所の鉄格子だ。これに対し、トラの模様は背中の正中線から降りてくる縞と、おなか側から立ちのぼる縞を、交互に編み込んだような様式になっている。しかも縞のなかには枝分かれするものもあり、またところどころで分かれた枝が本流に戻り、黒く縁取られた図形をつくる[*8]。ケロッグ®の「トニー・ザ・タイガー」のファンには申し訳ないが、あなたの大好きなシリアルのキャラクターは、トラというよりイエネコ柄だ。

トイガーというおしゃれな名前をつけられた新品種の作出にあたり、サグデンはサウスマンとほぼ同じ作戦を立てた。3つの重要な形質(黄褐色の地色、骨太な体格、人懐っこい性格)をもつベンガル

トイガー

からスタートし、模様がはっきりした1匹のマッカレルタビーの野良ネコとかけ合わせた。プロジェクトが進むにつれ、ほかのトラ的な特徴をもつネコも追加された。ずっとあとになって、ロゼット柄のベンガル(プロジェクト開始の時点ではまだいなかった)を取り入れたのはとくに重要だった。ロゼットをつくる遺伝子がマッカレルタビーの遺伝子と合わされれば、縦に伸びたロゼットが現れ、枝分かれしたトラの縞模様に近づくはずだと、サグデンは予想したのだ(この読みはのちに正しかったとわかる)。彼女はまた、より暖かみのある「オレンジ系」の地色のネコもかけ合わせ、通常イエネコのオレンジの毛色を生みだすアレルを使うことなく、望み通りの地色を実現した。毎世代、彼女はいちばん理想に近い特徴をもつ子猫を選んで交配を続け、目標とする外見に「ほんの少しずつ」近づけていった。

サグデンとサウスマンのアプローチには、もうひとつ共通点がある。スタートの段階から、2人とも形態や毛色の特徴だけでなく、気質にも人為淘汰をかけたことだ。「ほれぼれするような芸術作品としてのネコをつくるだけではだめで、家族の一員にふさわしい生きものに仕立てるべきだというのが、わたしのポリシーでした」と、サウスマンはいう。フレンドリーで気立てのいいネコを選ぶことは、2人にとって最優先事項だった。理由は単純だ。選択交配とはすなわち、たくさんの子猫を誕生させ、そこから少数のもっとも優秀な個体を選んで、次世代の種親とする過程のことだ。ほとんどの子猫は選考で落とされる。余ったネコたちはどうなるのだろう？

2人はシンプルにこう考えた。飛び抜けてフレンドリーなネコをつくっているかぎり、人懐っこいBクラスのトイガーやセレンゲティの引き取り手は難なく見つかるはずだ。[*9] このような人為淘汰の結果、べた褒めしがちなネコ情報サイトの言葉ではあるが、トイガーとセレンゲティはトップクラスに愛情深い品種となった。

サグデンとサウスマンがニュータイプのネコづくりに乗りだしてから数十年が経ったいま、彼女たちの試みがどこまで成功したかを判断するのに機は熟した。ポジティブな面を見れば、2人が類を見ないネコの品種を生みだしたのは明白だ。くっきりしたオレンジと黒の模様をもつトイガーが、トラの「ワナビー」であることは誰の目にも明らかで、それにとても愛らしい。まるでトラ柄のパジャマを着た子猫だ。

セレンゲティはその名に恥じないエレガントで脚の長い斑点模様のネコで、頭のてっぺんに巨大な耳が直立し、アフリカの大平原にもリビングルームにも同じくらいよくなじむ。

だが、彼女たち2人とも、自身の品種は未完の作品だと語る。トイガーは縞模様のほかに、サグデンが目指した「トラのエッセンス」を彷彿とさせるものを備えていない。馬子にも衣装とはいうけれど、縦縞だけではトラになれないのだ。彼女が目をつけたトラの形質の数かず（大きく丸い頭、小さな耳、顔を取り囲む同心円状の縞模様など）は、まだ得られていない[*10]。

同じように、セレンゲティもまだ先は長い。サウスマンによれば、目下の課題は模様をさらに明瞭にし、地色に斑点がくっきりと浮かぶようにすることだ。加えて、彼女の目標は一貫してノーマルサイズのネコではあるが、セレンゲティには華奢すぎる個体もいるため、骨太さも必要だ。

進捗を遅らせている要因のひとつが、ブリーディングの規模であることは明らかだ。サウスマンはおおむね、常時6～10匹の繁殖個体しか手元に置かなかった。自然淘汰を通じた進化にはバリエーションが必要であり、集団が大きいほどバリエーションは増え、選択肢が多くなる。生物学者が数千匹のショウジョウバエを使って進化実験をおこなってきたのには理由があるのだ。ネコブリーダーがこれほど少ない数のネコから急速に品種を改変してきたことに、驚かずにはいられない[*11]。十分な時間があれば、トイガーとセレンゲティのブリーダーたちは、この2品種をきっと望みどおりの姿につくりかえるだろうと、わたしの勘は告げている。

変異にともなう負の影響

ネコの新品種作出を誰もが歓迎しているわけではないし、そう考えるのはもっともだ。スクイトゥン、またはトゥイスティーキャットとよばれるネコを例にとろう。前腕骨が生まれつき極端に小さいか欠損しているネコたちのことで、形成異常の結果、起きているあいだほぼずっとリスのように後肢で立って過ごす。四足歩行の能力が阻害されているため、カンガルーのようにホッピングで移動することも多い。子猫は母親のおなかを押して泌乳を促すことができず、成猫になると糞を砂に埋めるなどの日常の活動に支障が出る。

トゥイスティーキャットはランダムな遺伝的変異によりまれに出現する。幼いうちに命を落としたり、安楽死処分されることが多いが、ときには心優しい人びとに育てられ、できるかぎり穏やかな生をまっとうできることもある。もちろん、避妊去勢手術を施したうえで。

1990年代後半、トゥイスティーキャットはかわいいからもっと増やそうと考えたテキサスの誰かが、こうしたネコたちを意図的に繁殖させたと報じられ、世界じゅうで怒りの声が巻き起こった。先天異常という呪縛を背負って生きなければならないネコをわざと生みだすなんて、人の心はないのか？　さいわい、トゥイスティーキャットのブリーディング計画はまもなく放棄された。

だが、トゥイスティーキャットとスコティッシュ・フォールドは、そんなに違うものだろうか？

1961年、スコットランドの農場で、耳が額につくほど前に倒れた1匹のメスネコが見つかった。スージーと名づけられたこのネコはのちに出産し、子猫たちは最初は正常に見えたが、数週間後、2匹の耳が同じように前に折れた。耳折れネコのフクロウのような顔は愛らしく、こうしてスコティッシュ・フォールドが生まれた。のちのブリーディングのなかで、この形質を司る顕性遺伝するひとつの変異は、全身の軟骨と骨の形成不全を引き起こすものであるとわかった。軟骨があまり丈夫でないために、耳を直立した状態に保てなかったのだ。

この変異がただ耳を倒すだけなら、誰も気にしなかっただろう。スコティッシュ・フォールドはかわいくておとなしいネコだ。だが現実には、変異の影響は全身の軟骨と骨に及ぶ。このアレルをホモ接合でもつ個体は、深刻な形成異常(指の変形、萎縮した足先、骨の癒合による太く硬直した尾など)を示し、重い進行性関節炎を発症した。こうした健康問題の多くはヘテロ接合の個体には見られなかったが、研究により症状の程度はさまざまながら、すべての個体が関節炎を患っていることがわかった。

ブリーダーはヘテロ接合の個体と立ち耳のネコをかけ合わせ、半分がヘテロ接合の折れ耳個体、半分が折れ耳アレルをもたない立ち耳個体になるようにした。このアプローチにより、苦痛に満ちた生涯を避けられないホモ接合のネコが生まれることを回避したわけだが、多くのヘテロ接合の個体にも症状が現れ、生活の質を著しく損なうこともあった。こうした経緯により、ヨーロッパの主要なネコ血統管理団体はスコティッシュ・フォールドを品種として認めておらず、一部の国ぐにではこのネコの繁殖が法律で禁じられている。

マンクスにも同様の問題がある。2世紀以上前のイギリスのマン島に起源をもつマンクスは、しっぽが完全にないか、ごく短いものしかいない(マンクスにはしっぽの長さによる区分があり、しっぽがまったくない「ランピー」から、「ランピー・ライザー」、「スタンピー」を経て、比較的長めの「ロンギー」に至る)。不運なことに、しっぽの萎縮原因となる顕性アレルは、脊髄の形成不全や脊椎の癒合、結腸の異常などの深刻な健康問題も引き起こす。これらの症状はきわめて重いため、もしもマンクスが品種として存在せず、現代に新たに生じた変異をもとに誰かがこんなネコをつくろうと企てたとしたら、大衆の逆鱗に触れ、血統管理団体は品種認定を拒否するはずだと、多くの人びとは考えている。

スコティッシュ・フォールドやマンクスの固有形質は、深刻な疾患の直接的原因だ。ペルシャの場合は少し違う。1世紀以上にわたる品種の歴史のほとんどにおいて、ペルシャは先天疾患に苛《さいな》まれてはいなかった。最初から鼻がなかったわけではないからだ。古き良き日々のペルシャにはツンとした小さな鼻があり、とりたてて健康問題はなかった。だが、ブリーダーがせっせと鼻の削除に励んだ結果、現代の平面顔ペルシャは深刻な問題を抱えている。

顔と頭骨の変形に伴い、歯、呼吸、呼吸器にさまざまな問題が生じ、また涙管も正常に機能しなくなった。ドイツとスイスの研究チームは、MRIとCATスキャンを使って92匹のペルシャの頭骨を分析し、「現代のペキフェイス型では、鼻の退縮に伴い…頭骨と脳に重度の異常が頻繁に生じている」と結論づけた。実際、ペルシャがネコのなかであまり頭が切れるほうではないことは広く認知されていて、障害物に激突したり、窓枠から落っこちたりすることがよくある。研究チームは、頭骨だけでなく脳まで変形させられたために、おつむが鈍くなったのではないかと考察している。論文はこう締めくくられている。「ブリーダーやネコ愛好家は、自身がこれらのネコに望む…形質が、ヒトであれば重篤な発達異常とされる部類のものであるという事実と向き合わなくてはならない」

イギリスでの研究結果もこうした結論を支持している。イギリスの約30万匹のネコの医療記録を分析した結果、3000匹いたペルシャは、ほかの品種に比べて有意に多くの疾患を発症していた。ペルシャの健康問題の多くは、独特の頭骨の形状との関連が疑われるものだった。眼疾患とのつながりは明白で、また下顎の変形に伴う歯の問題は、ペルシャが皮膚や被毛に問題を抱えやすい原因なのかもしれない。ペルシャは品種の代名詞である長毛を、自分ではうまく毛づくろいできないのだ(ただし平均寿命に関しては、ペルシャとほかの品種、あるいは非血統ネコのあいだに差は見られなかった)。

こうした理由で、ヨーロッパの獣医のあいだには、ドイツの動物福祉法に基づき、鼻の頂点が下まぶたよりも上に位置するネコの繁殖を禁止すべきだという主張もある。視野を広げると、現代のペルシャをつくりだしたブリーディングのやり方には改革と規制が必要だという見解は、世界の獣医師、動物福祉活動家、科学者に共通している。

例にあげた3品種のいずれも、ブリーダーは健康な個体だけを繁殖させることで、かれらが望む形質(折れ耳、平面顔、尾なし)に正の淘汰をかけつつ、望ましくない形質を排除することができ、ネコの健康を損なわずにすむと主張している。だが、かれらが期待する形質と消去したがっている形質は強く結びついている、というよりも同じ遺伝子の産物なのだから、切り分けられるという主張はかなり疑わしい。スコティッシュ・フォールドの例でいえば、耳の軟骨だけをつくる遺伝子は存在せず、問題の遺伝子は全身の軟骨に影響を与える。そのため、耳は倒れているがそれ以外の軟骨には何の問題もないネコを繁殖させるのは、おそらく絵に描いた餅だ。

ただし、奇抜な形質がみな深刻な問題を引き起こすわけではない。たとえば無毛ネコについて、外にいたら凍えてしまうから禁止すべきだと主張する人もいる。もしもスフィンクスを真冬のミネソタで外飼いする人が実際にいたら、確かに問題になるかもしれないが、手間とお金をかけてわざわざこの品種を手に入れた人が、そこまでバカなことをするとは思えない。これ以外にも、極端な形質をもつ品種(短足のマンチカンや、細長い顔のサイアミーズなど)は健康に問題がありそうに思えるかもしれないが、裏づける証拠は得られていない。

人間のご都合主義による悲劇

もうひとつ、血統ネコにまつわる倫理的問題がある。膨大な数のネコたちがシェルターに収容され、引き取り手を待っているというのに、これ以上ネコを増やすことを道徳的見地から擁護できるのか？ペルシャやサイアミーズを買うのをやめて、みんな保護猫を引き取るべきだ！　わたしの妹がこれまでに飼ってきた猫はすべてシェルター出身で、妹はとくに引き取り手が見つかりにくい黒猫を優先している。このような心がけを実践している人は数知れない[*12]。

いまこの瞬間もたくさんのネコたちが温かな家族に仲間入りする日を待っているのは事実だ(ただし喜ばしいことに、動物を愛する人びとの献身的な活動のおかげで、以前よりずいぶん減った)。一方、血統ネコを求める人びとのいい分にも一理ある。特定の行動パターンをもつネコと一緒に暮らしたい人もいるのだ。第12章で見たように、品種のなかには特有の行動傾向をもつものがある。

数年前、わたしたち夫婦は父にネコをプレゼントすることにした。わたしたちが何より重視したのは、85歳の父のよき伴侶になってくれそうな、愛情深く、フレンドリーで、やんちゃすぎない子を選ぶことだった。メリッサは下調べをして、このような特徴が知られている品種をいくつかピックアップした。そして運よく、候補のひとつだったヨーロピアン・バーミーズの1匹が、この品種専門のレスキューネットワークで里子にだされているのを見つけた。ほどなくして、アテン[*13]はわたしの両親と暮らしはじめた。

アテンはあらゆる期待に応えてくれた。家に着いた瞬間から驚くほど人懐っこく、家族全員が心を奪われた(しつけのなっていない以前のネコたちに何度も爪とぎで家具をボロボロにされたせいで、ネコをまるで信用していなかった母も例外ではなかった)。実際、アテンのことがあったからこそ、メリッサとわたしは1年後にネルソンを迎えたのだ。

どんなタイプのネコと暮らしたいのか、基準は人それぞれだ。おっとりしたネコがご希望で、穏やかでアクティブすぎず、あまり鳴かず、家具で爪とぎをせず、いつでもおとなしく膝に乗っていてほしいなら、ペルシャは妥当なチョイスだろう。禅僧のような明鏡止水を、この品種の魅力として多くの人びとがあげる。近年ペルシャを人気で上回るようになったラグドールも同じく温和な性格で、またペルシャと違ってつぶれ鼻ではないため、顔の変形に伴う健康問題もない。

対象的に、アクティブで元気いっぱい、いつも新しい遊びを探しているようなネコが好きな人もいるだろう。アビシニアンやベンガルは、そんな人たちにぴったりだ。それに、どんな理由にせよおしゃべりなネコが本気で欲しいなら、いうまでもなくサイアミーズ(あるいは近縁の品種)がおすすめ。

もちろん、シェルターやその他の保護施設でもこうした特性をもつネコは見つかる。だが、品種についてひとついえるのは、概して特徴に一貫性があるということだ。ベンガルやペルシャを迎えたら、その子が将来どんなネコになるかをかなり正確に予想できる(当然ながら例外的な個体もいるが)。それに比べ、非血統ネコはもっと予想がつきにくい(ただしもちろん、引き取る前に個体とよくふれあっておけば、その子の個性を深く理解できる)。加えて、ミックスのネコたちのなかから、特定品種に見られるような極端な個性をもつネコを見つけだすのは至難の業だろう。ペルシャほどおとなしかったり、サイアミーズほど騒々しかったり、ベンガルほど活発だったりする非血統ネコは、そうそういない。

こういった理由を考慮してもなお、引き取り手がいないネコたちのことを第一に考え、血統ネコの購入に強く反対する人たちもいる。こうした意見は、人間はどれだけ思いやりをもって利他的に生きるべきかという、哲学的議論の範疇《はんちゅう》だ。深入りするつもりはないが、この壮大な議論は、消費や資源、倫理的意思決定にかかわるものであるとだけいっておこう。

ただし、ネコをより家庭生活に「好都合」なペットにすることを目的とした、とある賛否両論の慣行に関しては、そもそも議論の余地すらないと断言する。わたしがいっているのは、抜爪手術のことだ。こうした処置は紛れもなく身体切断であり、道徳的にまったく擁護できない。「抜爪」という言葉からは、爪切りとそう変わらない単純な処置を想像するかもしれないが、実際はずっと残酷な行為だ。抜爪手術では、爪と結合している指先の骨が切除される。枝切りばさみで手足の指の第一関節から先を切り落とすところを想像してほしい――それが抜爪手術の実態なのだ。処置は慢性痛を引き起こし、さまざまな身体的・行動的問題の原因になる。あなたのよき友に苦痛を強いるのではなく、責任ある人道的なやり方を選ぶべきだ。爪とぎ棒を買って、ネコをしつけよう！

＊1　繁殖能力の低下は、サーバルとイエネコが別種である証拠だ。一部地域で分布が重複するにもかかわらず、サーバルとイエネコの交雑個体が野生で（わたしの知るかぎり）知られていないことも、この結論を裏づける。

＊2　ただし、覚えておいてほしいのだが、あらゆるハイブリッド集団は遺伝的背景が多様であるため、純粋な種や品種の集団よりも特徴のばらつきが大きくなる傾向にある。その結果、初期世代サバンナのなかにも小柄な個体はいるし、後期世代サバンナのなかにも大柄な個体はいる。将来的にサバンナがサバンナどうしだけで交配されるようになり、何世代かが経過すれば、遺伝子プールの多様性が低下し、子の外見はより一貫したものになるだろう。

＊3　ただし、こうした現状は広く周知されてはいないらしい。あるヨーロピアン・バーミーズのブリーダーはわたしに、ベンガルの飼い主にはネコを売らないと語った。「あの野獣どもはうちのかわいい子たちをばらばらに引き裂いてしまう」からだそうだ。

＊4　このようなルールが定められた理由をわたしは知らないが、インターネットにはこうした異系交配の長所と短所にまつわる憶測があふれかえっている。おそらく根拠は、固有の変異をもたない品種は認定しないというTICAの新ルールと似たようなものだろう。世の中にはすでにたくさんの犬種が（200から、血統管理団体によっては400近く）存在するため、ありうる異系交配の組合せは膨大だ。それはさておき遺伝学的観点からは、異なる犬種をかけ合わせてはいけない理由は何もないし、むしろミックス犬のほうが健康になる可能性が高い。

＊5　セレンゲティには全身真っ黒だが適切な照明下ではうっすらと「ゴーストスポット」が浮かび上がる、サーバルの黒化型を思わせる個体もいる。

＊6　こうした理由でサバンナの世代によって顕著に異なる特徴としてもうひとつ、値段があげられる。F1はときに数万ドルで取引されるが、F5はずっとお財布に優しい2000ドル前後だ。

＊7　縞の部分と地の部分の色味の違いは、色素沈着の程度の差によるもので、色素の種類が違うわけではない。典型的なマッカレルタビーは灰色の地に黒の縞が入る。黒と灰色はどちらも毛のなかのユーメラニンという同じ色素に由来し、色味の違いは毛幹に沈着したユーメラニンの量の差が原因だ。オレンジのネコの体内ではユーメラニンではなくフェオメラニンが生成され、沈着量の違いによってオレンジの地に濃いオレンジの縞ができる。

＊8　イエネコとトラの縞模様が異なる理由はわかっていない。推測だが、単なる歴史的偶然ではないだろうか。2つのタイプのネコの祖先に、たまたま別の変異が生じた結果、タイプの違う縞模様ができた。もちろん、両者の違いにはなんらかの適応的意義があるのかもしれない。トラ縞はトラの生息環境で、イエネコ縞はイエネコの（というか、実際にはヤマネコの）生息環境で、より効果的にカモフラージュできたという考えだ。

＊9　家畜育種の世界がずっとこんなふうに品よく回っていたわけではない。ダーウィンは家畜化に関する著書のなかで次のように述べている。「リヴァース卿は、どうやって一流のグレイハウンドを手元に置きつづけているのかと問われ、こう答えた。『わたしは多くを産ませ、多くを吊るす』」。いまも悪徳ブリーダーのなかには同じような行為に手を染めている者がいるようだ。

＊10　本書の初校を書き上げてまもなく、サグデンはトイガー愛好家コミュニティのなかで、長い顔、まっすぐな鼻、小さな眼をもつネコの作出ですばらしいブレイクスルーが起こったと発表した。いずれもイエネコではなくトラの典型的な特徴だ。

＊11　もちろん、ショウジョウバエの1世代がとても短いことも、実験室でのハエの進化がネコの品種改良よりもはるかに高速で進む理由のひとつだ。

＊12　血統ネコの飼い主のなかにもシェルターからネコを引き取る人はたくさんいる。また、ネコの血統管理団体は保

護猫団体に多額の寄付をおこなっている。

＊13　名前はエジプトの太陽神から。お察しのとおり、わたしの父はネコに変わった名前をつけがちだ。

Chapter

15

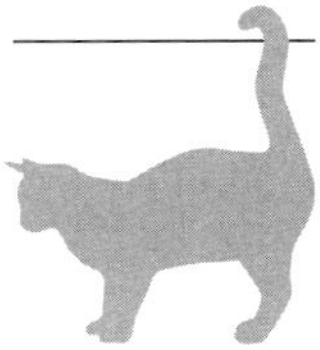

キャットアンセストリー・ドット・コム

ハバナブラウンという風変わりな見た目をした品種がある。輝く緑の瞳と鮮明なコントラストをなす、濃いマホガニーブラウンの毛並みが、スレンダーなヒョウのような身体を包む。何より目を惹くのは鷲鼻で、とうもろこしの芯、あるいは電球の口金のようだと形容される。おかげでハバナブラウンの顔は上下でまるっきり印象が違い、長く筒状のマズルを、典型的なくさび形の頭にくっつけたように見える。こんな容貌のネコはほかにいない。

ハバナブラウンの起源は１９５０年代初頭にさかのぼる。イギリスのブリーダー数人がサイアミーズと黒猫をかけ合わせ、ロシアンブルーをひとさじ加えて、褐色ネコの品種をつくろうと考えたのがはじまりだ。こうして、バーミーズの焦茶色よりも暖かみのある濃褐色のネコが誕生した。トレードマークの口元がどうしてできたのかは誰も知らない。年月とともに霧のなかに消えた、ブリーディングの不思議のひとつだ。

ハバナブラウン

ハバナブラウンが人気品種になることはなく、１９９０年代には認定ブリーダーは世界にたった12人しかいなかった。そして近親交配の問題が表面化した。選択交配による改良は望めなかった。近縁ではない個体を見つけるだけでもひと苦労なのに、望ましい形質をもったペアをかけ合わせることなどできるはずもない。この品種の未来は遺伝性疾患という暗い影から逃れられそうになかった。そこで、この品種の有力ブリーダーはネコ遺伝学者の手を借りようと考えた。そしてかれらは、当時国立がん研究所の研究員だったレスリー・ライオンズに行き着いた。

ネコ遺伝学者、ライオンズ

ネコ遺伝学者だなんて、ずいぶん聞き慣れない職業だ。ネコのＤＮＡ研究に生涯を捧げようと決心するまでに、彼女に何があったのだろう？

「命名決定論」とよばれるトンデモ風味な理論によれば、人は職業を選ぶとき、自分の名前に合うものに惹かれやすいという。だから歯科医《デンティスト》にはデニスという名前が多い、という具合だ。同じように、ブッチャーさんはほかの職業よりも肉屋になりやすく、マイナー、ベイカー、バーバー、ファーマーという名字の人たちも、それぞれ鉱山技師、パン屋、床屋、農家になる確率が高いとされる。

ということは、ライオンズがネコ関連の仕事につくのもまた運命だったのだろうか？ 根っからのネコ好きの彼女だが、キャリアパスは名前で決まっていたわけではなく、偶然の賜物だったと語る。彼女は当初、医学か獣医学の道に進むつもりだったが、大学で遺伝学に魅了された。ジェリー・ルイスが司会を務めるテレビのチャリティー番組を見て「筋ジストロフィーの治療法を見つけよう」と思ったと、ライオンズは振り返る。大学院ではヒトを対象に、結腸がんなど複数の疾患の原因遺伝子の研究をおこなった。

大学院時代、彼女は動物を対象とする遺伝学者たちに出会い、分野のテーマに興味を惹かれるとともに、こちらのほうがライバルは少ないと知った。そしてＦＢＩが新設した動物法遺伝学研究所、通称ＣＳＩアニマルラボの技官ポジションに応募したのだが、残念ながら不採用。だが、見る目のない犯罪学が取りこぼした逸材は、ネコ遺伝学が拾いあげた。

ライオンズはスティーヴン・オブライエンの研究室に配属された。カルロス・ドリスコルがこの数年後にキャリアのスタートを切るのと同じラボだ。オブライエン率いるグループが研究対象とする種はさまざまで、当初ライオンズは自分が何を研究するのかわかっていなかった。だが彼女が着くなり、オブライエンはネコを任せた。この采配が、のちにネコ遺伝学の世界的権威となるライオンズのキャリアを決定づけたのだった。

最初のプロジェクトはベンガルヤマネコに関係していた。当時、研究者のあいだではがん発症にウイルスが重要な役割を果たすという仮説が有力視されていた。ベンガルヤマネコはネコ白血病ウイルスへの免疫をもつことから、この免疫のしくみを研究することで、ヒトのがん治療に応用できる発見が得られるのではないかと期待された(オブライエンが国立がん研究所のラボでネコの研究を始めたのもこれが理由だった)。

オブライエン研究室はワシントンＤＣの国立動物園と協力し、ベンガルヤマネコとイエネコを交配させて、両方の遺伝子をもつ研究対象を生みだそうとしていた。ある日、『キャット・ファンシー』誌の巻末広告ページをめくっていた(ネコ関連の最新の話題をキャッチアップできるよう購読していた)ライオンズは、ベンガルヤマネコとイエネコのハイブリッドがすでに販売されていることを知った。そしてひらめいた――もう誰かがつくってくれているのに、ハイブリッドの交配をわざわざ自分でやることはないのでは？　ブリーダーに愛想よく話しかけてみると、かれらは2つ返事でネコたちの遺伝子サンプルの採取を許可してくれた。

この生物医学研究でがんの治療法が見つかることはなかった。ウイルスが原因で発症するのは、ごく一部のタイプのがんだけであることがのちに判明したのだ。一方、交雑個体を対象としたオブライエン研究室の遺伝学研究は、現代ネコ遺伝学の夜明けをもたらした。ネコゲノムの最初の「マップ」がつくられ、ネコとヒトのゲノムの構造はきわめてよく似ていることが明らかになった。

プロジェクトの学術的成果に加えて、ライオンズが築いたコネクションが彼女をネコ愛好家の世界へと導いた。そして数年後、ハバナブラウンのブリーダーたちが遺伝性疾患を心配し、彼女に助けを求めたというわけだ。

ライオンズはブリーダーが提供した遺伝子サンプルを分析し、ハバナブラウンの遺伝的多様性はランダム交配する非血統ネコの集団と比べてはるかに低いことを示した。近親交配に伴う数かずの問題、たとえば産子数の減少、免疫不全、遺伝性疾患の頻発は、否定しようのない事実だった。彼女は是が非でも欲しい遺伝的多様性のために、他品種のネコとかけ合わせることを勧めた。助言は受け入れられ、ハバナブラウンはいまでも唯一無二の鷲鼻のまま、かつてないほど人気を博すようになった(といっても、比較の対象は低すぎるが)。

だが、ネコブリーダーへの助言はライオンズにとって優先順位の高い仕事ではない。彼女が近年ますます力を入れているのは、ネコに疾患をもたらす原因遺伝子の特定だ。

ひと筋縄ではいかないウェーブヘア

その昔、わたしたちはある形質(形態であれ、行動であれ、それ以外であれ)の遺伝的基盤について、個体を交配し、生まれた子の形質と照らし合わせて学んだ。縮れ毛のレックス・キャットがいい例だ。

1950年、イングランドのコーンウォールで風変わりな1匹のネコが誕生した。カリバンカーと名づけられた彼は、いくつもの珍しい特徴をもっていた。しなやかな胴体と長く華奢な脚、細いしっぽ、細長く幅の狭い頭。だが、何よりも目を惹いたのは毛だった。1920年代に流行した、ヘアアイロンで仕立てたマーセルウェーブのようだったのだ。カリバンカーは新品種コーニッシュ・レックスの最初の1匹となった。

「レックス」という名前を聞くと、高貴な雰囲気の外見と関係がありそうに思える。たとえば、現代のコーニッシュ・レックスの特徴である、並外れた鷲鼻とか？　だが実際には、この名前は王者の風格とは何の関係もない。このネコたちとそっくりの毛をもつ品種がウサギにもあり、ウサギではこの特徴が「レックスト・ファー」とよばれていたのだ。ウサギの「レックス」がどこから来た言葉なのかはよくわかっていない。ともかく、このあだ名はウェーブヘアのネコに転用され、それ以来かれらはレックス・キャットとよばれている。

カリバンカーを母親とかけ合わせると[*1]、縮れ毛とストレートヘアの両方の子猫が生まれた。だが、カリバンカーとそれ以外のネコとの交配では、マーセルウェーブの子猫はまったく得られなかった。さらなる交配実験により、レックス形質は潜性であり、レックスアレルの2つのコピーが揃って初めてマーセルウェーブのネコができることが裏づけられた。カリバンカーの母親は直毛だったが、ヘテロ接合で、レックス形質をつくるアレルひとつをもっていたに違いない。

10年後、デボンの近郊で似たようなウェーブヘアをもつ子猫が生まれた。カーリーもまたレックス・キャットとされ、カリバンカーの一族と同じレックスアレルをもっているのだろうと、誰もが考えた。レックスヘアは潜性形質なので、2匹のレックスキャットをかけ合わせれば、レックスヘアの子猫だけが生まれるはずだ。母親からひとつ、父親からもひとつのレックスアレルを受け継ぐためである。

ところが誰もが驚いたことに、カーリーをカリバンカーの縮れ毛の子孫の1匹と交配させた結果はこれとは違っていた。子猫はすべて、1匹残らず、通常のストレートヘアだったのだ。ブリーダーはさぞかし困惑しただろう！　かれらは最初、偶然だろうと考えたが、一貫して同じ結果が繰り返され、その意味が明らかになった。コーンウォールとデボンそれぞれのレックス・キャットの縮れ毛は、よく似た効果を及ぼす別べつの遺伝子の産物だったのだ。2品種の交配で生まれた子はどちらの遺伝子もヘテロ接合となり、したがってストレートヘア（レックスヘアはどちらの遺伝子においても潜性形質）になった。こうして、コーニッシュ・レックスとデボン・レックスは別べつの品種として認定された。

さらに別のウェーブヘア品種であるジャーマン・レックスの場合は、違った経緯をたどった。レックスヘア形質は今度も潜性だった。けれども、こちらのケースではコーニッシュとジャーマンをかけ合わせると、生まれた子猫はすべてウェーブヘアになった。2品種は毛質以外の特徴は異なっていたものの、同じレックスアレルをもっていたのだ。

長いあいだ、グレゴール・メンデルのエンドウマメを使った有名な実験とよく似たこのような血統解析が、形質の遺伝的基盤を探る標準的アプローチだった。けれども近年、ゲノム科学に革命が起こり、遺伝学者ははるかに詳細な分析ができるようになった。2品種が同じアレルを共有しているかどうかだけでなく、該当する遺伝子の塩基配列まで特定できるようになったのだ。

ひとつの形質、たとえばマンチカンの短足をつくりだす遺伝的変異を特定するやり方は、理屈の上ではシンプルだ。マンチカン1匹と、ノーマルな脚の長さのネコ数匹のゲノムをシークエンサーにかけ、ネコの遺伝子データベースを検索して、ネコの脚の長さに影響を及ぼす遺伝子に目星をつけ、そしてマンチカンのゲノムとふつうのネコのゲノムのあいだでＤＮＡの塩基配列を比較すればいい。

問題は、ある生物のゲノムの配列決定ができたというのは、ＤＮＡをつくるすべての塩基(ネコの場合は20億対あまり)の並び方がわかったという意味でしかないことだ。手元にあるのは、A、C、G、T(それぞれアデニン、シトシン、グアニン、チミンの4種類の塩基をさす)のアルファベットの長い文字列。これを見て、わたしたちはふつう、どこでひとつの遺伝子が終わり、どこで次が始まるかを特定することができる。だが、ゲノムのなかのどこに遺伝子があるかが判明しても、ほとんどの遺伝子の機能はわからないままだ。ゲノムに索引はついていない。このため、ある形質を生みだす遺伝子あるいは遺伝子群を特定したくても、ゲノムのなかのどこを探せばいいのか、ふつうは見当もつかない。

それでも遺伝学者は巧妙だ。わらの山から針を探すようなやり方だが、特定の形質に影響を与える遺伝子を特定する方法はある。たとえばマンチカンの短足を引き起こす遺伝子を見つけるには、まず複数のマンチカンと、それを上回る数の多様な個体からなるほかのネコたちのゲノムをシークエンサーにかける。そのあと、すべてのネコたちのＤＮＡを比較し、ゲノム全体をスキャンして、すべてのマンチカンで同じ配列になっていて、かつほかのすべてのネコでは配列が異なっている遺伝子を探す。実際のところ細部はもっと複雑だが(たとえば、マンチカンとほかのすべてのネコとで配列が異なる遺伝子は複数ある可能性もあり、そうなると短足の原因遺伝子は簡単には見つからないかもしれない)、大筋ではこんなふうにして、個体差を生みだす遺伝子を見つけだすことができる。

ライオンズの研究室「ライオンズ・デン」*2は、まさにこうした手法により、マンチカンを短足にしている遺伝子を特定した。研究チームはまたウェーブヘアの原因遺伝子も特定し、コーニッシュ・レックスとジャーマン・レックスがある遺伝子の同じアレルをもっていること、それはデボン・レックスの縮れ毛を生みだすのとは別の遺伝子のアレルであることを裏づけた。意外な発見として、また別のウェーブヘア品種であるセルカーク・レックスは、デボン・レックスと同じ遺伝子の変異によって巻き毛をもつものの、両品種のアレルは別べつであることもわかった。この事実は、ブリーダーが2品種をかけ合わせても導きだすことができただろうが、セルカーク・レックスは希少な品種で、誰も異系交配に使おうとは思わなかったらしい。

難病PKDはヒトにもネコにも

同様のアプローチにより、ライオンズやほかの研究者たちはネコの疾患に関連する遺伝子の特定も進めている(疾患も結局のところ、ネコやその他の生物の形質のひとつなのだ)。初期の大きな成果のひとつが、ネコとヒトを苦しめる難病である多発性嚢胞腎(PKD)だ。PKDを発症すると、腎臓やその他の臓器に嚢胞が形成され、腎臓が肥大し、最終的には腎不全に至る。カリフォルニア大学デイヴィス校に着任してまもなく、ライオンズがPKDに的を絞ったのは、ペルシャがこの病気を高確率で発症するためだった。当時、ペルシャのじつに38％(8匹のうち3匹)がこの難病を抱えていた。そして、ペルシャは当時もっとも人気の高い品種だったことから、ＰＫＤはネコにもっとも多い遺伝病だったのだ。

先の短足マンチカンの例とおおむね同じ方法で、ライオンズはペルシャのＰＫＤ有病個体とそうでない個体のゲノムをスキャンした。そして、この病気と強い相関を示すひとつの遺伝子、*PKD1* が見つかった。48匹の有病個体はすべて *PKD1* のヘテロ接合体で、この遺伝子の特定のアレルをもっていたのに対し、38匹の健康な個体にこのアレルは見られなかった。疾患をもたらすアレルのホモ接合体の個体はいなかったことから、ホモ接合体は胚の段階で死亡すると考えられる。[*3]

遺伝子を特定したあと、ライオンズの研究チームはこのアレルをもつネコを発見するための検査を開発した。この検査の重要性はいくら強調しても足りない。恩恵のひとつは、あるネコが将来ＰＫＤを発症するリスクが高いかどうかを判断し、特別な食事や定期健康診断といった、予防措置をとれるようになったことだ。さらに重要な変化として、ブリーダーは自分のネコが問題のアレルをもっているかどうかを、個体がＰＫＤを発症する前に把握し、こうした個体を交配させないという選択ができるようになったことだ。スクリーニングが広く実施されるようになったおかげで、ペルシャのＰＫＤ発症率は10％未満にまで低下した。遺伝子検査の輝かしい勝利だ！

ライオンズをはじめとする多くの研究者たちが特定したネコの疾患関連遺伝子は、いまや１００近くにのぼる。長毛や手足の先の「白靴下」など、望ましい形質を生みだすアレルについても、44個が特定された。この分野の研究は活況を呈しており、発見のペースはますます上がっている。

現代は個別化医療の時代で、わたしたち1人ひとりの遺伝子組成が治療に役立てられるようになっている。同じように、ネコの医療もオーダーメイドの時代に入った。いまではネコに検査を受けさせて、さまざまな遺伝病のリスクを知ることができる。愛猫の全ゲノム配列決定はすでに約600ドルで実施でき、価格は着実に下がっている。ゲノム情報に加え、多くの疾患や健康問題の遺伝的基盤についての知見が積み重なれば、ネコの医療ではまもなく「P4」アプローチ——予測的(Predictive)、個別化(Personalized)、予防的(Preventive)、参加型(Participatory)——が可能になるだろう。ライオンズの「99ライヴズ・キャット・ゲノム・シークエンシング・イニシアティブ」は、こうした動物医療の進歩に大きく貢献してきた。30万匹以上のネコのゲノムシークエンシングを実施し、7000万か所以上のネコの遺伝的変異を特定したのだ[*4]。

こうした研究は、ヒトの健康にも恩恵をもたらすと期待されている。ネコとヒトのゲノムは驚くほどよく似ていて、共通の遺伝子がたくさんあるだけでなく、同じ遺伝子に生じた変異がよく似た疾患を引き起こす例も多々ある。たとえば、ヒトのPKD遺伝子に生じたネコのものに似た変異は、ネコのPKDによく似た症状の原因となる。

ゲノムの類似から得られる利益は双方向だ。わたしたちはヒトで疾患に関連する遺伝子を手がかりに、ネコでどの遺伝子が病気を引き起こしているのか予測できる。実際、こうした種間比較によって発見された、ネコの疾患関連遺伝子はいくつもある。そして、知見の応用は逆方向にも進む。ネコの

ＰＫＤのために開発された新たな食事療法はいま、ヒトへの効果が検証されている。また、ライオンズの研究チームが発見したマンチカンを短足にする遺伝子は、ヒトでも似たような体型の変化を引き起こす可能性がある。ネコの遺伝学研究をさらに推し進め、ヒトの遺伝子の謎を解く手がかりにすべきだと、ライオンズが声高に訴えるのももっともだ。

血統品種と野良ネコの多様性

疾患と形質の遺伝的基盤の探究が軌道に乗る一方、ライオンズはネコの品種の遺伝学にも関心を深めていった。品種内の遺伝的多様性のデータを集めるため、彼女はキャットショーに足しげく通い、リングによばれる前の出場者たちの口を綿棒で拭ってサンプルを手に入れた。また、ネコ遺伝学者といえばライオンズ、と知られるようになったおかげで、世界のブリーダーたちは進んで彼女にサンプルを送った。

ライオンズは、サンプル収集の対象をランダムに交配するネコの集団にまで広げることにした。そのため、ブリーダーからのデータ収集を続けるかたわら、世界各地の野良ネコやペットのネコからも大量のＤＮＡサンプルをかき集めることになった。

サンプルの大部分は共同研究者や友人から送ってもらったが、一部は自分の手で採取した。『ナショナル・ジオグラフィック』のドキュメンタリーでは、ライオンズのチームがエジプトのカイロのバザールや古代神殿で作業にあたるシーンが放送された。観光地でネコを捕まえるのは簡単だった。こうした場所のネコたちは、チームメンバーが歩いて近づき、抱き上げて、頬の内側にハイテク綿棒をさっと差し入れても気にしなかった。リラックスしきっていたおかげで捕まえる必要すらなく、ただじっとしているネコの口に綿棒を突っ込んで、くるりと1回転させるだけで済むことさえあった（鼻に綿棒を入れるコロナウイルスの検査のようなもの）。

一方、場所によってはネコたちの警戒心が強く、あまり協力してもらえないこともあった。課題に直面したライオンズは、ネコに触れることなくDNAサンプルを採取する非接触型メソッドを考案した——といっても、やることは綿棒の先に小さな肉片を刺しておくだけ。ネコが肉を口に入れると、DNAを含む唾液サンプルが綿棒に残るというわけだ。

サンプル集めの旅で、彼女はほかにもたくさんの奇妙な経験をした。いとこたちと地中海クルーズに出たときは、ディナーでサーモンを1皿よけいに注文して、翌日チュニジアの市場で野良ネコをおびき寄せるのに使った。バンコクでは、バイクタクシーの運転手にサンプル採取のやり方を教え、彼はライオンズが帰国する日、空港までの道すがら35匹分のサンプルを集めて彼女に手渡した。

ライオンズの調査により、遺伝的多様性の低い品種はハバナブラウンだけではないことがわかった。バーマン、バーミーズ、ソコケ・フォレストキャットも同レベルで、シンガプーラはさらに多様性を欠いていた。これらの品種のほとんどについて、遺伝的均質さの理由は明らかだった。少数の創始個体に起源をもち、のちの異系交配による補強が不十分だったのだ。

ヒトでもほかの生物でも、遺伝性疾患にはさまざまなものがあるが、疾患の原因となるアレルはふつう集団内できわめてまれだ。しかし、ネコの品種の多くは1匹または少数の創始個体からスタートしているため、これらの個体がもっていた有害なアレルが、品種のなかで高頻度に出現する傾向にある(第11章で解説した創始者事象の一例だ)。創始個体に親子や兄弟が含まれる場合には、さらにリスクが高くなる。近親者どうしでは、有害なアレルを共有する可能性も高いからだ。

実際予想されるとおり、血統品種のネコは(イヌなどの他種でもそうだが)非血統集団よりも遺伝病を発症しやすい傾向にある。ブリーダーは疾患関連アレルを集団から取り除くため、異常を示す個体を種親から外したり、他品種の個体やランダム交配個体とかけ合わせて遺伝的多様性を補強したりといった努力を重ねている。アレルを保有しているかどうかを判別する遺伝子検査の登場により、PKDの例で見たように、多くの遺伝性疾患の有病率は下がってきている。

ライオンズの研究から、世界各地のランダム交配する集団は、ほとんどの品種よりもずっと高い遺伝的多様性をもつことがわかった。比較的多様性の高い品種は、サイベリアン、ノルウェージャン・フォレストキャット、ジャパニーズ・ボブテイル、スフィンクスなどごくわずかで、これらはおそらく品種を生みだす最初の段階で個体数が多かったか、個体間の遺伝的な異質性が高かったのだろう。

世界各地から多数のサンプルを集めたライオンズは、第8章で論じたイエネコの歴史に関する有力仮説も検証することができた。もしも通説のとおり、イエネコがエジプトやトルコの近辺に起源をもち、そこから北のヨーロッパへ、東のアジアへ、南のアフリカへと拡散したなら、集団間の遺伝的類似性はこの歴史を反映したものになるはずだ。

もちろん、通説がいつも正しいとはかぎらない。じつはライオンズは第二の家畜化の中心地を発見できたらと密かに期待していた。目星をつけていたのは中国やパキスタンのインダス川流域で、人類史の早い段階で農業が出現したこれらの地域には、ネコの家畜化の条件が揃っているように思えた。

ただし、広く受け入れられた歴史が正しいとしても、それが遺伝的多様性に反映されない可能性もある。なにしろ、ネコが世界に拡散したのはおおむね過去3000年以内のできごとで、進化的に見れば一瞬だ。地域間で遺伝的差異が生じるには時間が足りないのかもしれない。もしそうなら、世界の各地域のネコは遺伝的には区別がつかないだろう。

それに、もうひとつ問題がある。誰でも知っているとおり、ネコはあちこちをほっつき回る。たとえ各地域の集団が遺伝的差異を進化させていたとしても、近現代のネコの移動によって違いは小さくなり、すでに均質化が進んでしまっているかもしれない。たとえばカイロのネコを見てみよう。もしも現代のネコ集団が地域の歴史だけを忠実に反映したものなら、カイロのネコはみな古代墓地の壁に描かれたような姿をしているはずだ。けれども実際には、カイロのネコはほかの街のネコと同じように、毛色や模様の膨大なバリエーションを示す。さび、マッカレルタビー、ジンジャー、黒、タキシード、白、灰色、三毛…。ファラオが愛したネコの子孫たちは、どうやってこんなに色とりどりになったのだろう？

さまざまな色や模様の原因となる遺伝的変異が、すべて過去数千年のあいだにカイロのネコたちのなかで生じたという可能性もある。だが、ほかの場所で出現したアレルをもつネコがカイロに連れて来られたという筋書きのほうが、ずっと現実味がある。多くの土地のネコの集団に同じようなルックスのばらつきが見られることは、ヒトの手によるネコの移動（専門用語でいえば「遺伝子流動」）が、地域の遺伝子プールを均質化するように作用し、集団間の遺伝的差異を最小化したことを示唆する。

したがって、ネコの各地域集団のあいだにほとんど遺伝的差異が見られないと予測するのもまた理にかなっている。ただし断っておくと、まったく区別がつかないわけではないはずだ。なにしろ、いくつか独自の特徴があることは最初からわかっているのだから。とくに東・東南アジアのネコは、サイアミーズやバーミーズの体型と配色、高頻度の尾の形成異常、ブロッチトタビーの希少さといった点で独特であることから、この地域と世界の他地域とのあいだでのネコの行き来は、過去には比較的まれだったと考えられる。ヨーロッパのネコの寸胴体型も、世界の他地域との遺伝子のやりとりの少なさの現れかもしれない。あるいは自然淘汰の作用がきわめて強く、継続的な遺伝子流動による均質化の効果を打ち消しているとも考えられる。

こうした仮説を検証するため、ライオンズとたくさんの共同研究者たち（カルロス・ドリスコルも含む）は、約2000匹のランダム交配集団のネコのＤＮＡを比較した。予測のとおり、世界のネコの集団はおおむね遺伝的に均質だった。これはネコの個体間に遺伝的なばらつきがないという意味ではない。むしろ真逆で、個体のあいだにはたくさんの遺伝的な違いが見られた。ただし、こうした違いのなかに地理的区分で説明できるものはわずかで、多様性の大部分は集団間ではなく、集団内に見られた。
それでも、少数ながら存在した集団間の違いに基づいて、安定して集団を区別することができた。ネコの集団間の遺伝的差異を二次元の図として視覚化すると、まずはエジプト、キプロス、ヨルダン、その他の環地中海諸国が中心に位置づけられる。そして片方の端にヨーロッパ(南北アメリカ大陸とオーストラリアを含む、これらの地域のネコはヨーロッパ由来のため)、反対側のもっと中心から遠い位置に東・東南・南アジアのネコをまとめることができる。そして第三の方向、ヨーロッパよりもアジアに近い位置に、アフリカと西アジアのネコのまとまりができる。
つまり各集団のあいだには、ネコの移住の歴史を物語るような遺伝的差異が、小さいながらもしっかりと存在するのだ。ヨーロッパ、アジア、アフリカへの移住は別べつに起こり、また東・東南アジアのネコはとくに独自性が色濃い。この筋書きはデータの別の側面からも支持された。2つの集団を隔てる地理的距離が長いほど、遺伝的差異も大きかったのだ。このような距離による隔離のパターンは、ネコが行き来することによる均質化の効果と矛盾しない。2つの地点が離れているほど、ネコの個体、そして遺伝子の交換の頻度は下がるからだ。[*5]
そして最後に、法則を証明する例外もあった。アジアやアフリカのなかで例外的に、ヨーロッパのネコとの遺伝的類似性を示す国(チュニジア、ケニア、南アフリカ、パキスタン、スリランカ)があり、これらはみなイギリスが植民地支配を敷いた国ぐにだったのだ。どうやらイギリス人は、ほかのたくさんの物事と同じように、ネコも現地に押しつけたらしい。

地名品種のウソ・ホント

世界地図のどこかをでたらめに指さしてみて、その土地にちなんだ名前のついたネコの品種がある確率はそこそこ高い。ネコの品種のおよそ3つに2つは、地名にちなんで命名されている。なんてありきたりな！「アメリカン・ワイヤーヘア」なんて名前より、コラットやミニュエットのほうが、わたしはずっと好きだ。ところが、ネコブリーダーはわたしが思うよりずっとクレバーだった。品種名の多くは、縁もゆかりもない場所からとったものなのだ。

たとえば、わたしは単純にもソマリはソマリアの品種だと思っていた。ハズレ！ソマリはアビシニアンの長毛バージョンの美しいネコだ。そしてアビシニア、現在のエチオピアの東の国境はソマリアに面しているので、クリエイティブなネコ愛好家たちは、新しくつくりだした品種を隣国にちなんで名づけた。地理的な近さを見た目の類似とリンクさせたのだ。同じことが、ロングヘアのサイアミーズであるジャヴァニーズとバリニーズにもいえる。

ハバナブラウンはキューバとは何の関係もない(ただし、毛色がキューバ産の葉巻に似ているのが由来だという人もいる)。ヒマラヤンはサイアミーズのシールポイント柄をもつペルシャだ。わたしは深く考えすぎたのか、ヒマラヤ山脈はタイとイラン(シャムとペルシャ)のあいだにあるからこの名前になったのだと思っていた。ところが実際は、同じようなシールポイント柄のウサギの品種から拝借したものだった。ちなみにこのウサギがなぜヒマラヤンとよばれているのかは、やはり定かではない。

極めつけに、ボンベイはインド出身ではない。この品種をつくった女性は、黒のアメリカン・ショートヘアとバーミーズをかけ合わせて生まれた黒猫から、インドの伝説のクロヒョウを連想し、そこから名づけたのだ。

こうした紛らわしい命名に加えて、ライオンズが収集した1000匹の血統ネコのデータから、遺伝子と想定されていた出身地が一致しない例はほかにも明らかになった。いちばんショッキングだったのは、世界でもっとも人気のある品種のひとつであるペルシャだ。雪深いペルシャの山やまが故郷とされていたが、その遺伝子は別のストーリーを語っていた。ライオンズの分析から、ペルシャとその関連品種は南西アジアのネコよりも、ヨーロッパ(およびその旧植民地)のランダム交配ネコおよび血統ネコに遺伝的に近縁であるとわかったのだ。

この食い違いは容易に説明できる。ペルシャの長毛ネコが西欧に、一説によればイタリアの探検家ピエトロ・デッラ・ヴァッレの手によって1600年代前半に初めてもたらされると、一世を風靡し、「フレンチ・キャット」[*6]とよばれるようになった。やがてヨーロッパの土着のイエネコとの交配により、現代ペルシャの寸胴体型へと変化していくが、この特徴は南西アジア起源のほかの品種、たとえばターキッシュ・ヴァンやターキッシュ・アンゴラのしなやかな体型とは似ても似つかないものだ。のちの交配がきわめて大規模に積み重なったために、あとから足されたヨーロッパの遺伝子によって、起源地を示す遺伝的特徴が上書きされたのだ。

同じことがアビシニアンにもいえる。アビシニアンは本当に、アビシニアに配備されたイギリス軍兵士が連れ帰ったネコの子孫なのだろうか？ それとも兵士たちは、先にインドの駐屯地からアビシニアにネコをもち込んだのか？ そういう噂もあるが、真偽のほどは知りえない。品種の作出の段階でせっせとイギリスのネコと交配されたため、アビシニアンは遺伝的には明確にヨーロッパ系の特徴を示し、植民地時代の来歴はかき消されてしまったのだ。

これら例外はさておき、ネコの品種のほとんどは名前どおりの地域に収まった。サイアミーズ、バーミーズ、トンキニーズ、オリエンタルはイエネコの家系図のアジアの枝にまとまり、ライオンズの解析結果における東・東南アジアのランダム交配ネコと高い遺伝的類似性を示した。同じように、西欧原産とされる品種(ロシアンブルー、マンクス、ブリティッシュ・ショートヘア、スコティッシュ・フォールド、ノルウェージャン・フォレストキャット、シャルトリュー)は、ヨーロッパのランダム交配ネコと遺伝的に近いことがわかった。ターキッシュ・アンゴラ、ターキッシュ・ヴァン、エジプシャン・マウの遺伝子組成は、トルコやキプロスおよび周辺地域のネコに似ていた。

遺伝子検査でわかること、わからないこと

共通の友人に紹介され、わたしがレスリー・ライオンズと初めて会ったのは、学部1年生向けの講義の準備をしていた7年前のことだ。わたしが学生たちに飼い猫の頬の内側をぬぐったサンプルを採

取させ、ライオンズに郵送したら、彼女は寛大にもラボで分析にかけてくれるという。しかも無料で！ こんな願ってもない話を、わたしが断るはずもない。

わたしたちは作業に取り掛かった。サンプルには父のヨーロピアン・バーミーズのアテンと、同僚のエジプト学者が飼っているメインクーンも追加し（彼はのちに学生たちを率いて、ネコをテーマにしたハーバード大学セム博物館のツアーをしてくれた）、綿棒はライオンズ・デンに送られた。

数週間後、ライオンズから分析結果が返ってきた。アテンは本物だった――彼はバーミーズにしかないアレルをもっていたのだ。エジプト学者のメインクーンも同様。それにサプライズもあった。学生のひとりの飼い猫のジェリービーンからも、メインクーンに固有のアレルが見つかったのだ。ジェリービーンが純血のメインクーンでないことは一目瞭然だが、彼女の祖先の誰かは明らかにこの品種だったのだ。

ライオンズはまた、さまざまな遺伝性疾患についても検査を実施し、結果はほぼすべて朗報だった。唯一の例外は、別の学生の飼い猫のバブルズが、晩年に視力を失う眼疾患と関連するアレルをもっていたことだ。この形質は潜性で、検査ではバブルズがホモ接合かヘテロ接合かはわからなかった。ヘテロ接合であることを願う。

この実習ではひとつ、長期的にポジティブな成果さえ得られた。例の学生の一家がジェリービーンを年に一度の健康診断に連れて行ったとき、太りすぎなのでダイエットしましょう、と獣医はいった。「でも先生」と、一家は反論した。「ジェリービーンはメインクーンの血を引いてるんですよ。いちばん体重がある品種の。だからこのくらいは完全に標準体重で、心配いりません」(会話はわたしの想像)。獣医はこれに納得し、ジェリービーンの食生活はそのままでOKということになった*7。

ヒトを対象としたこのような遺伝子検査は、23andMeやアンセストリーDNAといった企業のおかげで広く普及した。そして、対象がヒトでもネコでも、検査のしくみはほぼ同じだ。唾液サンプルを送りさえすれば、特定の遺伝形質や遺伝性疾患のアレルをもっているかどうかがわかる。さらに、これらの企業はあなたが世界の各地域にそれぞれどれくらいの割合でルーツをもつかを分析した内訳も送ってくれる。23andMeのウェブサイトに掲載されているサンプルの人物は、37%イギリス人、25%東ヨーロッパ人、22%北西ヨーロッパ人、12%フランス人およびドイツ人、残りがその他もろもろという構成だ。

祖先推定が可能なのは、わたしたちヒトにもネコと同じように、遺伝的多様性に地域固有の特徴があるためだ。ある人物のDNAを各地域の膨大な数の人びとのサンプルと比較し、統計解析にかけることで、各地域にそれぞれどのくらいの割合で祖先がいたかを推定できるのだ。

近年、いくつかの企業やカリフォルニア大学デイヴィス校の獣医学部が、これに似たネコ用ビジネスを立ち上げた。これらのサービスを考える前に、ひとつはっきりさせておく必要がある。こうしたビジネスは全面的に、ライオンズらネコ遺伝学者たちの研究に依存しているということだ。要するに、かれらは研究者たちによる発見(特定の形質や疾患の原因となる遺伝子の特定や、地理的分化のパターンの解明)をかすめ取って収益化している。ライオンズが自虐的に語るには、民間企業がビジネスモデルの基盤であるこの種の研究の進展に、どれだけ熱心に利益を還元するかはまちまちだそうだ。

23andMeもそうだが、こうしたラボではネコのさまざまな形質や疾患に影響を与えることが知られている、多数の遺伝子検査をおこなう(ライオンズがわたしの学生たちのネコを対象に検査した数年前から、その数は大幅に増えている)。得られる情報はもちろん、あるネコが遺伝性疾患を発症するかどうかを知るうえでおおいに役立つものだ。加えてブリーダーはこうした情報をもとに、どのネコを繁殖させるか、どのネコを(望ましくない形質を次世代に継承しかねないという理由で)避けるかといった判断ができる。検査はまた望ましい形質のアレルをもつ個体を選び、有益なアレルをもっておらず子に継がせることができない個体を外すうえでも役に立つ。

さらに、これまたヒトと同様に、あるネコの祖先がどこから来たかについても概要をつかむことができる。カリフォルニア大学デイヴィス校の獣医学部のラボでは、ライオンズが開発した検査手法を用いて、世界の8地域のどこが故郷なのかを推定し、ゲノムに占める各地域由来の部分の割合として表現している(ちなみに、アメリカのネコのほとんどは西欧の割合が最大)。

企業のなかにはもっと踏み込んで、ネコの遺伝子組成に占める各品種の寄与率についての情報を提供しているところもある。これに関してはイヌの遺伝子検査企業にも同じような試みがある。たとえば、あるイヌの遺伝子検査企業のウェブサイトによれば、ペッパーは52%ラブラドール・レトリーバー、48%プードルだ。ほぼ半々の割合であることから、ペッパーの両親はラブとプードルである可能性が高い。これに対し、ロキシーの遺伝子組成は8つの犬種がそれぞれ11〜14%(約8分の1)を占めている。つまり、ロキシーの曽祖父母はシベリアンハスキー、柴犬、チャウチャウ、ダックスフント、その他の4犬種ということだ。

イヌでの先例にならい、あるネコ遺伝子検査企業のウェブサイトには、1匹のネコの出自を複数の品種(ロシアンブルー、ラグドール、アメリカン・ショートヘア、サイベリアン、サイアミーズ、バーマン、ペルシャなど)それぞれの遺伝的な寄与率として表記するサンプルが掲載されている。これとは別の企業のサンプルでは、「ヴァイオレットのDNAから5つの品種が検出されました」として、アメリカン・ドメスティック(すなわち非血統)、ノルウェージャン・フォレストキャット、マンチカン、ラパーマ、サイアミーズが列挙されている。

このようなネコの品種ごとの内訳は、本質的な誤解を生みかねない。イヌの品種の多くは数世紀前から、あるいは犬種によってはもっと前から確立されていて、分岐から長い時間が経過しているため犬種に特異的な遺伝子マーカーを開発することができる。それに、アメリカで現在ペットとして飼われているイヌの大多数(おそらく95%程度)は、血統品種どうしのミックスであるか、そう遠くない過去に血統品種の祖先をもつ。つまり、ある個体にある犬種に固有のアレルが見つかったなら、その犬種を祖先にもつと考えてまず間違いない。

一方、ネコの品種はいくつかの例外を除き、みなごく最近になって生まれた。固有のアレルをもつ品種(メインクーンやバーミーズ)もあるが、ほとんどの品種にはない。そして何より、現代のネコの圧倒的多数は血統品種ではないし、過去にさかのぼればなおさらだ。そのため、いま生きているネコの系譜に、祖先として血統個体が含まれるケースはほとんどない。大半のネコはイヌと違って特定品種のミックスではないのだ。

それなら、遺伝子検査企業はどうやって推定値をひねりだしているのだろう？ 種明かしをすると、世界のネコの遺伝的多様性に地理的構造があるように、品種の起源にも地理的構造がある。たとえば、ブリティッシュ・ショートヘアはヨーロッパ品種だ。「あなたのネコちゃんはブリティッシュ・ショートヘアの割合が高めです」という結果が意味するのは、ブリティッシュ・ショートヘアのようなヨーロッパネコに固有のアレルをもっています、ということだ。だからといって、フラッフィの家系図のどこかにブリティッシュ・ショートヘアがいるわけではない。要するに、こうした企業が教えてくれるあなたのネコの品種別の出自は、あまりあてにしないほうがいい[*8]。

進化生態学は年月とともにどのように進化的変化が蓄積し、ある生物種が周囲の環境のなかでの暮らしにどう適応していくかを明らかにする学問分野だ。そこでは過去の進化についての知見と、現在の環境のなかでその生物がどのように機能しているかの分析を、統合することが求められる。

ここまで読み進めてきたみなさんはもう、イエネコ進化の基礎をしっかりと理解しているはずだ。どこから来て、どう変化してきたのか。遺伝子、形態、行動がどれだけ多様なのか。では、ここからはイエネコがいまの世界でどう生きているかを見ていくことにしよう。

＊1　ひどい！　カリバンカーの母親もウェーブヘアのアレルをもっていたため、こうしたエディプス的交配がおこなわれた（潜性形質の場合、両親からアレルを受け継がないかぎり子に形質が現れないのだ）。

＊2　最初はカリフォルニア大学デイヴィス校に研究室を構えた。ミズーリ大学に移ったとき、大学のマスコットにちなんでタイガーズ・デンに改名したらと面白半分に提案する人もいたが、もちろん却下された。

＊3　この現象は多くの遺伝性疾患にあてはまり、またヘテロ接合の場合は無害であるようなアレルでも生じることがある。たとえばマンチカンを短足にしているアレルがそうだ。

＊4　料金を払って愛猫のゲノムの配列決定をしてもらうことで、あなたもこのイニシアティブを支援できる！　99ライブズ・プロジェクトの運営資金の約20％は、ネコのゲノムシークエンシングに人びとが支払う料金で賄われている。品種にとって重要な遺伝子を特定したいブリーダーもいれば（たとえば現在、短尾品種であるハイランダーのブリーダーは尾の長さに影響を与える遺伝子を探している）、ただイニシアティブを応援しつつ愛猫のゲノムをデータベースに加えたい慈善家もいる。99ライブズ・イニシアティブのデータベースにネコのゲノムが増えるほど、科学者たちはネコの疾患関連遺伝子を特定しやすくなる。

＊5　ヒトの遺伝的多様性の地理的パターンは、ネコのそれにきわめてよく似ている。

＊6　19世紀にこうしたタイプのネコがフランスからイギリスに多く輸入されたため。

＊7　けっして肥満を軽視するつもりはなく、ペットのネコが抱える大きな問題のひとつだ。ただしメインクーンは並のネコよりはるかに大柄なので、ほとんどのネコでは警戒水準にあたる体重が、メインクーンではごくふつうだ。

＊8　先のヴァイオレットの出自がいい例だ。ラパーマは非常に珍しい品種で、マンチカンもけっして一般的ではない。サンプルのネコがこの両品種を祖先にもっている可能性はきわめて低い。

Chapter
16

どこ行ってたの、子猫ちゃん？

外へ出ていったネコが戻って来るまで、何をしていたんだろうと思った経験はあるだろうか＊[1]？

シャムリー・グリーンの人びとはまさにそんな疑問をもった。ロンドンから南西に50キロメートルあまりのサリーヒルズ特別自然景観地区＊[2]にある、この風光明媚な集落には、アルフレッド・ヒッチコックやリチャード・ブランソン、エリック・クラプトンの祖父母＊[3]が暮らしたこともある。

ネコもずっとこの村で暮らしてきた。それもものすごい数が。おかげでＢＢＣがネコ科学者オールスターを集め、ネコたちが「キャットドアを抜け出たあと」何をしているかの調査に乗りだしたとき、シャムリー・グリーンが撮影地に選ばれることになった。

『密着！ ネコの一週間（The Secret Life of the Cat）＊[4]』は、１週間にわたって実施されたハイテク調査の記録だ。制作チームはネコたち50匹の行動を24時間態勢で監視し、居場所を特定して、シャムリー・グリーンでの生活をネコの視点で読み解いた。その目標は、ネコが何をしているのかを知り、狭いエリアにこれほどたくさんのネコが共存できる秘訣を探ることだった。

このドキュメンタリー番組は、ほとんどの科学者たちが夢見るような規模の一大プロジェクトだった。潜入監視員がたくさんのTVモニターと多種多様な電子機器を満載した白いトラックのなかで待機し、公民館を借り切って「ネコ本部」と称するサイバー司令室へと改装し、コンピュータのモニターに最新アップデートが逐次表示されるなか、技術者が雑談したり、スタッフが忙しく行き来したりした。BBCがこの番組のためにつくりあげた1週間のプロジェクトと同じくらい、本物のフィールド研究も華やかでエキサイティングだったらと思わずにはいられない。

番組には、世界屈指の3人のネコ学者も登場した。ネコ行動学者のジョン・ブラッドショーとサラ・エリスは最新動画の合間に内容の理解を深めるミニ講義を披露し、ロンドン王立獣医大学のアラン・ウィルソンには長尺のシーンが割り振られ、プロジェクトを可能にした驚異の技術の数かずを解説した。

しかし、なんといってもストーリーの中心は、村人たちとその飼いネコだ。番組の冒頭、公民館に集まった100人ほどの村人たちに計画が説明された。研究チームは、50匹のネコにGPSつき首輪を装着し、1週間にわたって村内での移動を追跡したいと語った。対象のネコたちの一部(とくに興味深い行動パターンを見せてくれそうな個体)には、首輪にさらに小型スパイカメラを取りつけて、徘徊のあいだにしていることをネコ視点で記録する予定だった。

目標の50匹(の飼い主)はすぐに集まった。首輪が配られ、人びとが帰宅すると、イギリスアクセントの抑えたナレーションのとおり「装置は準備万端。あとはすべてネコ次第だ」。

雨の幕開けのあと、お楽しみが始まった。空が晴れ、ネコたちは外へ向かった。庭を抜け、フェンスを飛び越え、私道をたどり、庭園を突っ切った。GPSユニットはネコたちが訪れた場所の位置情報を誤差10センチで記録した。開始から24時間で、すでに目を見はるような結果が得られた。本部の大型スクリーンには、個体ごとに色分けされたネコたちの移動経路が表示された。ほとんどのネコ（ブルータス、モリー、ジンジャー、ハーミー）は家からそう遠くまで出かけていなかった。だが、農場出身で村はずれに暮らすスーティーは冒険好きで、3キロ以上の移動距離を記録した。

キャットカメラの映像も興味深いものだった。ネコたちは昼夜を問わず歩き回り、ほかのネコのなわばりに侵入し、互いに威嚇《いかく》しあい、キツネが道路を渡るのを眺め、よその家のキャットドアを堂々とくぐってご近所ネコの餌を盗み食いした。

ショーは見どころたっぷりで、大人気を博した。2013年夏の初回放送時、イングランドでは500万人がこのドキュメンタリーを視聴し、BBCの科学番組の平均視聴者数の3倍に達する数字を叩きだした。大成功に味をしめ、翌年BBCは3部作の続編『キャット・ウォッチ2014』を制作した。

『ネコの一週間』の人気ぶりは、世間がネコについての情報に飢えていることに加え、世界でもっとも人気のあるペットの自然史についての科学的知見が乏しいことを物語っている。番組が制作された当時、ペットのイエネコが家の外のどこで何をしているかに関する科学的データはほとんどなかった。だが、状況はまもなく変わる。

追跡者を煙に巻くネコ

ペットのイエネコの野外活動の詳細がほとんど知られていなかった理由はシンプルで、ネコの徹底した隠密行動にある。外でネコを追跡してみた経験がある人はきっと、わたしと同じように惨敗したことだろう。初めは「何のつもり?」とちらちら振り返っていたのが、すぐに訝《いぶか》しげな凝視に変わる。めげずに追いかけたとしても、ルナはすぐに主導権のありかを見せつけるように、最寄りの鬱蒼《うっそう》とした茂み(たいてい狙ったように棘《とげ》だらけ)に飛び込み、視界から消える。ネコの謎は解けないままだ。

生物学者は追跡が難しい種を研究するとき、スパイが標的を尾行するのに使うのと同じ策略を用いる。追跡装置を取りつけるのだ。これらはふつう、無線信号を送信する発信機つき首輪という形をとる。このような首輪を身につけたゾウやライオンの姿を、ネイチャードキュメンタリーで見たことがある人も多いだろう。小さすぎたり、首がなかったり(ヘビなど)する動物が対象のときは、発信機をほかの部位に装着したり、体内に埋め込んだりすることもある。

20世紀なかばに無線追跡装置が登場したことで、動物の移動に関するわたしたちの理解は飛躍的に進んだ。こうしたアプローチは昆虫やコウモリからクジラまで、ありとあらゆるサイズとライフスタイルの動物たちに適用された。だが、この方法にはひとつ大きな欠点がある。データ収集に長い時間と多大な労力を要するのだ。研究者たちはフィールドに出て、シグナルを検出し位置を特定できる距離まで近づかなくてはならない。どこまで近づけばいいかは発信機のサイズ次第で、したがって動物の大きさに依存する。体が大きな動物には、より大きな発信機をつけられるからだ。逆に、小動物を追跡する場合、概して大型動物ほど広範囲を移動しない(ただし飛べる動物を除く)というメリットがあるため、研究者は最後に発見された場所から徒歩で探しはじめることができる。移動能力が高い種の場合、無線信号をキャッチするのに車や飛行機が必要になる。

こうした研究のひとつが、ニューヨーク州オールバニーでおこなわれた。研究チームはひと夏にわたり、小さな自然保護区の近くにある郊外住宅地でイエネコ11匹の行動を記録した。保護区に面した家に住む8家族がこの研究に参加し、60グラム弱の発信機と15センチのシグナル送信用アンテナを搭載した首輪がネコたちに装着された。

研究がおこなわれたのはGPSが普及する前で、追跡は容易ではなかった。ネコの居場所を突き止めるため、チームメンバーは地区を車で巡回し、ときどき車から降りてはヘッドホンを装着し、無線受信機のスイッチを入れた。各個体に装着された発信機はそれぞれ異なる周波数の信号を発するため、研究者は受信機をそれぞれの周波数に合わせ、首輪から送られてくるビープ音に耳を澄ませた。アンテナをあちこちに傾けるたびに音量が変化するので、音量が最大になる方向へ、耳を聾《ろう》するほどになるまで(実際にはノブで調整できたが)歩いた。こうして、ようやく目の前にネコが姿を現した。

最初からネコが近くにいるとわかっていれば、この方法はかなり有効だ。ネコがすぐそばにいないときは、どっちに進めばビープ音がうるさくなるかを聞き分けて、自分の現在位置から音源の方向へ、地図上に線を引く。次に場所をある程度移動して、同じことを繰り返し、もう1本線を引く。2本の直線が交わる場所にネコがいるはずだ(最初の地点から2番目の地点に移動しているあいだ、ネコがずっと同じ位置にいることが前提で、長距離を移動していた場合はややこしくなる*5)。

研究チームはネコの冒険心のなさに驚くことになった。ほとんどのネコは近所にとどまっていたのだ。ひと夏の行動範囲は平均するとわずか0・6ヘクタールで、これはフットボール場よりも少し狭い。庭を出たあとに訪れるのはせいぜい3軒先までで、自然保護区にはほとんど足を踏み入れていなかった。

追跡には時間がかかり、各個体の居場所を1日に1回ずつ特定するのがやっとで、それ以外の時間にどこにいたのかは記録できなかった。そのうえ、ほとんどのネコたちは1日の大部分を室内で過ごしたため、こうした個体についてはひと夏で15地点ほどの屋外の位置情報しか得られなかった(例外はオリオンで、研究当時まだ若かった彼からは、56地点の位置情報が得られた)。

幸いなことに、技術の進歩が動物個体追跡のゲームチェンジャーとなった。無線発信機に代わり、人工衛星から位置情報を受信するGPSが普及した。みなさんもご自身のナビゲーションデバイス(カーナビやスマートフォン)でご存知のとおり、このシステムではほぼ常に情報がアップデートされ、位置情報データが絶え間なく提供される。1日に1地点どころか、1秒にひとつのデータを得ることさえできるのだ!*6

データポイントが増えたせいか、それとものどかな村という立地のせいか、BBCの番組ではシャムリー・グリーンのネコたちの個性豊かな日常が明らかになった。もちろん、オールバニーの11匹と同じように出不精なネコもいた。たとえば、フォーン(淡い黄褐色)のブリティッシュ・ショートヘアのロージーは、外で過ごす時間こそ長かったものの、ほとんど自宅の庭から出ず、行動圏は0・2ヘクタールに満たなかった。ココも同じくおうち派で、遠出するとしてもせいぜい2、3軒先まで。

対照的に出演者のなかでいちばん行動範囲が広かったのは、輝く黄色の眼をした黒猫のスーティーだった。農地に面した家に暮らす彼女には、うろつき回れる開けた土地がいくらでもあった。スーティーは自由を満喫し、1週間の撮影期間のうちに3ヘクタールほどのエリアを徘徊した。

こうした徘徊傾向のばらつきは、同じ家で暮らすネコたちにさえ見られた。この調査で唯一、6匹のネコが同居している家庭では、5匹(ダフィ、デイジー、パンプキン、ラルフ、ココ)がこの家の敷地からほとんど出なかったのに対し、黒のエキゾチック*[7]のパッチは遠くまで出かけ、ほかのネコたちの約5倍の行動圏をもっていた。

一方、きわめてよく似た遠征のパターンを示すネコたちもいた。たとえば、通りをはさんで向かいに住んでいるある2匹のネコの行動圏はほぼ完全に一致し、地区のなかの1・2ヘクタールのエリア内を移動していた。こうして共同利用しているにもかかわらず、GPSの時間データから、もうひとつ意外な事実が明らかになった。2匹は異なる時間帯に行動することで、徹底して互いを避けていたのだ。

2013年の『ネコの一週間』で、研究者たちはきわめて高度なGPSシステムを構築したが、まもなくはるかに安価でシンプルなバージョンが商品化された。以来、人びとはこうしたデバイスを購入し、愛猫の首輪に取りつけて、ペットの行動を見守るようになった。

いまやキャットトラッカーはよりどりみどりだ。本書のリサーチの途中、わたしは『ペットライフ・トゥデイ』の記事「2019年版GPSキャットトラッカー&首輪ベスト25」を見つけた。もっと目の肥えた方や予算を抑えたい方は、『バスカーズ・キャット』の「2019年版ベスト・キャットトラッカー9選」から選ぶといいだろう。これだけ選択肢が豊富であるにもかかわらず(あるいはだからこそ)、2つのウェブサイトが選ぶ最高のキャットトラッカーのリストはほとんど重複していなかった。自分で試してみるしかないと、わたしは思った。

ウィンストンのお出かけ

ウィンストンはがっしりした背の高いネコで、8キロ弱の体重のほとんどは筋肉だ。そのうえ白地に大きな黒のぶちがあるため、遠目にはミニチュアのホルスタインかと思うかもしれない。巨大なマシュマロのような姿は、庭にいたら見失いようがない。けれども敷地の外にいるときは、いくら探しても見つからない。彼はいったい、どこで何をしているのだろう?

強い力がかかると外れるようになっている安全首輪をつけるのを、ウィンストンは最初嫌がったが、GPS発信機つきの首輪をいったん装着してしまえば、諦めて受け入れてくれた。彼は近所の冒険に出かけ、GPSはわたしの携帯電話にシグナルを発信して、10秒ごとに彼の現在位置を知らせ、

ネコカメラを装着したウィンストン

移動経路を記録した。

物書きをしているときのわたしの先延ばし癖はひどいもので、しょっちゅうタイピングの手を止めては、スマートフォンを拾いあげ、追跡アプリを開いてウィンストンの居場所を確かめた。小さな画面を覗きこみ、衛星地図上にネコ顔アイコンの青いドットが映しだされるのを見ると、いつでもわくわくした。いまは庭のアジサイの左側、というように。そんなとき、わたしは顔を上げ、窓を開けてあたりを見渡す。すると見計らったように、ミニチュアの牛のような彼が庭を横切って歩いていく。

ときにはネコ顔アイコンが、ウィンストンは庭を出て近所のどこかへ足を伸ばしていると教えてくれた。好奇心に、あるいは現代技術への不信感に負けて、ときどきわたしは装置の正確性を実地で確かめようと、彼がいるはずの場所まで歩いた。そして実際、彼はいつもシグナルが示したとおりの場所にいて、やぶのなかに隠れたり、よその裏庭を闊歩《かっぽ》したりしていた。わたしの姿を見て怪訝な顔をすることもあった。

現在位置を特定するだけでなく、アプリではウィンストンの移動経路も見ることができた。「履歴」ページを開くと、こちらも衛星地図に重ねる形で、彼が1日に移動した経路が線で表示される。

ウィンストンの行動範囲がこんなに広いとは思ってもみなかった！　ウィンストンはほとんどの時間をうちの裏庭のパトロールに費やし、一国一城の主としてふるまった。私有地の境界線の概念は、ヒトだけでなくネコにもあてはまるようだ。けれども1日に何度かは敷地の外へと繰りだした。フェンスを超えて無愛想なおじいさん家の裏庭へ、浅い小川を渡ってうちの裏手の静かな分譲地へ、そしてまた別の無愛想なおじいさん家の側庭へ。分譲地の道を渡ることは(よく目立つ大きな白猫であることもあり)気にならなかったが、移動経路がうちの反対側のずっと交通量の多い道路と交差していたときは心配になった。

ウィンストンは平均して、1日に約1・6ヘクタールの範囲を歩き回り、ご近所の4、5軒を訪れた。もちろんルートは毎日同じではない。総合すると、彼の「行動圏」(ある動物が一定期間に利用するエリアを示す動物学用語)は約3・2ヘクタールで、わが家の周囲15軒ほどの敷地をカバーしていた。

彼はわたしにとって、何もかもが特別な家族の一員だが、それはさておきウィンストンの徘徊パターンは飼いネコとしてごく一般的なものだった。歩き回り、ときどきほかのネコや他種の動物と遭遇し、狩りをし、うたた寝をしていた。『ネコの一週間』ですでに概要はつかんでいたものの、こうした個体追跡の情報がイエネコの生物学的理解にどれだけ重要であるかを、わたしがより深く理解するようになったのは、ノースカロライナ州ローリーに拠点を置く、すばらしいシチズンサイエンスプロジェクトのおかげだ。

キャットトラッカー・プロジェクト

ローランド・ケイズはノースカロライナ自然史博物館の生物多様性研究室を率いる。肉食哺乳類のスペシャリストであるミシガン生まれのケイズは、コヨーテの分布やツァボの人食いライオン、キンカジュー（長いしっぽをもつ熱帯性のアライグマの親戚）の社会行動に関する画期的な研究をおこなってきた。彼はまた、新たなテクノロジーを独創的なやり方で活用するのも得意で、超小型無線発信機を熱帯樹木のどんぐりに似た種子に仕込んで行方を追跡したり（大型齧歯類があとで食べるために埋め、そのあとたびたび戻ってきては、掘り返して別の場所に埋め直す）、熱感知カメラを搭載したドローンでホエザルの夜間の居場所を突き止めたり（熱帯雨林の樹冠のなかに隠れていても、赤外線放射量の違いから、温度の低い葉のなかにいるサルは輝いて見える）してきた。

ケイズはイエネコ無線追跡の先駆者のひとりでもある。学生のひとりがスカンク研究で使った無線首輪を転用して、彼は先述のオールバニーでのプロジェクトでリーダーを務めた。２０１１年に生物多様性研究室のトップとしてローリーに移ってきたとき、彼にネコ研究を続ける予定はなかった。しかしまもなく、自身のネコ無線追跡研究から10年のあいだに、安価なネコ用GPS装置がいくつも商品化されたことを知った。

とはいえ、いくら安いといっても無料ではないし、ケイズはすでに大学運営、教育、研究の責務を山ほど抱えていた。どうすればプロジェクトを実行する資金と時間を捻出できるだろう？　そんなとき、ひらめきが訪れた。飼い主たちに自分のネコを追跡してもらう、シチズンサイエンス方式をとり、プロジェクトの運営は近所のノースカロライナ州立大学の学部生たちに任せればいいじゃないか！

ケイズはすぐに、野生動物研究の経験を積みたがっている優秀な学生たちに不足はないと知った――対象の「野生」動物は、ほかならぬイエネコではあったが。こうしてキャットトラッカー・プロジェクトが始まった。目標はシンプルだ。家を抜けだしたペットのネコたちが、どこまで遠出するのかを解明する。

動物がどこへ行き、どれだけのエリアを動き回るのかという移動パターンを知ることは、動物と環境の相互作用を理解するのに不可欠だ。たとえば、ネコは完全肉食動物であり、ネコが自然環境に与える影響は懸念の的となっている。したがって、ネコが裏庭にとどまっているのか、それとも近くの自然保護区をうろついているのかは、きわめて重要な問題だ。それに、ネコが遠くまで徘徊するほど、ネコ自身が道路横断や意地悪なイヌ（もっとまずいのはコヨーテ）との出会いなどにより、不幸な目に遭う確率が高まる。そしてもちろん、純粋な好奇心もある。ネコの下僕たちのほとんどは、わたしもそうだが、かれらがどこで何をしているのだろうと気になっているはずだ。この問いには進化的

キャットトラッカーをつけたネコ

にも意義がある。家庭で飼われているネコの徘徊は、ノネコのそれとはどう違うのだろう？　そして種としての*Felis catus*の移動パターンは、野生の近縁種と比べてどんな特徴をもつのだろう？

計画はシンプルだった。広くプロジェクトを宣伝して、外飼いネコの飼い主からの連絡を待ったのだ。参加者たち（おもにノースカロライナ州のローリーとダーラムの近郊、およびニューヨーク州ロングアイランド在住）にはネコに装着する布製のハーネスが送付された。ハーネスは最小限のつくりで、首輪と胴輪、それに両者を背中に沿ってつなぐ部分で構成されていた。背中の接続部分にプラスチック製のソフトケースに収められたＧＰＳ装置（大きさはミニサイズのチョコバーほど）が装着された。

うちのネコたちにもこうしたハーネスをつけたことがある。最初の数分は鬱陶《うっとう》しそうにするが、まもなくすっかり無視して日常に戻る。ノースカロライナの研究でも、ハーネスをまったく受けつけなかったネコは全体のごく一部だった。

ネコたちは1週間にわたってミニバックパックを背負い、GPSが居場所を記録した。事前調査から、5日分のデータがあれば個体の行動圏を高精度に推定するには十分だとわかっていたためだ。装置の数には限りがあったので（やっぱりそこそこ高いのだ！）、1週間後、チームはネコたちの協力に感謝しつつハーネスを外し、GPS装置をラボにもち帰って、データをダウンロードした。そのあと、トラッカーは次のネコに送られ、また1週間のお勤めが始まった。

わたしがウィンストンにしたように、またシャムリー・グリーンのチームが村のネコたちにしたように、ノースカロライナの研究チームはネコたちによる1週間の徘徊のようすを可視化した。居場所と移動経路を衛星地図の上にプロットして、ネコの行動圏を算出するとともに、どこで過ごしたかを特定した。ご近所の何軒の庭に侵入し、道路を何回横断し、いくつの森に足を踏み入れたのか、ディテールは多岐にわたった。

もちろん、コンピュータが不具合を起こすこともあったが、それより厄介だったのは、正確ではあるがなんらかの異常事態を示すデータポイントのほうだった。たとえばあるネコは突然、時速60キロメートルではるか遠くまで移動した。イエネコにはありえない速度と移動距離だったため、すぐさま飼い主に電話したところ、動物病院に向かう際にGPSをつけっぱなしにしていたことがわかった。研究チームに連絡を入れるつもりだったが、うっかり忘れていたという。

別のケースでは、位置情報はあるネコが川を渡り、数時間後に戻ってきたことを示していた。飼い主に確認したところ、データは間違っていなかった。このメインクーンは、真冬に凍結した川の上を歩いていたのだ(このネコは泳ぐのも好きだったので、もしも個体追跡が夏におこなわれていたら、チームはまた別の意外な事実を知ったかもしれない――GPS装置の防水性能とか)。

また別のネコは、ときどき帰宅するとタバコ臭いことがあり、飼い主の女性は浮気を疑っていた。そしてGPSは彼女の直感を裏づけた――ネコはこの女性宅と別の家とで二股をかけていたのだ。このような不義は珍しくなかった。位置情報データを突きつけられ、多くの住民たちが隣家のネコに餌やりをしたことを自供した。

トラッカーにより、ネコたちが数日にわたり行方をくらませる謎も解決した。あるネコは追跡されていることも知らずに身を隠したため、飼い主はいまや、姿が見えないときには近くのビジネスパークまでひとっ走りして迎えにいけばいいと知っている。別の事例では、飼い主が半狂乱になって近所じゅうを探しまわったのに、ネコがじつはずっと家のなかにいたこともあった。

キャットトラッカーのウェブサイトを開けば、プロジェクトの花形ネコたちの行動パターンを見ることができる。たとえばキャットニス・エヴァーディーンは、碧眼にサイアミーズ・ポイントの美しい長毛の若いメスだ。ついこのあいだまで子猫だった1歳の彼女は、ダーラムの二車線道路に面した家に暮らしている。彼女の行動範囲はおおむね家の周辺と、裏手の小さな森にかぎられる。ただし、家の両側の団地にも何度か遠征し、また道路を3回横断して、1度は140メートルほど先の工場の駐車場を訪れた。トータルでみると、キャットニスの行動圏は約1.6ヘクタールだった。

キャットニスの家から1・5キロほど離れた、別の二車線道路に面した緑豊かな一画には、8歳のオレンジタビーのオス、リトルが住んでいる。リトルの行動圏も自宅が中心だが、彼はもっと遠くまで足を伸ばし、通りをいくつも渡って、500メートル以上離れた林を訪れていた。リトルの行動圏はキャットニスよりずっと広い、約5・2ヘクタールだった。

対照的なのが、コネティカット州グリニッジに暮らす、ゴージャスな黄色の眼をした愛らしい茶色のネコ、シャドウだ。3歳の彼は地図上の軌跡の数だけを見ればとてもアクティブだが、あまり遠出はしなかった。彼が出かける先はたいてい両隣の家で、さらにもう1軒たまに訪れる家があるだけだった。いちばん長かった移動でもフットボール場の幅にも満たず、算出されたシャドウの行動圏は0・4ヘクタール弱だった。

ケイズがキャットトラッカーに着手してまもなく、オーストラリア、ニュージーランド、イングランドのチームが加わり、キャットトラッカーはグローバルな取り組みへと発展した。研究に参加したネコの数は、4か国で900匹以上にのぼった。

プロジェクトに臨む研究者たちは、ネコがどのくらい遠出を好むかの個体差に関してさまざまな予測を立てた。田舎ネコは都会のネコよりも広範囲をパトロールするだろう。大型捕食者(とくにコヨーテ)がいる土地では、ネコたちは安全な家の近くにとどまるかもしれない。たいていの哺乳類でそうであるように、イエネコでもオスはメスより広い行動圏をもつだろう。検証すべき仮説はたくさんあった。

データが示す主要なメッセージは明らかだった。この15年前にオールバニーでケイズが明らかにしたように、大多数のネコたちはあまり遠くまで探検に出なかった。ネコたちの行動圏の面積は平均わずか5・3ヘクタールで、突出して行動圏が広かった3匹を除けば、3・6ヘクタールまで小さくなった。

だが、まずは例外の3匹の話をしよう。断トツで行動圏が広かったのは、ニュージーランドのウェリントン郊外に住む1歳の避妊済みメスのペニーで、彼女はほとんどの時間を屋外で過ごした。ペニーの家は起伏のある未開発の土地に面していて、彼女は見渡すかぎりの一帯をくまなく歩きまわり、行動圏は800ヘクタールを超えた。この研究で2番目に行動圏が広かった個体のおよそ4倍だ。

2位のマックスはイングランド南西部に暮らす5歳の去勢済みオスで、行動圏は約220ヘクタールだった。マックスの移動パターンはほかのどのネコとも違っていた。セント・ニューリン・イーストからトレヴィルソンまでの道路に沿って1・6キロほど歩いてまた戻る散歩を、6日間の調査中に2回繰り返したのだ。憶測ではあるが、マックスは以前片方の村に暮らしていて、のちに家族とともにもう片方に引っ越したのではないだろうか。ネコが以前住んでいた場所に戻る傾向はよく知られている*8（ただし、わたしが知るかぎり、新居と旧居を行き来するネコの話は聞いたことがない）。とはいえ、マックスのゆきて帰りし物語はまだ謎に包まれている。

トップ3の最後を飾るのは、ニュージーランド南島の北端に暮らすブルー・ネルソン（うちの茶色のネルソンとは別ネコなのでご注意！）だ。夜間外出を禁じられていたネルソンだが、そのぶん日中に思い切り羽を伸ばし、根城である農場を取り囲む農地を広く散策した。行動圏の広さはマックスと同じくらいだった。

３匹の放浪者はさておき、ほとんどのネコたちはあまり冒険好きではなかった。過半数のネコの行動圏は１ヘクタールに満たず、93％のネコの行動圏が10ヘクタール未満に収まった。

対照的に、無線追跡研究のおかげで、ノネコの行動圏はこれよりはるかに広いことがわかっている。イリノイ州の農村地帯では平均１６０ヘクタール、ガラパゴス諸島では４９０ヘクタール、オーストラリアのアウトバックではなんと２０００ヘクタールに達した。小型野生ネコも同様に広範囲を移動する。ヨーロッパヤマネコの行動圏は１０００ヘクタールを超えることが珍しくないし、オセロットやジョフロイネコといったその他の小型種も、同じくらい広大な行動圏をもつ。

知らぬは飼い主ばかりなり

ペットネコの行動圏はなぜこんなに狭いのだろう？　答えは簡単で、家で餌をもらっていて、次の食事にありつくためにあちこちを探し回る必要がないからだ。加えて、ほとんどの家庭ネコは避妊および去勢されているため、配偶相手を見つけたいという衝動に駆られることもない。ペットのネコが野外活動からどんな心理的恩恵を受けているにせよ、かれらは概して、食料とセックスという欲求を満たさなくてはならないネコたちよりも、はるかに狭いスペースで満足している。一方、ノネコと野生種の比較からは、*Felis catus* が野生の兄弟姉妹よりも狭い行動圏を進化させたわけではないとわかる。状況によっては、イエネコもほかの小型ネコと同じくらい広範囲を放浪するのだ。

キャットトラッカーのチームは、ネコの行動には地域差があるだろうと予測した。たとえばアメリカでは、ほぼ全域に分布するコヨーテがネコの行動範囲を狭めているかもしれない。また国によって飼い主がネコに餌を与える頻度に差があるかもしれず、それ以外にもさまざまな文化の違い(地形、車の速度、イヌの存在など)が行動圏に影響を与える可能性があった。

ところが意外なことに、国による違いは些細なものだった。アメリカ、ニュージーランド、イギリスのネコの行動圏はみなほぼ同じで、オーストラリアにいるネコの行動圏はほかの3か国の約半分だった。オーストラリアのネコの行動圏が狭い理由はわかっていないが、いずれにせよ、ペットとして飼われているネコは概してあまり遠くまで探索に出ないという結論は一貫していた。もちろん、調査がおこなわれた4か国はさまざまな点で似通っている。同様の知見が、ラテンアメリカ、アジア、アフリカの国ぐににもあてはまるかどうかの検証は、次なる課題といえるだろう。

もうひとつ、国によって顕著に異なる特徴が見つかった。オーストラリアではほとんどのネコが日中よりも夜間に広範囲を移動したのに対し、ニュージーランドでは、夜間のほうが活発だった個体と、日中のほうが活発だった個体の数は拮抗していた(イギリスとアメリカでは、日中と夜間の移動に関するデータは得られなかった)。この違いが何に起因するのかはわかっていない。

蛇足だが面白いことにオーストラリアでもニュージーランドでも、多くの飼い主たちが「うちは昼間にしかネコを外に出していない」と答えたにもかかわらず、位置情報データから、多くのネコ(ニュージーランドでは20%、オーストラリアでは39%)が夜にも活発に徘徊していると判明した。額面どおりに受け止めるなら、ネコがどうやって外出禁止令を破っているのかは理解しがたい。「うちのネコはコソコソするのがすごく得意で、夜に外に出ようと思ったら、どうにか抜け道を見つけちゃうんですよ!」という、オーストラリアのある飼い主の言葉も、有力な手がかりにはならない。

ネコのずる賢さを甘く見てはいけない。父と暮らしているアテンは、ジャンプして玄関ドアのレバー式の取手を下げ、脱出する手口を身につけた。「世界でいちばん賢いネコだよ」と父はいうが、アテンは帰宅したときにドアを閉めることまでは覚えられず、夜中に玄関ドアが開く怪現象の正体はすぐに明らかになったのだった。

おおかたのところ、飼い主はネコの夜間外出を阻止するために策を講じたわけではなく、ただネコが出ていくところを見落としているだけなのだろう。シャムリー・グリーンの住民のひとりも、プロジェクトを通じて知った驚きの事実についてこう語っている。「わたしたちが寝室に入るとあの子がベッドで寝ていて、わたしたちが朝6時に起きたときもあの子はまだベッドで寝ていたのに、夜のうちに何キロも歩き回っていたんです! うちのネコがどこで何をしているのかはよく知っているつもりだったので、あれにはほんとうにびっくりでした」。さて、ここからひとつ疑問が湧いてくる。ネコは気づかれずに脱走するため、同居人を意図的に欺いているのだろうか? このテーマは明らかに、さらなる研究を要する！

プロジェクトから得られたその他の知見は、多くの研究者たちの当初の予測を裏づけるものだった。オスはメスよりも広範囲を徘徊し、また少数の「未処置」のネコは、避妊・去勢済みのネコよりもずっと広い行動圏をもっていた。加えて、農村部のネコは都市部のネコよりも移動距離が長かった。一方、ネコの品種には不活発で知られるものも多いが、血統ネコと非血統ネコのあいだに行動パターンの違いは見られなかった。

ここまではネコが歩き回る面積だけに注目して議論してきたが、衛星地図と地理情報システムが充実したこの時代、位置データから得られる情報は座標だけではない。たとえば、プリシラが車に轢《ひ》かれる心配をすべきかどうかでいえば、答えはおそらくイエスだ。平均的なネコは調査がおこなわれた数日間のうちに、道路を4、5回横断していた*[9]。

もうひとつの重要な問いは、ネコがどんな生息環境を利用しているかだ。ケイズがオールバニーで調べたネコたちが探索したエリアは、おおむね住宅の庭やその他の人為環境にかぎられていた。ほかの土地でも同じだろうか？ おおざっぱにいえば、そのとおりだった。調査がおこなわれた4か国では、4匹に3匹のネコがほぼすべての時間を「撹乱」環境で過ごした。けれども、少数派とはいえ、こうしたトレンドに逆行するネコもいた。1割のネコは野外での時間の大部分を、森林や湿地といった自然環境のなかで過ごしたのだ。

キャットトラッカー・プロジェクトや、規模も期間もさまざまな類似の研究により、家庭で暮らすネコによる野外活動の詳しい実態が明らかになりつつある。このあと論じるように、こうした知見は、ネコ自身の安全やネコが自然環境に与える影響について重要な示唆を与える。

ネコ追跡研究はじつに華々しい成果をあげているが、わたしたちがいちばん知りたいことをダイレクトに教えてくれるわけではない。野外を悠々と闊歩するネコたちは、いったい何をしているのだろう？

＊1　もちろん、あなたのネコが外に出ることがあるならの話。アメリカではこうした習慣は廃れつつあるが、まだまだ一般的な国もある。

＊2　イギリスでは実際にこんな名前の指定地区があるのだ〔訳注：もとの名称はArea of Outstanding Natural Beautyであり、直訳すれば「傑出した自然美を誇る地域」となる〕。

＊3　クラプトン自身も住んでいたという説もあり、ネット上の情報には混乱が見られる。

＊4　この番組について検索するときは、『The Secret Life of the Cat』という原題は書籍、映像作品、記事、その他のメディアでも何度となく使われているので注意が必要だ〔日本語では『密着！ネコの一週間』で検索すると映像作品に行き着く〕。

＊5　この手法は「三角測量」とよばれる。2つの観察地点とネコの居場所の3地点を頂点とした三角形をつくるためだ。

＊6　ほとんどのＧＰＳ追跡装置はバッテリーの消耗を抑えるためもっと長間隔でデータを記録する。

＊7　エキゾチックはネコの品種のひとつで、ペルシャの短毛バージョンだ。

＊8　インターネットにはどうにかして昔の住まいにたどり着いたネコたちの逸話があふれている。ペット関連のウェブサイトには、引っ越しのときにネコが旧家に戻ってしまわないようにするためのアドバイスが掲載されている。具体的には、新居に着いたあとは初めて家から出してやる前に、ネコをできるだけ長く室内にとどめておくのがいいという。これについて科学的検証がおこなわれた例をわたしは知らない。

＊9　国家運輸安全委員会の調査によれば、アメリカでは毎年５４０万匹のネコが交通事故に遭い、うち97％が死亡している、という言説をネット上でしばしば見かける。だが、わたしはくまなく検索してみたものの、このデータのもとになった研究を探し当てることができなかった。この情報を投稿していた人たちにも質問してみたが、資料を見せてもらうことはできなかった。もっと信頼度の高いデータとして、イングランドでネコの飼い主に定期的にネコの状況を尋ねた研究がある。外と行き来できる状態で飼われていた１２００匹以上の若いネコのうち、4％が12か月の調査期間中に車にはねられ、ほとんどの個体がその事故で死亡した。4％と聞くとそう高い確率ではなさそうだが、ネコの寿命全体を通して考えれば、事故に遭う確率はかなり高い（ただし、おそらく齢を重ねるほどネコは賢明かつ慎重になり、事故死する確率は下がるだろう）。ともかく、アメリカで外出を許されているネコの個体数に4％を掛けた数字が、５４０万よりも大幅に小さくなるのは確実だ。アメリカでペットとして飼われるネコの数は５０００万～1億匹とされ、このうち自由に外出しているのは30％にすぎない。これに4％を掛けると、年間約１００万匹が交通事故死している計算になる。もちろんこれでも多すぎるが。

Chapter 17

照明、ネコカメラ、ノーアクション！

気ままにうろつくネコたちを観察するのがどれほど難しいかはすでに述べたとおりだが、かれらが何をしているかを知る方法はほかにもある。世界をネコの視点から眺めるのだ。技術の進歩によってネコの詳細な位置情報が手軽に得られるようになったのと同じように、遠隔動画撮影により、家から出たネコが何をしているのかを、ネコ自身の目線で捉えることが可能になった[1]。

すべてのはじまりは、ひとりの意欲的な大学院生が野良ネコの福祉に関心をもち、元獣医のジョージア大学教授と、ナショナル・ジオグラフィック協会のテックマニアたちと手を組んだことだった。タンザニアでの海外実習プログラムを何度か率いた経験から、ケリー・アン・ロイドは博士課程でアフリカの大型肉食獣の研究をするつもりだった。ところがその一歩を踏みだす前に、アトランタの自宅近所をうろついているネコたちに夢中になった。ネコたちは不健康で、たくさんの鳥やその他の野生動物を殺していた。決定的だったのは、ある日自宅のポーチに座っていると、隣家のネコがロイドの家のなかから、彼女が飼っていたオカメインコをくわえて出てきたのを目撃したことだった！

ロイドはアフリカ行きの計画を放りだし、ジョージア大学教授で野生動物疫学が専門のソニア・エルナンデスに連絡をとった。エルナンデスは博士号取得の前は開業獣医で、ネコの福祉と野生動物への悪影響の両面から、外ネコ問題を憂慮していた。ロイドが声をかけたタイミングは完璧だった。エルナンデスはナショナル・ジオグラフィック協会と接触し、ネコに装着して居場所や行動を記録できる小型カメラの開発に向けて話し合っていたところだったのだ。こうしてネコカメラの科学が産声をあげた。

ネコカメラプロジェクト：カメラ製作編

プロジェクトには2つの壁があった。愛猫をプロジェクトの実験台にさせてくれる人びとを見つけることと、ネコに装着できるカメラをつくることだ。前者はたやすく乗り越えることができた。飼い主たちもまた、ジャスパーが遠征中に何をしているのか知りたがっていて、喜んで協力してくれたのだ*[2]。一方、ネコ用ウェアラブルカメラの開発は、そう簡単にはいかなかった。

ナショナル・ジオグラフィック協会は1989年に「クリッターカム」プログラムを立ち上げて以来、動物に付着または装着させることのできるカメラを開発し、かれらの日常を動物自身の視点から解明することに取り組んできた。こうしたカメラは、隠密行動に長けた種や、辺境に生息する種、近距離で観察するには危険すぎる種の研究を目的として設計された。

初期のカメラは大きくかさばる代物だった。手持ちのVHSビデオカメラを筒型の保護ケースに収納しただけで、装置の重さをものともしない大型動物にしか使うことができなかった（動物研究での経験則では、装着するデバイスの重量は個体の体重の3~5%以内にすべきであり、それより軽ければなおよいとされる)。吸盤カップでクジラの背中にくっつけたり、サメのひれに固定したり、オウサマペンギンに背負わせたりしたクリッターカムは、野生動物の生活をいまだかつてない視点で捉え、「知らないということさえ知らなかった」光景を垣間見せてくれたと、クリッターカムの創始者であるグレッグ・マーシャルは語る。

カイラー・アバーナシーは早くからクリッターカムにハマったひとりだ。修士課程の大学院生としてハワイモンクアザラシの生態を研究していた頃、アバーナシーはナショジオのチームがアザラシにカメラを装着するところに立ち会った。当初は懐疑的で、科学に貢献するツールというより、ちょっとした小道具のように思えた。それにアザラシがカメラにストレスを感じ、自然な行動をとらなくなるのではと心配していた。

ところが最初の映像を見たとたん、世界が変わった。「アザラシが海のなかでどんなふうに暮らしているのか、それまで考えていたことがことごとく覆されました。頭のなかにあったイメージはすべて間違っていました。なんてこった、疑問も予想もまるで見当違いじゃないかと衝撃を受けて、それからこのやり方の虜になりました*3」。1998年に修士号を取得したアバーナシーは、クリッターカムの開発チームに加わり、それからずっと一筋で改良に取り組んできた。

クリッターカムの可能性は無限大で、現在アバーナシーが率いるナショジオの探検テクノロジーラボは、いつもキャパを大きく超える研究者からの協力依頼であふれかえっている。そのため、チームはどのプロジェクトを進めるかを選ばなくてはならない。難しい決断だ。チームはさまざまな動物種の学術的価値と保全上の価値、また実現可能性やコストを考慮に入れる。新たな技術的課題が多すぎるために見送られるプロジェクトもあれば、種の生態と結びついた未知なるチャレンジに挑むこともある。

エルナンデスの提案のタイミングは絶妙だった。この少し前まで、イエネコに装着できるレベルまでカメラを小型化する技術は存在しなかったが、2010年までに状況が変わった。こうしてナショジオは、ネコにつけられるくらい小さく、かつ夜間の赤外線撮影が可能な、ハイテクネコカメラの開発に乗りだした。

その結果、長さ8センチ、幅5センチ、高さ2・5センチ、重さ85グラム（ネコの体重が4・5キロなら約2％に相当）の直方体の装置が完成した。リチウムイオン電池で連続10～12時間撮影でき、動画はデジタルカメラに使うのと同じマイクロSDカードに保存される。

設計段階には、こんな味気ない描写では拾いきれないセレンディピティがあった。技術的要素（サイズ、電子部品、光学部品）に加えて、ナショジオのラボは頑丈で風雨に耐え、しかも簡単に開閉できて、電池やSDカードを交換できるケースを開発する必要があった。だが、エンジニアたちは行き詰まっていた。こうした課題の数かずに、超小型のスケールで対処した経験がなかったためだ。

そんなとき、チームのスランプを知っていたアバーナシーの上司の妻が、ドラッグストアで買い物をしている最中にドンピシャな容器を見つけた。携帯用のタンポンケースだ。2つの筒形のプラスチックパーツからできていて、片方がスライドしてもう片方にかぶさる形で、もち運びに便利な容器にな

ナショナル・ジオグラフィックのネコカメラを装着したネコ

る。軽量でサイズもぴったり、それに開閉も楽々だ。アバーナシーは人目を気にしつつ、近所のドラッグストアに足しげく通って在庫を買い占めた。レジの店員はプロフェッショナルに徹し、何もいわなかった。

カメラとバッテリーは見事に容器に収まり、レンズと光源のための穴をあけたら、ネコカメラの準備が整った。アバーナシーとチームメンバーがあれこれ手を尽くしたものの、容器は密閉型にはならなかった。これではほとんどの動物には使えないだろう。カメラは過酷な使用条件に耐えられるように設計しなくてはならないからだ。

けれども、このプロジェクトの対象はいつものクリッターカムとは違っていた。まともな判断力があるネコなら、大雨が降っているのに外に出たりはしない。無謀なネコについては、天気予報が雨のときはネコにカメラを装着しないよう、チームメンバーが飼い主に頼んでおいた。

問題はまだあった。何匹かのネコは小川で水遊びするのが好きだったし、あるネコは水を飲むとき、頭と首で器を覆うように奥側の縁の近くからぴちゃぴちゃやる癖があり、そのせいでネコカメラは水浸しになった。動かなくなったとラボに返却されたカメラのなかには、容器に猫砂がぎっしり詰まっていたものもあった。それでも全体として、カメラはおおむね狙いどおりに機能した。

ネコたちは平均で、1回につき5時間にわたってカメラを身につけた。研究に参加したのは55匹で、各個体にカメラを7～10回装着した。計算すると、1匹につき平均で約40時間の映像が記録され、合計すると2000時間を超えることになる。

こう聞くと、確認すべき映像の膨大さに気が遠くなりそうだが、実際の作業量はそこまで圧倒的なものではなかった。というのも、カメラはネコが不活発なときは撮影を停止するように設計されていて、なにしろネコはネコなので、装着時間のおよそ3分の2を休息や睡眠に費やした。カメラ装着中に室内で過ごした時間を早送りすれば、ロイドが確認すべき記録映像は500時間ほどまで減った。朗報ではあるが、それでもまだ『ゲーム・オブ・スローンズ』の全8シーズン(73エピソード)をぶっ続けで7周するのに匹敵する。『ジ・オフィス』の全201エピソードを5周するといってもいいが、とにかく大仕事だ。

ネコカメラプロジェクト：動画解析編

ジョージア大学ネコカメラプロジェクトのウェブサイトには、全体から選りすぐった16の傑作動画が掲載されていて、これを見れば映像確認の実感をつかむことができる。最初にすべきことは順応だ。カメラは首輪に取りつけられ、ネコの喉元にぶら下がっている。ネコが歩くたび、カメラは上下にバウンドする。車酔いしやすい人なら、ちょっと気分が悪くなりそうだ。フレームの上端にときどき出現する半円形の物体に、最初は何だろうと首をひねるかもしれないが、両サイドのひげが映りこむのを見れば、ネコの下顎の先だとわかる。

ジョージア大学のウェブサイトには、ネコカメラの魔法のような魅力が凝縮されている。3分52秒の掌編《しょうへん》「シマリスをもち帰る」は、荒れ狂う海のような乱れた芝生の映像から始まる。ネコが早足で歩いているところだ。画面の上半分で揺れる物体は、最初に2本の前肢、次に後肢と尾、最後に頭が映しだされ、正体は齧歯類だとわかる。脚、しっぽ、お腹、頭…これはシマリスの下半分だ。つまり、ネコが首筋か背中を咥《くわ》えているのだ。ベイリー*4は芝生をずんずん進み、車が停まった私道にさしかかると駆け足になる。景色とシマリスはさらに激しく揺れ動き、足音はギャロップする馬のようだ(わたしは音の正体をこう推測したのだが、カメラが首輪にこすれる音かもしれない)。乱平面造りの家に着いたベイリーはニャアニャア鳴きはじめ、階段をのぼってメインフロアの高さまで来ると、家の周囲を歩き回ってなかに入ろうとする。やがてガラス戸の前に着き、物悲しく声をあげる。屋内の誰かが歩いて近づくが、またきびすを返す(飼い主の声は音がくぐもって聞き取れないが、きっと「そのシマリスと一緒に入ってこないでよ!」といった意味のことをいっているのだろう)。すると突然、シマリスの頭が動き(生きていたのだ!)、周囲を見渡したあと、まっすぐカメラを見つめる。飼い主がドアのところに戻ってくる。その刹那《せつな》、シマリスが姿を消す。わたしはこのコンマ数秒を何度となく見返して、実際のところ何が起こったのか検証を試みた。ネコがシマリスを落としたか、シマリスが身をよじって脱出したのだと断言していいと思う。いずれにせよ、シマリスは逃げ去ったが、ベイリーは気にしていないようで、飼い主のふくらはぎを見つめ、ドアが開くのをいまかいまかと待っている。ここで映像はフェードアウトする。

　ほかのネコ目線映像には、庭で放し飼いされているニワトリの群れを観察するところや、フェンスの上に飛び上がり、そのあと反対側の庭に着地してパトロールするところ、ほかのネコとの友好的な出会い、車の下からイヌに向かって唸り声をあげるところ、黄色い大きな家の松ぼっくりが転がる庭を2分半にわたって散策するところなどが収められている。

　わたしのお気に入りのクリップから、何が起こっているかを突き止めるのがいかに難しいかがよくわかる。この55秒のクリップのタイトルは「オポッサムを追い払う」となっているが、不正確だと思う。最初、カメラはパティオを取り囲む手すりに座っているオポッサムを見上げている。真っ暗な背景からして夜間の映像で、オポッサムの眼はネコカメラに搭載された赤外線を反射し、明るく輝いている。オポッサムは左後肢で脇腹をかき、手すりの上の平面を数歩前進する。立ち止まり、今度は右後肢で顎の下を存分にかく。そしてまた手すりの上を歩きつづける。映像から、オポッサムがネコの真上を通り過ぎるあいだ、ネコはそれをじっと見上げて、頭を左から右へと回していることがわかる。ここで手すりが右に曲がり、家の側面にある階段に沿って降りるようになっている。オポッサムが角に差し掛かり、窓から漏れる明るい光のせいで視界から消える。ネコは引き続き頭を右側に向け、オポッサムの進路を追っているようだが、もう手すりの上にも、視界のなかのどこにもいない。ところが突然、オポッサムがネコの目の前に現れる。どうやってそこまで移動したのかは定かではない。ネコの激しい動きに伴い、もみあうようなノイズが入るが、はっきり威嚇や唸り声とわかる音声は聞き取れない。画面が一瞬真っ白になるのは、オポッサムがネコの正面に来たが、近すぎて焦点が合わず、カメラの赤外線照明を強烈に反射して白飛びした証拠だ。そして再びオポッサムが現れ、またホワイトアウトしたあと、手すりを支える薄板の隙間をすり抜け、階段を降りて、闇に消える。

2匹はほんとうに喧嘩したのだろうか？　わたしはそうは思わない。それなら対戦相手のどちらかが威嚇したり唸ったりするはずだが、それらしき音声はなかった。おそらく、ネコは単純にオポッサムを見失い、そのあと急に50センチほど先に現れたオポッサムのほうも、おそらくネコが見えていなかったのだろう。どちらも仰天し、オポッサムが立ち去り、こうして平和が戻った*[5]。

ジョージア大学の映像は目をみはるもので、研究対象のネコたちが繰り広げる生活の魅惑的な名場面を垣間見せてくれる。とはいえ、これらはプロジェクトのハイライトであり、全部合わせても30分にしかならない。全体的には退屈で何も起こらない映像が大半だったであろうことは想像にかたくない。ネコが右を向いたり、左を向いたり、何をしたり見たりするでもなく歩き回ったり。そんな場面が大半を占める500時間の映像を確認するのはさぞ骨が折れただろうが、ロイドは明るく、そんなに悪くなかったですよと語る。博士号を手にするために大学院生がやるべきはこういうことですし、とも。

ネコカメラを使ってみた！

自分でも体験してみようと、わたしもネコカメラを購入して試してみた。ウィンストンとジェーンがうちと隣家の庭を行き来する映像を延々と眺めたあとで、わたしはロイドへの尊敬の念を強くした。ネコカメラ映像の視聴体験は、ひとことでいえば、退屈とフラストレーションへの耐性テストだ。

最初に押し寄せたのは退屈だ。衝撃の事実――ネコはほとんどの時間を、ごろごろして見た目には何もせずに過ごす。ナショジオのネコカメラと同じように、市販モデルも何も起こっていないときは記録を停止する機能を搭載しているはずなのだが、クオリティは値段相応だ。予算１００ドルでは、１０００ドル[*6]のナショジオ版と同じ安定した動作は期待できない。そんなわけで、撮影停止が機能しなかった何も変わらない静止画が大量に記録されていた。それに、ネコはしょっちゅう頭をくるりと回し、周囲の様子を窺う。ヒトにはわからないにおいや物音に反応しているのだろうが、このためたとえモーションセンサーが作動していても、この動きだけで録画が再開してしまう。

こんな動画を2、3本も見ればもう、退屈すぎて頭が麻痺してくる。草むら、木、私道、ジャングルジムの光景にはすぐに飽きてしまった。５００時間のスペクタクルがどれだけ単調だったかは想像を絶するが、ロイドのいうとおり、科学とはそういうものだ。漫画のなかの白衣を着た科学者はよく、計算式がびっしり書かれた黒板の前で「エウレカ！　わかったぞ！」と叫んでいる。けれども現実の科学は地道な努力の賜物で、大量の単純な反復作業がつきものだ。化学物質を何百回も混合して反応を確かめたり、何千本もの植物を測定して薬品が成長に与える影響を調べたり、回し車のなかで走るマウスを延々と観察して食事や日照の影響に関する仮説を検証したり…。検証すべきアイデアは興味深いものだが、実際のデータ収集もそうとはかぎらない。ゾウの観察だって、あまりに長時間になれば飽きがくるものだ！

それから、わたしがとくにイライラさせられたことがある。ウィンストンかジェーンが1歩進むたびに、映像が上下にブレるのだ。ナショジオのネコカメラよりずっとブレ幅が大きい。市販モデルが軽量すぎる(ナショジオモデルの10分の1の8・5グラム)か、あるいは単に出来がよくないのだろう*7。理由はどうあれ、ネコが動きだすたびに映像は小刻みに揺れ、ネコが何をしているのかはおろか、どこにいるのかさえわからなくなってしまう。歩いているだけでこうなのだ。ましてや走ったとき(うちの裏手の幅の狭い道路を渡るときのウィンストンのように――偉いね、ウィニー！)には、映像は完全にぼやけてしまう。文脈からなんとか状況が把握できたこともあった。たとえば、ジェーンがフェンスの前まで歩き、解読できない明暗のモンタージュのあと、隣家の庭を高い位置から見渡す映像に切り替わったことがあった。これは明らかに、ジェーンがフェンスのてっぺんに飛び乗ったことを意味する。とはいえ、何が起こったのか見当もつかないことのほうが多かった。

もちろん、悪いことばかりではなかった。ウィンストンが毛玉を吐いたとき――わたしのミニ研究でいちばんエキサイティングだった瞬間のひとつ――は、前方に揺れる映像、おなじみのえずく声、そして最後の声のあとにカメラの視界を通過して地面に落ちる物体から、何が起こったかがよくわかった。ウィニー、大丈夫？（今日はお気に入りのラグの上に吐かないでくれてありがとう！）

なにしろ本職がトカゲ研究なので、わたしは生でも映像でも、ネコよりもトカゲをずっとたくさん見てきた。あえていえば、トカゲの観察はネコよりもさらに単調だ。トカゲはほんとうに、ほとんどの時間を何もせずに過ごす。それでも、ごくまれにある興奮の（木の幹を駆け下りて通りがかりのゴキブリを捕まえたり、オスどうしがなわばり争いをしたり、ときにはまったく予想外の行動をとって、たとえば赤いベリーの実を食べたりする）瞬間に出くわすだけで、退屈に耐えた甲斐があったと思えるものだ。

ネコカメラも同じだった。毛玉以外のハイライトを軽く紹介しよう。

- ●ジェーンはわたしの予想よりずっと遠くまで散策に出ていて、終点の赤い手押し車を見つけるのに、わたしはずいぶん手こずった。足取りを追って近所を何軒か先までチェックしたのだが、人目を避けつつこっそりと庭を覗き込むのに苦労した。
- ●ウィンストンがうちに入って、駆け寄ってきたネルソンに威嚇したとき。
- ●ウィンストンが何度かガラス戸に近づき、椅子でくつろいでいたわたしが立ち上がって家に入れてやろうとするのだが（ウィンストン目線で自分の姿を見るのは幽体離脱のような気分だ）、ああ、またやられた！　彼はきびすを返して庭に戻る。映像で見ても、実際に体験するのと同じくらいイラッとする。

ジェーンがウサギに忍び寄ったり、ウィニーがアライグマと対決したりするアクションシーンはなかったが、わたしが見たのはせいぜい計10時間ほどだ。

プロジェクトから見えてきたもの

見よう見まねはこれくらいにして、ほんもののネコ研究に戻ろう。ロイドは何を発見したのだろう？ウィンストンとジェーンと同じように、ジョージア州アセンズの家庭ネコたちも、屋外にいたほとんどの時間を何もせずに過ごした。「飼いネコの多くはただポーチに寝そべって、飼い主の帰宅を待つことに、大半の時間を費やしていました」と、ロイドはいう。全体で見ると、ネコたちは屋外にいる時間の約4分の3を、睡眠、休息、毛づくろいのいずれかをして、動かずじっとして過ごした。

とはいえ、ひとたび活動しはじめると、アセンズのネコたちはありとあらゆるやっかいごとに首をつっこんだ。たとえば、あるネコは広い道路を渡って雨水溝にたどり着き、カーブに設置された狭い隙間からなかに潜り込んだ。ネコはためらうことなく、1メートルほど下のれんがに囲まれた空間の底まで飛び降り、そこからトタンが敷かれた溝のなかを、溝が細くなり右折している箇所まで15メートルほど歩いた。ここでネコは立ち止まり、うしろを振り返り、開口部を見上げた。そして「うーん、あんまりいい考えじゃなかったかも」とでも思ったのか、同じ道を引き返し、またジャンプして隙間に到達すると、再び路上に姿を現した。

この1件はとくに危険に思える。ネコが溝にいるときに豪雨がやってきたら？　だが、ロイドはほかにもたくさんのリスキーな行動を目の当たりにした。合計で11匹のネコが雨水溝に侵入し(回数でいえば19回)、11匹が家の床下に入り込み(どんな生き物と遭遇するかわかったものではない)、10匹が木や屋根に上り、14匹が得体の知れない飲食物を口にした(正体がわかっているものもひとつある。誰かが切り株の上に置いたチェックスのシリアルが、リス用なのかもしれないが、ティガーのお腹に収まったのだ)。14匹のネコが合計28回、同居していない別のネコと遭遇し、ほとんどは友好的だったが、2回は威嚇と唸り声の応酬となった(ただし身体接触はなかった)。あるネコは車のエンジンルームに忍び込み、そして極めつけにオポッサム事件があった。

こうした危なっかしい行動も、道路横断に比べれば霞んでしまう。交通事故は野外にいるネコの主要な死因であり、とくに若いネコが犠牲になりやすい。ロイドの研究では、対象となったネコの半数が6回以上も道路を横断し、ある個体はじつに24回も横断した(ネコの各個体がカメラを装着した期間はわずか1週間だったことをお忘れなく)。この知見は、キャットトラッカー研究のデータともよく一致した。

全体を見ると、ほぼすべてのネコが1週間の観察期間のうちに少なくとも1度はリスキーな行動をとっていて、平均頻度は6回だった。ロイドはこの研究をまとめた論文を、濁すことなくこう締めくくった。「自動車との衝突で飼いネコが負傷または死亡する経験をした飼い主のほとんどは、その後ネコを室内飼育するようになる。だが、飼いネコが原因不明の失踪をした飼い主は、ネコが負傷したまま見つからなかったという可能性を考慮せず、ほかの家庭に「引き取られた」と思い込みやすいのかもしれない」。要するに、ネコはバカなことをするし、悲劇は起こるものだ。ネコは室内で飼おう、ネコ自身のために！

映像には、4匹のネコたちの浮気現場も収められていた。飼い主を裏切って、よその家で過ごしていたのだ。あるストライプタビーの飼い主はショックを受けつつ、「あの人たちがドアを開けてやると、うちの子はするっと入っていきました。よその家ですっかりくつろいでいたんです」と語った。二重生活を送るネコたちは「なでられたり、餌をもらったり」していて、さらに奇妙なことに、あるネコカメラには家主が隣人のネコの顔に電話を近づけ、ネコに電話を代わろうとするような仕草が記録されていた。

このようなネコの浮気には、シャムリー・グリーンでの撮影でもノースカロライナの研究でも見つかっていたこともあって、わたしは驚かなかった。というのも数年前、わが家のウィンストンも同じようなふるまいをしていることが発覚したからだ。メリッサは以前、毎週ご近所さんたちを集めてヨガをしていた。ときにはご近所さんがわたしたちの知らない友だちを連れて来ることもあった。ある朝、下向きの犬のポーズの最中に、ウィンストンが泰然と部屋に入ってきて、あちこちで立ち止まっては挨拶したり、なでてもらったりしたことがあった。

そのとき、新顔で初対面の参加者のひとりが、「ウィンストン、ここで何してるの？」といったので、メリッサは驚いた。「ウィンストンはうちのネコですけど、どうしてご存知なんですか?」話を聞くと、初対面のこの人もじつは近所に住んでいて、うちの裏庭の端を流れる小川の対岸に家があるとわかった。そして、ウィンストンはしょっちゅう訪ねていっては、この家のキャットドアを通り、この家のネコの餌をもらい、この家の子どもたちに見つめられながらくつろいでいたというのだ。この家で飼われているネコの1匹が亡くなったときには、ウィンストンの存在が癒やしになったそうだ。野良かどうかを確かめようと動物病院に連れていったとき、肩に埋め込まれたマイクロチップを読み取ってもらい、ウィンストンという名前を知ったのだが、住所まではわからなかったらしい。いまではすっかり仲良くなり、ウィンストンが遊びに行ったときはうちに連絡をくれるようになった。

狩りの哀しき事実

ロイドの研究のもっとも重要な発見は、ネコの捕食行動に関するものだった。外にいるネコが鳥、齧歯類、その他の小動物を追い回すことは誰でも知っている。でも、狩りの成功率はどれくらいで、獲物の個体群にどのような影響を与えているのだろう? 家畜化は捕食者としてのかれらの腕を鈍らせたのだろうか?

こうした疑問に答えをだすには、ネコを観察して狩りの瞬間を直接観察しなくてはいけないと思うかもしれない。だが、すでに述べたように、これは並大抵のことではない。実際、ロイドの研究より前に、ペットのネコが何を捕まえているかを直接観察して記録した研究はたったひとつしかなかった。ケイズのオールバニーでの研究だ。ネコの居場所を特定するだけでなく、ケイズのチームは発見したネコを定期的に双眼鏡で観察し、合計200時間弱の行動記録をつけた。

研究者はふつう直接観察ではなく、飼いネコが家にもち帰る獲物を狩りの成功の指標とみなし、通常は飼い主に頼んで記録をつけてもらうという調査手法をとる。このやり方には明らかに、ひとつ大きな欠点がある。ネコが獲物を殺したあと、その場で食べていたとしたら？ ロイドのネコカメラ研究は、こうしたケースがどれくらい頻繁に起こるのかを解明する、またとない機会となった。

映像にはネコの狩猟能力を裏づける証拠が豊富に含まれていた。ヒョウガエルに飛びかかるネコ、死にかけのトカゲ*[8]で遊ぶネコ、鳥*[9]を叩きのめしつつ餌台を虎視眈々と見つめるネコ。全体では、研究対象のネコのうち24匹が、計69回にわたり獲物に忍び寄り、狩りの成功率は50％をわずかに上回った*[10]。獲物の正体がはっきりしないこともあったが、ほとんどの場合、ネコが口に咥えた獲物はカメラのすぐ前に映しだされたため、特定は容易だった。狩りを成功させた16匹のネコたちは、平均で1週間に2・5匹の動物を仕留めていた*[11]。最多記録のビーンは、2匹のカエルと2匹の齧歯類、1匹のトカゲを捕えた。

ロイドの研究には2つのビッグサプライズがあった。第一に、ネコはほとんどの獲物を家にもち帰っていなかった。獲物のじつに49％は殺されたあと野外に放置され、これとは別に28％はその場で食べられていた。家にもち帰ったあとで食べたり、飼い主へのプレゼントとして置かれたりするのは、獲物の4匹に1匹にも満たなかったのだ。この知見が意味することは重大だ。先行研究では、もち帰られた死体だけがカウントされていたため、家庭ネコによる狩りの影響は大幅に過小評価されていたことになる。この10年前、ケイズはオールバニーで同様の結論に至っていた。殺した獲物の数はおおむね、もち帰った獲物の数の3倍だったのだ。

もうひとつ意外だったのは、ネコの狩りのターゲットだ。世間が関心を向けるのはたいてい、飼いネコが鳥を殺すときだ。ところがもっとも大きな割合を占めたのは爬虫類で、とりわけ――悲しいことに――わが愛しのアノールトカゲ、なかでもグリーンアノールが犠牲になっていた。齧歯類（具体的にはシマリスとハタネズミ）は2位につけた。とはいえ、鳥が見逃されていたわけではなく、この研究では10匹のネコが鳥の餌台や水浴び場を凝視し、5羽の鳥が捕まって死んだ。

ネコの行動はだいたい同じ

ネコカメラにネコの悪行とくれば、メディアが飛びつかないわけがない。ロイドの研究は紙媒体でもテレビでも、ネットでも広く報じられた。

ネコカメラの話題沸騰ぶりを見るに、こうした手法を用いた研究はさぞ激増して、多くの研究者たちがロイドのあとに続いたのだろうと、わたしは思った。驚いたことに、この予想は外れた。わたしの知るかぎり、ペットネコを動画クリエーターとして起用した研究をおこなったのは、ほかにはたった3チームだけだ。

なぜもっと多くの研究者がペットのネコにビデオカメラを装着したプロジェクトに乗りだしていないのか、わたしにはわからないが、ある研究者から聞いた話では、プライバシーの問題から断念したという。つまり、ネコカメラが意図せず人びとの親密な、あるいは見られたくない瞬間を捉えてしまう恐れがあり、人びとがこうした可能性を心配したり、訴訟を起こしたりしかねないという懸念があるのだ。

実際、まさにこれが理由で、ロイドとナショジオのチームは飼い主たちが研究に参加する前に、「飼いネコが家の近所を歩き回って動画を撮影することを理解しています」(だからシャワーから出るときは要注意)という宣誓書にサインさせた。アバーナシーは、映像確認中に何かまずいものが見つかったらすぐさま記録を消去するつもりだったと語るが、この最終手段が行使されることはなく、ネコたちが撮った映像はみな全年齢向けだった。

規模こそ小さいものの、より新しい3つの研究(2つはニュージーランド、1つは南アフリカでおこなわれた)から、ペットネコの行動は世界のどこでも基本的によく似ていることが示唆される。ネコはおおむね不活発で、動き回っている時間は全体の約10%しかなく、それとほぼ同じくらい長い時間を毛づくろいに費やした。3つの研究すべてで、ほぼすべてのネコが狩りをおこない、成功率は50%に満たなかった。獲物はトカゲ、昆虫、その他の敬遠されがちな生きものが大半を占め、半数以上はもち帰られなかった。ネコはリスキーな行動が大好きなようで、道路を渡ったり、車の下に潜んだり、屋根の上にのぼったり、雨水溝や床下に入り込んだり、見つけたものを手当たり次第に飲み食いしたりした。ほかのネコともしばしば遭遇し、ときにはけんかに発展した。よその家に入り浸ることもあった。

オンラインで公開されているケープタウンでの研究の傑作映像集からも、こうした要点が浮き彫りになる。ネコたちはリスを追って屋根に飛び乗り、ほかのネコを威嚇し、はしゃぎまわるイヌを眺め、逆立ちしたり路地裏に隠れたりする少年たちに目を留め、鳥をつけ狙い、トカゲをいじめ、生きたヤモリや齧歯類を咥えて歩いた。最大のハイライトは、アフリカタテガミヤマアラシ*12がのそのそと画面を横切ったシーンだろう。ネコは賢明にも凝視するだけで、この棘だらけの齧歯類に手を出そうとはしなかった。

🐾

無線追跡とネコカメラの登場により、飼いネコが家の外で何をしているかはもはやおおいなる謎ではなくなった。それでも未知の部分は多く、さらなる研究が必要だ。たとえば、ほとんどの無線追跡研究は経済的に豊かな西側諸国で実施されてきた。熱帯では、中国では、タイでは、ネコたちの行動は異なるのだろうか？　家庭環境の違い――富裕層か貧困層か、都会か田舎か、イヌと同居しているかどうか――は、かれらの行き先や行動に影響を与えるのだろうか？

とくに気になるのはネコの個体差だ。わたしは数かずの研究結果を「平均的な」ネコの行動としてまとめて紹介したが、すべてのネコが平均的な行動をとるわけではない。行動圏がずば抜けて広い個体もいれば、恐るべき捕食者もいる。おもに鳥を狙うネコもいれば、シマリス狩りのエキスパートもいる。喧嘩っ早いネコも、おっとりしたネコもいる。こうした個性はどうすれば説明できるだろう？答えはまだ誰も知らない。しかし幸い、調べるのに必要な技術はすでにある。情熱にあふれた次世代の若い研究者たちが、フィールドに出てデータを集めるのは時間の問題だ。

行動の個体差といえば、一部のネコがほかとは異なる行動をとる明白な理由がひとつある。ネコのなかには、わたしたちヒトと同居しておらず、気まぐれな世話や溺愛に左右されない個体もいるのだ。

＊1　ネコの視覚はヒトの視覚とは異なることをお忘れなく。ネコは暗所での視力に関して、わたしたちよりもはるかにすぐれているが、代償として日中の視覚はあまり鋭敏ではない。焦点調整の能力もヒトに劣るが、動いている物体を追跡する能力はとても優秀だ。また、ネコは赤緑色盲でもある。

＊2　調査結果に誰もが満足したわけではない。ある女性は自身の飼いネコが鳥を捕えて殺したと知ってひどく動揺し、プロジェクトへの参加を辞退しようとした。ロイドの説得により、女性は辞退を思いとどまって、代わりに鳥を捕まえにくくするネコ用の前掛けを買った。

＊3　具体的には、アバーナシーはアザラシが近海のサンゴ礁まで泳いでいって魚を捕っていると考えていたが、カメラの映像からアザラシはサンゴ礁を素通りし、沖合で深く潜水して獲物を捕えていることがわかった。

＊4　ジョージア大学のウェブサイトにネコの名前は掲載されていないので、ここではあるペット保険会社の調査による、ジョージア州で人気のネコの名前の上位を使った。

＊5　ここで正直に告白しなくてはいけないことがある。わたしはオポッサム・ファンクラブの正規会員だ。北米唯一の有袋類であるかれらは魅力的な動物であるにもかかわらず、不当な酷評を受けていると思う（カンガルーやコ

アラを含む有袋類は、子どもをお腹の袋のなかで育てる哺乳類だ)。確かに、詳しくない人にはその姿は巨大化したドブネズミに見え、50本の歯(北米の哺乳類で最多!)は恐ろしげに思えるかもしれないが、実物のかれらは害のない雑食動物で、死体や害虫を平らげてわたしたちの役に立ってくれている。それに、さまざまな野生動物の減少を憂う暗いニュースが飛び交う昨今にあって、オポッサムは稀有なるサクセスストーリーを体現し、人為環境のなかで繁栄をとげる数少ない種のひとつだ。だから今度オポッサムが裏庭を通り抜けたり、道路を横断したりするのを見たときには、隅に置けないかれらに敬意を表し、そっと見守ってほしい。

*6 ナショジオモデルは商品化されていないので、値段は憶測だ。

*7 最初に買ったモデルはほどほどの頻度で2、3か月使っただけで動かなくなってしまい、わたしはひどくがっかりした。新しいカメラを買ってみたが、また同じことが起こった。ネットのレビューを見るかぎり、よくある問題らしい。

*8 爬虫類好きのために書いておくと、スキンクの一種。

*9 ツキヒメハエトリ。

*10 対照的に、ケイズの研究では狩りが成功したのは4回に1回で、しかも捕まった齧歯類の半数はのちに逃げおおせた! 結果の違いは、ターゲットになりうる獲物のタイプの地域差によるものかもしれない。たとえば、ニューヨーク州北部には獲物になる爬虫類があまり分布していない。

*11 これは獲物を捕えることができた16匹のネコに絞った結果であることに注意。研究対象となった全55匹のネコの平均では、1週間に1匹を少し下回るが、これでさえアセンズのネコの平均値としては過大推定かもしれない。というのも、研究に進んで参加した人の飼いネコは普段から活発に外で活動する傾向にあり、一方で不活発なネコの飼い主は、この研究はうちの子には向いてなさそうと思う可能性があるからだ。

*12 カナダヤマアラシの数倍の大きさで、棘の長さは45センチに達する。

Chapter 18

ノネコの知られざる生活

世界には、フルタイムで野外生活を送るネコが数千万から数億匹いるとされる[*1]。ヒトから餌を与えられたり、場合によっては健康状態を心配した優しい人たちに動物病院に連れて行ってもらったりすることもあるが、多くは完全に独力で、家畜化以前の状態に戻って生きている。

このような先祖返りしたライフスタイルは、家庭で飼われるペットとはまったく違ったものだろう。ノネコの行動圏が飼いネコよりも(ときには比較にならないほど)広いことはすでに述べた。ノネコはおそらくよりアクティブだろうとも考えられるが、裏づけるデータは乏しい。イリノイ州でモーションセンサーを首輪に装着した研究によれば、ノネコは家庭ネコよりも、走行や狩り、遊びにより多くの時間を費やし、睡眠時間が短かった。

ノネコの活動性が高く、運動量が多いことは意外ではない。居心地のいいキッチンに満杯の餌皿を置いてもらってはいないのだから。だが位置情報記録とモーションセンサーの散り散りのデータからは、こうしたネコたちの暮らしぶりは断片的にしかわからない。残念なことにノネコの行動を直接観察するのは、ペットのネコを観察するよりはるかに難しい。人間嫌いで秘密主義の、まるっきり野生そのもののネコを尾行するところを想像してもらえばわかるだろう。このように観察が難しい種の生態に光をあてることこそ、ナショナル・ジオグラフィック協会がクリッターカムを開発した理由だ。

こうした動物にクリッターカムを使用することには、ひとつ大きな落とし穴がある。わたしがウィンストンに試した実験を思いだしてほしい。わたしは毎日、映像がほしくなったらウィンストンをよんで、おやつをあげたり顎をかいてやったりしつつ、手早くカメラつきの首輪を巻きつけ、鮮やかな手際で留め具をパチンとロックする（というのが理想だが、現実にはひじで彼を押さえつつ不器用に留め具をいじくることのほうが多い）。そして数時間後、ウィンストンが帰ってきたら、カリカリを食べている隙に首輪を外し、カメラをコンピュータに接続してその日の映像を確認する。

ノネコ相手ではこうはいかない。まずはネコにカメラを装着しなくてはいけないが、フリスキーのおやつくらいでは簡単に近寄ってきてはくれないし、もちろんひじで押さえて体を固定するわけにもいかない。しかも、これでようやく半分でしかない。映像をダウンロードするには、カメラを回収する必要があるからだ*[2]。

ナショナル・ジオグラフィックは、後半戦を楽にする裏技をいくつか考案した。自動リリース機能を搭載した首輪は、事前に設定した時間になると動物の体から離れるようになっている。最近では、研究者がライブストリーミングで映像を観られるカメラも開発した。だが、どちらもカメラが重くなってしまううえ、値段も張るため、潤沢な予算のある大型動物のプロジェクト専用だ。

こうした選択肢が使えないとなれば、残る手段はひとつだけ。ネコを再捕獲して、首輪とカメラを手ずから回収するしかない。ノネコを1度捕まえるだけでもたいへんなのに、2度目だなんて！

オーストラリアのノネコ問題

ヒュー・マクレガーは問題解決の達人で、必要な成果を得る方法をいつでもどうにかして見つけだす。タスマニア生まれのマクレガーは用心深いネコたちに臆することなく、オーストラリアの差し迫った保全上の問題と向き合った。

彼の研究背景にあったのは、オーストラリア北部の小型哺乳類の個体数減少だ。ネコは容疑者の筆頭だったが、有罪は確定していなかった。ネコは2世紀前からオーストラリアに棲んでいるが、小型哺乳類が減りはじめたのはここ数十年のことだからだ[*3]。仮説として、ネコが最近になって以前とは比べものにならないほどの大問題になったのは、山火事がより頻繁になり、畜牛放牧が過剰におこなわれるようになって、開けた土地の植生が減少し、被食者は捕食者を避けるのに必要な隠れ家を失ったという考えがあった。マクレガーの目標は、ノネコが特定のタイプの生息環境をより好んで利用するのか、ノネコの狩りの成功率が植生被覆の影響を受けるのかを解明することだった。

最初の課題は、どうやってネコを捕まえるかだ。それも、繰り返し使える方法でなくてはならない。箱罠はカメラを装着するときには役に立っても、よくいわれるように、1度捕まったら2度目は用心する。ネコを再捕獲してカメラを回収するには、別の方法が必要だ。

マクレガーにはひとつ考えがあった。探知犬だ！　チームに加わったのは、鳶《とび》色の耳をした茶色と白の美しいスプリンガースパニエルのサリーと、たくましい胸板をした茶色と黒のカタフーラ・レパードドッグのブラングルの2匹。カタフーラ・レパードドッグはいい伝えによれば、野生化したブタを追い詰める目的で開発されたルイジアナ生まれの猟犬だ*4。

生後8週でやってきたイヌたちは、ノネコのにおいを追跡するように少しずつ訓練を受けた。正の強化の原理を利用し、まずはネコの毛皮と糞*5を提示してノネコのにおいを覚えさせた。次に、空き地でネコの毛皮を引きずっておいて、イヌたちがにおいの痕跡を追ったらごほうびを与え、時間をかけて距離を伸ばし、難易度を上げていった。最後に、追跡した先にケージに入れたネコを置いて、においと生きたネコの結びつきを学習させた。ここまでくれば、生後9か月になっていたイヌたちは準備万端だ。

マクレガーはネコを見つけるのに、ナイトドライブという方法をとった。ピックアップトラックの荷台に複数のチームメンバーを乗せ、強力なサーチライトで周囲を照らして探すのだ。多くの夜行性動物の例に漏れず、ネコの眼は光をよく反射し、黄緑色に輝いて見える*6。そのため、強力なサーチライトを自分の頭の近くに取りつけて、反射光を見逃さないようにしておけば、効率よく夜行性動物を見つけることができるのだ。

わたし自身も何度もやったことがある。湖や川でワニを探したり、アフリカのサファリでライオンやヒョウを探したり、中米の熱帯雨林で樹上にいるウーリーオポッサムやキンカジューを探したりした。2つの輝く円が姿を現すのはいつも突然だ。色は赤だったり、緑だったり、銀だったりする。たいていほかには何も見えない。遠すぎるうえに暗すぎて、2つの反射光以外の部分は闇に包まれている。はたして光の正体は？

しばらく続けるうちに、種を見分けられるようになってくる。色とサイズが鍵になることが多い。たとえば、森のなかはいつも小さな銀色の反射光で賑わっていて、サイズだけでクモだとわかる。水滴が紛らわしいこともあるが、光を反射する円がひとつだけなら、ただの水で間違いないだろう。アフリカでは、円形ではなく太い横棒型の反射光が見えたら、たいていはアンテロープなどの草食獣のものだ。

とはいえ、よく似た反射光をもつ動物は多く、とくに丸くて緑色は定番だ。こんなときは姿が確認できる距離まで近づくしかない。わたしは暗いところでもよく見える大型の双眼鏡をもっていくようにしている。サーチライトを構えながら同時に双眼鏡を眼にあてるのは難しいので、ストラップで額に装着できるタイプの強力な照明を使うことが多い。ナイトマウンテンバイクの常軌を逸したブーム[*7]のおかげで、いまではさまざまなタイプのヘッドライトが手に入るようになった。ただし、このやり方にも欠点はある。なかでも、蛾が絶えず眼のまわりを飛び回り、ときには口や鼻にダイブしてくるのはやっかいだ。

それはともかく、マクレガーたちは蛾に悩まされることなく、時速25キロで走るピックアップトラックの上からヘッドライトで周囲を照らしながら、2つの黄緑色の大きな反射光を探した。誤報は珍しくなかった。ディンゴ(オーストラリアの野生化したイヌ)の眼はネコによく似ているが、ディンゴのほうが位置は高く、また光から歩き去ることが多かった。ネコはふつう、その場にとどまって光を睨み返すのだ。

もうひとつ、誤報の原因になりうる意外な生きものがいた。鳥はほとんどの種が昼行性だが、ヨタカは例外だ。夜間飛行には大きな眼が必要なため、小さな体に反してヨタカの眼の反射光は不釣り合いに大きい。しかも、ニワトリ大のこの鳥には道路のど真ん中に座り込む習性があるため、走行中の車からまだ遠く離れていても眼の輝きがはっきりとわかる。とはいえ、反射はネコの眼ほど強くないため、長いナイトドライブの終盤で疲れていないかぎり、チームメンバーが騙されることはなかった。

眼のもち主がネコとわかったら、研究者たちはドライバーに叫び、ピックアップトラックは急停止。ここで探知犬の出番だ。ネコを傷つけないよう口枷《かせ》をはめられたサリーとブラングルは、あたりを嗅ぎ回ってにおいを探知し、そして追跡がスタートする。イヌたちはときに全速力で駆け出すので、ハンドラーはついていくのに必死だ。

2匹のうち、より熱意にあふれているのはサリーだが、ときに空回りしてしまう。「サリーはハイテンションで元気いっぱいなんですが、ネコハンティングの頭脳戦にはちょっと弱いところがあって、よくネコに裏をかかれてしまうんです」と、マクレガーはいう。「レトロなアニメでよくありますよね、イヌがネコを追いかけているときに、ネコが急に立ち止まって、イヌはネコの上を飛び越えてそのまま走りつづける、みたいなシーン」。

反対にブラングルは狩りに夢中という雰囲気ではないが、立ち回りは抜け目ない。2匹は息ぴったりで、研究が終わる頃には開けた土地ならけっしてネコを逃さないようになっていた。難易度の高い複雑な地形の場所でも、成功率は50%を超えた。追跡は30秒で終わることもあれば1時間も続くこともあり、ネコがどれだけ先にスタートしているか、穴に潜り込んだり木にのぼったりイヌに追い詰められたりするまでに、どれだけ遠くまで逃げられるか次第だった。ここまでくれば、サリーとブラングルの任務は完了。ネコを捕獲するのはマクレガーの役目だ。

いうは易し。多くの場合、ネコは地上や低木の上にいるので、網で捕まえて帆布の袋に入れる。ときには穴に潜り込んだネコの後肢をつかんで引きずりだすこともある。驚くべきことに、キャリアを通じて300匹以上のネコを捕獲してきたマクレガーが咬まれて深手を負ったのは、たった1度だという。「インコを研究している友人のほうがずっとひどい目に遭ってますよ。あれに比べたら、ネコは楽勝です」。彼は謙虚にそう語るが、愛猫をお風呂に入れたことがある人なら、マクレガーがどれだけ高い技術をもっているかはよくおわかりだろう。

ネコが高い木の上まで逃げてしまい、研究者の手が届かないことも少なくない。そんなとき、マクレガーは麻酔銃でネコの太ももを撃ち、チームメンバーと一緒に消防士のようにシーツを広げて下で待機する。やがてフラフラになったネコは木から落ち、ソフトランディングを果たす。このやり方で、かれらがネコを逃すことはなかった。

動物への配慮と研究倫理

このあたりで、科学研究における動物福祉への配慮について論じておくべきだろう。ここまで描写してきた研究の手法は、ネコにとっては迷惑このうえない。吠えたてるイヌに追い回されるだけでもトラウマものだし、麻酔銃で撃たれるとなればなおさらだ。

実際、はるか遠くから観察するだけでないかぎり、どんな動物行動学研究も、研究対象になんらかの形で不快感や苦痛を与える可能性がある。ネコカメラを身につけるだけでも、最初は不快に思うだろう*[8]。マクレガーのカメラはネコの体重の約3％の重量だった。これは人間でいえば、超大型双眼鏡を首にかけて1日じゅう歩き回るのに相当する*[9]。ネコはこんなことに同意していないのに！

動物の権利と科学研究のどちらをとるかという問題をめぐっては、半世紀以上にわたって侃々諤々《かんかんがくがく》の議論が続いている。一方の端には動物にほんのわずかでも不快感を与える研究は何であれ許されないという主張があり、他方の端には知識の探究という大義のもとではあらゆる研究が認められるという考えがある。前者の主張を掲げる人はけっして多くないし、後者の主張を擁護する人はもっと少ないことを願うが、では両者のあいだのどこに着地点を見いだすべきなのだろう？　知識と動物福祉はりんごとみかんのように、まったく異質なものだ。得られる知見と与える苦痛の適切な比率をどうすれば導きだせるのか？

この問題については何冊も本が書かれてきた。関連する問いは多数あり深入りは避けるが、たとえば対象の動物がヒトとどれだけ進化的に近いかは重要なのか？　どれだけ痛みを(知られているかぎり)感じるかや、体の大きさ、見た目のかわいらしさ、カリスマ性については？　ネコやウマの研究には多くの人びとが不安を感じるが、ネズミやヘビだとそうでもないし、ましてやゴキブリなら誰も気にしない。そこに倫理的正当性はあるのか？

わたしの意見を述べると、まず人類の歴史はわたしたち自身とわたしたちを取り巻く世界について発見を積み重ねる壮大な旅だ。知識はそれ自体に内在的価値があり、よりよい世界を築くうえで有用でもある。

だが、動物たちが生きて呼吸をしている命であることを忘れてはならない。ヒト以外の動物にもある程度の自己認識があり、ほとんどは痛みを感じる能力をもつ。知識の探究のために動物に軽度の不快感を与えることは許容範囲だと、わたしは考える。ネコに首輪をつけて、一時的に多少のかゆみを引き起こすことが、そこまで重罪だとは思えない。

一方、研究がより大きな苦痛を引き起こし、痛みや死の危険さえ伴うとなれば、そこから得られるであろう知見について、より厳格な説明義務が生じる。加えて研究が認められるとしても、十分な対策を講じて、代替手法を検討し苦痛を軽減する必要がある。こうした問題を精査するのは倫理委員会の役目で、大学や政府機関、動物園、その他の研究機関による動物研究はすべて、委員会の承認を得た上で進めなければならない。もちろん、りんごとみかんの側面はなくならない。適切なバランスについての考えは人それぞれだ。ネコがどこへ行くかを知るだけのためにうっとうしい首輪をつけるのは許されないと思う人もいるだろう。ひとつひとつの研究について、何が得られるのか、研究対象がどんなコストを負うのかを、文脈に照らして検討するのが最善のやり方だ。

マクレガーの研究に関しては、わたしたちはネコの秘められた暮らしぶりを知りたいのはもちろんのこと、ネコが自然環境に与える影響を理解し、もしも悪影響があるのなら解決策を考えるために、こうした情報を必要としている。ネコを罠で捕まえるのは、とくに2度目となるときわめて難しく、用心深いノネコの捕獲に現実的な代替手段は存在しない。そのうえ、マクレガーのチームはネコの安全に務め、苦痛を最小限に抑えるように細心の注意を払った。麻酔銃が命中した場所があざになることはあっても、それ以上の重大かつ長期的なけがを負った個体はいなかった。得られた知見は、何匹かのネコが感じた恐怖や軽い苦痛に見合うものだったと、わたしは思う。だが、誰もが納得するわけではないだろうとも思う。

では、ブラングルとサリーの活躍に話を戻そう。

ネコ大移動の謎解き

ネコを捕まえたあと、チームは手早くネコカメラつきの首輪を装着した。ナショジオのクリッターカムではない。このプロジェクトがスタートしたのは、ロイドの論文が出たのよりも前なのだ。マクレガーは何年も前から実用に耐えるネコカメラを開発してもらおうと、エンジニアやその他の専門家に相談してきたが、満足のいく結果は得られなかった。そこで自分の手で解決することにした。

最初の試みとして、まずはシンプルにアクションカメラのGoProをネコの首輪にぶら下げた。連続撮影時間は2時間*10だけで、日中しか撮影できない。果たして結果は?「撮れた映像に驚きましたよ! トカゲやウズラを狩ったり、岩山で飛び跳ねたり…ウンチをするところまで映っていたので、現場に行ってサンプルを回収できました」

マクレガーはすっかり夢中になり、その後の6回がすべて大失敗だったことにもくじけなかった。2匹のネコは2時間眠りっぱなしで、1匹はカメラが不具合を起こし、1匹は日が落ちて何も映らなくなってからしか行動しなかった。残りの2匹はまたしても、動作不良とうたた寝だった。

マクレガーはひたむきに努力を重ねた。試行錯誤でカメラの改良のやり方を覚え、筐体《きょうたい》を頑丈にし、夜間撮影機能を加え、ネコが不活発なときには撮影を停止するようモーションセンサーを搭載した。ここまでやっても、まともな映像が得られるのは3回に1回だった。

だが、貴重な映像は息を呑むほどだった! 取っ組み合いに興じる母子に、丘に登って日の出を眺めるネコ!

これ以前にマクレガーは、32匹のネコにGPSを装着して移動を追跡していた。彼はGPSから送信されたデータをもとに、ネコが開けたエリアを好んで利用しているかどうかを検証した。予測と寸分たがわぬ結果で、ネコたちは草丈が低いか、激しい山火事に見舞われて間もない断片化した生息環境に対して強い選好を示した。こうしたエリアでは獲物の隠れる場所がほとんどないことが理由と考えられる。

学術的データを収集し分析した結果が、事前予測にぴたりと一致したときの満足感は格別だ。だが、それ以上に知的興奮をもたらしてくれるのは、それまで知らなかった事実、あるいはもっといいのは可能性すら頭に浮かばなかった事実が浮かびあがってきたときだ。ＧＰＳの位置情報を分析したマクレガーは、まさしくそんな瞬間を味わった。

行動圏は、ある動物が日常における活動のなかで利用するエリアと定義される。マクレガーの研究対象の行動パターンは概してノネコの典型で、オスなら８００ヘクタール、メスならその半分という、広大な土地を徘徊していた。だがネコのうち7匹は、それまでのイエネコ研究でひとつとして前例のない行動をとった。ある日突然、ネコたちはみずからの行動圏を離れ、かなりのスピードでまっすぐに進み、最大で30キロもの距離を移動して、別のエリアに到達したのだ(各個体の移動は別の日に起こり、別の地点に到達した)。到着すると、ほとんどの個体は一定の範囲を、まるで第二のわが家であるかのようにうろつき回り、平均で15日後に本来の行動圏に戻った。

ネコたちはなぜ勝手知ったる行動圏を離れ、それまで1度も訪れたことのない遠くの目的地へ、一直線に(最初はＧＰＳの誤作動かとマクレガーが思った例さえあった)移動したのだろう? 答えは簡単、ネコは激しい山火事に見舞われたばかりの場所に移動していたのだ。ほとんどの場合、火災は過去2か月以内に発生していて、もっとも反応が速かったケースでは発生の5日後だった。そして鎮火から日が浅いほど、ネコたちは現場に長くとどまった。

詳しく分析したところ、この行動は激しい火災（すべての樹木と被覆植生が焼失した火災をこう定義した）のあとにだけ見られることがわかった。マクレガーがデータを徹底的に見直したところ、行動圏から13キロ以内の場所で激しい火災が発生した場合、ネコはほぼ例外なく現場に足を運んだ。一方22匹のネコについて、行動圏から13キロ以内の場所で軽度の火災が発生したとき、焼け跡を訪れた個体はゼロだった。

この驚異の大移動から、2つの疑問が浮かぶ。第一に、なぜいつもの行動圏から遠く離れた場所まで旅をしたのだろう？　答えは、そこに好機があったからだ。大火災の焼け跡では植生の大部分が焼失し、灰が積もり炭化した枝がところどころ突き出たような、あたり一面黒焦げの光景が広がっている。大火を逃げ延びた（たとえ大火災に見舞われても、多くの動物たちは機転を利かせて避難場所を見つけだし、命をつなぐ）ネズミやその他の小動物にとって、こうした土地に隠れる場所はほとんどない。ネコから見れば、そこらじゅうにおつまみが並んだ食べ放題の宴会場だ。

もちろん、この仮説を検証するのは難しい。マクレガーは実際にデータを見るまで、こうした大移動の存在すら知らなかったので、狩りを直接観察するという選択肢はなかった。だが、マクレガーと共同研究者による別の研究から、仮説を支持する証拠が得られた。この研究で、チームはひとつのエリアで野焼きをおこない、手をつけていない別のエリアを対照群として、齧歯類の生存状況の経過を記録した。その結果、野焼きそのものは死亡率に影響を与えなかったものの、野焼きを実施したエリアではのちに齧歯類がはるかに高い確率で捕食され死亡した。

第二の疑問はさらに答えるのが難しい。ネコたちはまっすぐに焼け跡に、ときには火災から数か月が経ったあとで移動した。かれらはどうやって、はるか遠い場所で激しい火災が発生したことを知り、さらにずっとあとになってから焼け跡までの経路を見つけだしたのだろう？ マクレガーは考えられる可能性を列挙した。地平線の上の赤熱光や煙を見たのかもしれないし、煙や灰のにおいを嗅ぎ取ったのかもしれない。あるいは、ほかの動物が焼け跡に移動するところを見たのかもしれない（猛禽類が炎から逃げ惑う獲物を捕えることはよく知られる）。

どれもありうる話だが、どの仮説にも穴がある。もしネコが炎そのものやほかの動物を見たのだとしたら、その位置を数日から数か月にわたって記憶にとどめておかなくてはならない。あるいは記憶に頼らなくても、ネコは鎮火から長く経ったあとも残るにおいを感じとれるのかもしれない。しかしそうだとしても、においは数か月後でもまだ発生源を特定できるほど強烈なのか？ それに激しい火災の残り香と軽度の火災のそれをどう区別して、前者にだけ反応し後者を無視しているのだろう？

確かな答えは得られていないが、マクレガーが追跡したあるネコは丘の頂上まで上り、そこに数時間とどまったあと、約8キロ離れた焼け跡にまっすぐに歩いていった。彼は火災の爪痕を見たのだろうか？ それともにおいの発生源を突き止めた？ 真相は不明だが、マクレガーはこの偵察行動が鍵かもしれないと考えている。映像のなかでこのネコは、「地平線を眺めるのにかなりの時間を費やしていました。ときどき『ライオン・キング』のシーンを思いだすくらいに」と、彼はいう。

マクレガーのネコカメラ研究は、ＧＰＳデータから得られた知見を補強した。３年間で13匹のネコがカメラを(個体によっては複数回)身につけた。撮影セッションは合計で23回にわたり、89時間の判別可能な映像が得られた。ネコたちは47%の時間をなんらかの活動に費やし、この数字はイリノイ州の農場に暮らすノネコとほぼ同じで、イリノイ州やジョージア州の飼いネコよりもはるかに高い割合だった。

1セッションにつき平均4時間未満と、撮影時間が比較的短かったことを考えると、捕食行動はほとんど記録できなかったのではないかと思うかもしれない。撮影が始まるのが、イヌに追い回されて捕獲され、研究者にいじくり回されたトラウマ体験の直後であることを考えればなおさらだ。

だが杞憂だった！ 23本の映像のうち、じつに21本が狩りのシーンを捉えていたのだ。アタック数は計100回で、うち32回が成功だった。いちばんポピュラーな獲物はカエルで、獲物の約半数を占め、以下は齧歯類6匹、トカゲ3匹、ヘビ2匹、ウズラ1羽、抱卵中の鳥の巣ひとつ、バッタ1匹と続いた。

カエルについては、「ポピュラー」というのは適切ではないかもしれない。ネコたちは捕えたカエルの半数に手をつけなかったからだ。オーストラリアにいるカエルの種の多くは皮膚から毒物を分泌する防御メカニズムをもつため、ネコは捕えたことを後悔したかもしれない。実際、ある動画にはネコがカエルをいったん捕獲したあとで落とし、大袈裟な口の動きを示すところが映っていた。それはネコやヒトの子どもが不快な味を感じたあと、舌からその感覚を拭い去ろうとするときの典型的な行動だった。

この研究の本題はネコによる狩りの成功率だ。GPS追跡データから、すでにネコが開けたエリアを好むことはわかっていた。これは狩りがしやすいからなのか？　答えは紛れもなく「イエス！」だった。ネコが開けた環境で獲物に攻撃を仕掛けたときの狩りの成功率(70％)は、草が生い茂る藪や隙間だらけの岩山のとき(17％)よりも、はるかに高かったのだ。

違いを物語る映像もあった。ある動画ではネコが開けたエリアを歩いている。突然、左側から1匹のイワバネズミが飛びだす。直後に映像が乱れ、判別不能になる。ネコが前肢でネズミを抑え込んだのかもしれない(ロイドの動画もそうだったが、視点が激しく傾いたり上下に揺れたりするため、見ていると酔いそうで、何をしているのかさっぱりわからないものも多かった)。何があったにせよ、一瞬ののち、ネズミはネコの口に収まっている。

次に好対照な映像を見てみよう。ネコは密生した草のなかを歩いている。突然、疾風のように何か(4回見てようやく鳥だと確信を得た)が草陰から飛びだす。ネコは頭をくるりと回し、鳥が飛び去るのを見送る。ほかにもいくつかの動画のなかで、ネコが明らかに藪のなかを覗き込んでいるシーンがあった。確かに何かがいたはずで、ネコは草に何度も頭を突っ込むが、獲物が映り込むことはなく、ネコは空腹のまま立ち去る。

たとえ密な植生があっても、狙われた動物がみな身を隠せるわけではない。大きすぎる動物もいるからだ。ある動画では、鋭い草の合間に姿を消すには大きすぎるかなりの長さのヘビを、ネコが捕え、藪から引きずりだす。しかも驚いたことに、相手はただのヘビではない。ウエスタンブラウンスネークだ！　オーストラリアに生息する数多の猛毒ヘビのひとつで、その毒はヒトにもネコにも致死的だ。しかしネコは意に介さず、あっという間にヘビの息の根を止めると、たっぷり10分かけて頭を噛みちぎり、そのあと残りの部分を食べ進めた。

この作法は、どのヘビに対しても共通ではないようだ。別の動画で、ネコはずっと弱い毒しかもたないオーストラリアサンゴヘビを捕まえる。特別な処置は何もなく、首を落としもしない。ヘビは頭から、まだ尻尾がぴくぴくしているうちに、ネコの食道へと消えていく。たった２つのデータから主語の大きな結論を導きだすのは危険だが、どうやらイエネコは、進化と学習のどちらによるものかはさておき、危険な獲物とそうでない獲物を区別して、それぞれに見合った対応をとる能力を獲得したらしい。オーストラリアに来てからたかだか2、３００年の種にしてはたいしたものだ！

全体として、アウトバックのネコたちは89時間で32匹の獲物を捕えた。平均で１時間あたり０・３６匹、１日あたり８・２匹。獲物はおしなべて小さかったが、それでもかなりの数だ！　ジョージア州アセンズのネコは獲物のサイズは同じくらいだったが、１週間にたった２匹半しか獲物を捕えていなかった。その差はじつに25倍だ！ *11

理由はいうまでもないだろう。ペットのネコの行動圏が小さく、活動量が少なかったのと同じだ。ペットのネコには、キャットドアの向こうにカリカリがたっぷり盛られた餌皿が待っている。本気をだす必要がなく、たまに前菜をつまむくらいで満足なのだろう。

狩りの動機は空腹、それとも本能？

でも、もしかしたら理由はキャットドアであって、山盛りのフードではないのかもしれない。ノネコが頻繁に狩りをするのは、飢えているからではなく、それこそが野外で暮らすネコの生き方だからとも考えられる。ネコを外にだしたとたん、本能が目を覚まし、満腹かどうかにかかわらず狩りをするようになる可能性は捨てきれない。

理屈の上では、2つの仮説を検証するのは簡単だ。ネコを外にだしっぱなしにしつつ、餌をたっぷり与えればいい。そして実際、こうした実験は世界中でおこなわれている。人びとが飼い主のいない野良ネコに給餌している場所で起こっているのは、まさにこういうことだ。

こうした野外コロニーのネコが本能の赴くままに狩りをするのだとしたら、コロニーネコの行動はアウトバックのノネコに似たものになるだろう。だが捕食行動が空腹に突き動かされたものだとしたら、野良ネコの捕食行動はたっぷり餌をもらっているペットのネコに近いだろう。

ジョージア州のジキル島には、世界でもっとも徹底的に研究しつくされたネコのコロニーがある。かつて世界有数の富裕層の別荘地だったこの島は、いまでは州立公園に指定され、夏には観光客が押し寄せ野生動物がにぎわい…そしてネコたちが9つのコロニーをつくっている。このネコたちの行動を研究するのに、ソニア・エルナンデスのネコカメラチームほどの適任者はいない。

野良ネコの大増殖に頭を痛めた島民のひとりが、捕獲し、不妊化し、もとの場所に戻す「TNRプログラム」を組織した(彼いわく、島のネコのなかには「よそで見たこともないくらい陰険で不健康なネコもいた」という)。病気のネコを処置して治療し、一部のネコは引き取り手を見つけ、残りのネコを不妊化して捕獲場所に戻した結果、野良ネコの個体数は劇的に減少した。ネコの健康のため、またおそらくは在来野生動物への影響を最小化するために、餌場が設置された(ただし餌場の管理人たちは、ネコが「ヘビの過剰増加を抑える」役割を担っていると主張し、野外コロニーを維持する理由にあげる)。

エルナンデスはジキル島のコロニーが餌場の周辺で生活していることを知って、次のネコカメラ研究の対象にちょうどよさそうだと考えていた。行政当局への研究許可申請はすみやかに承認された。じつは保全担当責任者もエルナンデスと同じ学部の卒業生で、ネコについてもっと知りたいと思っていたところだったのだ。

エルナンデスが「ネコカメラ2・0」と銘打ったこの研究の目標は、TNRされたコロニーネコの行動と環境影響がペットのネコと異なるかどうかを突き止めることだった。そしてもうひとつ、常時野外で生活するネコが、島に豊富に生息する多様な野生動物とどのように相互作用しているのかも、明らかにするつもりだった。

ロジスティクスの面で、コロニーネコはノネコよりも研究が容易だった。探知犬を使って居場所を突き止めなくても、かれらは毎朝餌が置かれるたび餌場に現れる。それでも、ほぼ完全に野山で生まれ育ったネコたちであることに変わりはなく、歩いて近寄って首輪をつけるだけとはいかない。ネコたちはコロニー管理人2人の存在には慣れていたが、それ以外の人物がいるとすぐさま逃げ去った。そのため、当初の計画ではコロニー管理人にカメラつき首輪の装着を任せることになっていた。しかし、もろもろの理由でこの方法は実現不可能だとわかった。そこでエルナンデスは野生動物学と漁業科学の学士号を手にジョージア大学を卒業したばかりのアレクサンドラ・ニュートン・マクニールをプロジェクトの実務責任者に抜擢した。

予想どおり、ネコたちにマクニールとかかわるつもりは毛頭なかった。彼女は半年間、日常の世話をする管理人に同行して、ネコが自身の存在に慣れるのを待った。やがてマクニールはキャットフードを地面に撒きさえすれば、ネコのすぐそばまで近寄り、背中をかいて挨拶できるまでになった。

いよいよカメラを装着するときが来た。目にも止まらぬ早業で、マクニールは片手でネコの首筋をつかみ、もう片方の手で伸縮可能な首輪に頭を通した。ネコがあっけにとられているうちにカメラの装着は完了し、マクニールは1度も咬まれなかった*[12]。なかにはしばらく身を隠すネコもいたが、数分もすれば餌場に戻ってきた。まるで気にすることなく食事を続けるネコもいた。

マクニールの企みになかなか屈しないネコたちもいて、そこで彼女は奥の手を使った。ネコと暮らす人びとにとってはおなじみの、そう、ウェットフードだ！　わたしが知るどのネコもそうであるように、ジキル島の野良ネコたちも、金属がこすれるあの音が意味することをすぐさま学習した。「缶の蓋が開く音を聞いたとたん、みんな林から飛びだしてきました」と、マクニールは振り返る。ごちそうの誘惑に抗えるのは、極端に警戒心の強いひと握りの個体だけだった。

もっとやっかいなのは、24時間の稼働のあとでカメラをどう回収するかだ。マクニールいわく、「あっ、あの女、昨日は捕まえてカメラなんかつけやがって。もうあいつには絶対近づかない」という態度を見せることもあったという。それでも、遅かれ早かれ彼女はネコに忍び寄り、首尾よくデバイスを回収した。

ときには前日にカメラを装着したネコが、次の日に何も身に付けずに餌場に現れることもあった。飼い主たちと同じように、ネコ研究者はかならず安全首輪を使う。万一何かに引っかかったときには首輪が外れるので、ネコに害が及ぶことはない。これが理由で、カメラには無線発信機が搭載されている。ネコが首輪なしで姿を見せたときは、マクニールはアンテナを取りだし、昔ながらの無線追跡でたいていはカメラを難なく見つけだすことができた。

けれども1度だけ、カメラの位置を特定するのに手こずったことがあった。問題のネコは郊外住宅地の近くにある餌場を使っている個体で、マクニールは居心地悪さを感じつつ、「巨大アンテナ」を手に住宅地を歩き回るはめになった。ある家のそばでビープ音が「狂ったように鳴りだし」、彼女は焦った。最初は庭に首輪を落としたのだろうと思ったが、シグナルは家そのものを示していた。彼女はドアをノックしたが、留守だった。

さて、どうしよう？ シグナルは家のなかから発信されているようだ。ところが、次の一手を決めかねて、玄関の前で漫然とアンテナを振っていると、右のほうで音量がほんの少し(もう勘弁して)上がることに気づいた。その先には車庫があり、そして駐車スペースの前に、ゴミの収集日だったのか、大型のゴミ箱が置かれていた。

ゴミ漁りはマクニールの業務の一環ではなかったが、好奇心が(あるいは熱意が)勝った。蓋を開けてみると、大捜索の覚悟は必要なかった。いちばん上に無傷のカメラと、ばらばらに切り刻まれた首輪があったのだ。

「まったく、(カメラに印刷された)番号に電話してくれれば、すぐに受け取りに来たのに」。マクニールはそう思いつつ、真相を知る前にそそくさと立ち去った。島にはプロジェクトに好意的でない住民もいて、科学者がいずれネコを1匹残らず野外から排除してしまうつもりなのだろうと警戒していたらしい。あるいは例のネコは、餌場の常連で飼われている様子は見受けられなかったが、じつはペットだったのかもしれない。ともあれ、ミッション・コンプリート。カメラは無事回収できた。

首輪の犠牲はさておき、プロジェクトは大成功だった。29匹のネコが平均で各22時間ずつカメラを装着し、合計で700時間近い映像が得られた。録画内容を確認する大役を担ったマクニールは、以前のロイドと同じように前向きだった。「何百時間もネコが毛づくろいしているのを見つづけて、頭がおかしくなりそうと思うときもあります。でも、たまにある捕食や面白い社会行動で十分にお釣りが来ますよ」

ネコカメラチームの最初の研究対象だったアセンズの飼いネコと同じように、コロニーネコは怠惰で、移動、狩り、採食に費やした活動時間は全体のわずか10%だった。行動圏の算出はしていないものの、ネコは餌場をめったに変えなかったことから、ペットネコと同じように行動圏は狭いものと見られた。給餌されたネコは、たとえフルタイムで野外生活をしていても、室内と野外を行き来するネコと同じくらいぐうたらであるようだ。

そんななか意外だったのは、ジキル島のネコがアセンズのネコよりもずっと活発に狩りをしていたことだ。ネコカメラ1・0で狩りに興じた個体は、全体の半分にも満たなかったことを思いだそう。ジキル島ではハンターの割合は2倍近くにのぼった。

しかもただ狩りをするだけでなく、しっかり結果をだしていた。島のネコたちは平均で1日に6匹以上の獲物を仕留め、狩りの腕前はアウトバックのネコに引けを取らなかった。ただし、ほかの研究と違って、獲物の半分近くは無脊椎動物だった。コオロギやバッタ、セミが大多数を占めたが、甲虫、蛾、トンボ、クモも犠牲になった。対照的に獲物に占める無脊椎動物の割合は、アセンズでは21％、アウトバックではわずか3％だった。ジキル島での脊椎動物の捕食に目を移すと、獲物の大半を占めたのはカエルとトカゲだったが、リスやウサギ、コウモリ*[13]など、さまざまな小型哺乳類も捕えていた。ところで、ヘビを駆除するという話は？ 1メートル弱のヘビ*[14]に忍び寄り、ちょっかいをだしたネコが2匹いたものの、捕まったヘビはいなかった。最後にもうひとつ重要な結果として、コロニーネコはどんなタイプの獲物についても、50％を超える狩りの成功率を誇った。ただし鳥だけは例外で、12回捕食を試みたが、成功したのは2回だけだった。

キルカウントの高さはたとえ十分に餌をもらっていてもネコは狩りをする、ネコとはそういう生きものだという仮説を支持しているように思える。これを裏づけるように、管理人の家のすぐそばにあり、1日じゅう餌が切れることのない餌場でさえ、4匹中3匹のネコが狩りをしていた。

論文のなかでエルナンデスと共著者たちはこちらの仮説寄りの議論を展開しているが、わたしはどうも腑《ふ》に落ちない。アセンズでペットのネコたちは、捕えた獲物の4匹に1匹しか食べていなかった。もしジキル島のネコがただ楽しむために狩りをしているなら、獲物の廃棄率は同じくらいになると予測されるが、実際には獲物の80％以上を食べていた。わたしの結論は――エルナンデスらの論文でも可能性として指摘されているが――ネコたちは餌場で十分に食べることができておらず、出来あいの食事で足りない分をジビエで補っていた、というものだ。

ジキル島のネコが食欲から狩りをしていたのかどうかはさておき、自然環境への影響はアウトバックのネコほど大きくなかった。ジキル島での獲物の平均捕獲数がアウトバックのそれの4分の3だったことに加え、昆虫の割合が高かったおかげで、平均的な獲物のサイズがずっと小さかったためだ。いい換えれば、給餌されていないアウトバックのノネコは、甘やかされたジキル島のネコよりも頻繁に、より大きな獲物を捕食しており、結果として在来生態系により大きな影響を及ぼしていた。

ジキル島はいいところだ。ビーチあり、森林あり、ゴルフコースあり、並木道ありと、海に面した人気の州立公園と聞いて想像するとおりの場所といえる。ハイキングやバードウォッチングを楽しめる自然豊かなエリアがあちこちにある。こんなところにキャットフードを山積みにして、やってくるのはネコだけだろうか？　もちろん、そんなわけはない。マクニールが朝に巡回すると、ほとんどの餌場でアライグマが（ときには10匹以上も）待ち構えていた。彼女が立ち去ったとたん、クロコンドルの群れが舞い降りたこともあった。オポッサムも時折顔を見せた*[14]。いくつかの餌場では、コロニー管理人が余分に餌を置き、分け隔てなく来客を歓迎していた。

アライグマにネコパンチ

わたしは自宅の庭で、ウィンストンとジェーンがアライグマやオポッサムと遭遇するところを見たことがある。声や姿勢で威嚇することもあったし、ある朝には体重4・5キロのレオが、網戸の向こう側にいたはるかに大柄なアライグマに向かって猛突進し、覆面強盗が尻尾を巻いてポーチから退散したこともあった。とはいえ、たいていは互いを無視し、何事もなく終わった。

こうした関係はジキル島でも同じだった。研究期間中に記録された、ネコと他種の動物のあいだの捕食以外の相互作用は142回にのぼった。ほとんどのやりとりは平和的なもので、ときには30センチと離れていないところで一緒に食事することもあった。

ただし、アライグマとの出会いは険悪な展開に至ることもあり、威嚇音声やネコパンチが見られた。これ以上に深刻なことにはならなかったものの、エルナンデスは野生動物の感染症の専門家として、こうした至近距離での遭遇が頻繁になるほど、野生動物からネコへ、そしてネコから飼い主への病気の感染が起こる確率が高まると指摘する。また、感染は逆方向、つまりネコから野生動物へも起こりうる。

技術革新は今後ますます進み、それにつれて自由生活するネコを研究する手法も変わるだろう。カメラと追跡装置が日進月歩で高性能化しているだけでなく、ネコの移動速度や急激な方向転換を記録するセンサーも開発され、可能性は無限大だ。シャムリー・グリーンのプロジェクトで装置の開発を手掛けたアラン・ウィルソンが率いる研究チームはすでに、チーターが獲物を急襲するときの走行速度、加速度、回転角を正確に記録するGPS首輪を開発した。フィットビットやアップルウォッチを小型化したネコ用バージョンを想像してみてほしい。近い将来、ネコが野外で何をしているかが正確に把握できるようになるだけでなく、ウェアラブルデバイスをネコの健康な暮らしに役立てる可能性を模索している企業もある。

知るべきことはまだ山ほどあるが、キャットトラッカーとネコカメラを活用した研究から、*Felis catus* の暮らしぶりがじつに多様であることはすでに明らかだ。それぞれに異なる状況で生活するネコたちは、まったく違った形で周囲の環境と相互作用する。よく似た飼育状況の家庭ネコのあいだでさえ、野外活

餌場で遭遇するコロニーネコとアライグマ

動にはかなりの個体差が見られる。これには成長過程での経験の違いによる部分も、遺伝的な要因もあるだろう。

自然のなかで、ヒトから離れて生まれ育ったネコたちは、行動圏の広さなど、さまざまな面で祖先のヤマネコによく似ているようだ。ここで「ようだ」と濁すのは、キタアフリカヤマネコやその近縁種の生態があまりよくわかっていないからだ。今後はこれら野生種の研究にも新技術が援用されることを期待したい。かれらの暮らしぶりについて理解が進めば、野生化したイエネコの生活がどの程度「先祖返り」したものであるかも明らかになっていくはずだ。

＊1　全世界のネコの個体数の正確な推定値はないものの、もっとも有力なもので約6億匹とされている。このうち飼い主のいない野外生活個体がどれだけを占めるのかはわかっていない。アメリカにはペットネコが約5000万～1億匹、飼い主のいないネコが3000万匹いるとされる。

＊2　対照的に追跡用の発信機については、たとえ回収できなくてもデータが失われるわけではない。データの送受信はすでに済んでいるからだ。また、発信機はネコカメラよりも安価なので、取り戻せなくても研究資金への経済的打撃は大きくない。

＊3　ネコは1700年代後半に初めてオーストラリアにもち込まれた。それから1世紀のうちに大陸全土に拡散し、いまでは砂漠や熱帯雨林から温帯の高山まで、ありとあらゆる生息環境に定着している。オーストラリアの200万匹のノネコによる、在来の鳥類、哺乳類、爬虫類の捕食は保全上の大問題となっている。オーストラリアの在来種には、進化の過程でこのような有能な捕食者に対応してきた経験がないのだ。

＊4　イヌを使ってネコを捕獲するのに斬新な方法というわけではない。たとえば研究者たちは数十年前から、ピュ

マを追跡して樹上に追い詰めるのにイヌの手を借りてきた。だが、わたしの知るかぎり、ノネコの研究に探知犬が起用されたのはこれが初めてのようだ。マクレガーは傑出した自然保護団体であるオーストラリアン・ワイルドライフ・コンサバンシーをこのアイデアの発案者としている。

＊5 生態学者は「scat」という耳慣れない英単語でよぶが、「turd」や「poop」、あるいはお上品に「dropping」といい換えてもいい。

＊6 ヒトは例外だが、多くの動物は眼の網膜の裏に輝板またはタペタム・ルシダム(ラテン語で「輝く層」の意)とよばれる反射層をもつ。光がここに反射して、前方の網膜細胞を通過するため、網膜は光を浴びるチャンスが2回ある。ネコの夜間視覚がすぐれている理由のひとつであり、ヒトの3〜8倍の感度を誇るとされる(もうひとつの理由は、ネコの眼には杆体《かんたい》とよばれる、微弱な光のもとで機能する光受容体がヒトよりもずっと多いことだ)。

＊7 この表現を選んだのは注意をよびかけるためだ。暗闇のなか悪路を駆け下りる、こんな危険な趣味はそうそうない。

＊8 ネコが発信機やカメラの装着にどんな反応を示すかに関する研究は驚くほど少ない。ある研究によれば、無線発信機つき首輪の重量はペットネコがどれだけ遠くまで徘徊するかに影響を与える。装置が軽いほど、家からの移動距離は長くなる。ただし、この効果は大きくなかった。体重の1％の重さのデバイスを装着したネコは、平均で家から42メートル先まで移動した。デバイスの重さが3倍のとき、平均移動距離は36メートルだった。別の研究では市販のトラッカー(わたしがウィンストンに試したのとは別のモデル)を装着したネコは、後肢で体をかいたり、頭や体を震わせたりする頻度がデバイスを装着していないネコよりも高かった(論文著者はトラッカーの製造企業に対し、購入者の美的感覚に合致するかどうかよりも、ネコにとっての快・不快を考慮に入れ、デバイスの「装着感」にもっと注意を払うことを推奨している)。こうした知見に加え、複数の研究においてネコの通常の行動(狩り、けんか、探索など)が観察されてきたことから、わたしはトラッカーやカメラの装着はネコに大きな影響を与えないと考えている。

＊9　GoProは高解像度のすばらしい映像を撮影できる（ナショジオのネコカメラよりずっとクリアだ）が、その代わりバッテリーの消費が速い。

＊10　これには狩りをまったくしなかったジョージアの過半数のネコは含まれていない。ロイドの研究に参加した55匹のネコすべてを含めれば、獲物の捕獲数の平均は1週間に1匹未満で、アウトバックのネコの2％にも満たない。

＊11　ナショジオのアバーナシーはいまでも、マクニールの手際のよさに驚きを隠せない。彼にジキル島のプロジェクトについて尋ねたとき、最初に出てきた言葉は捕獲の腕前への称賛だった。マクニールは万一に備え、特製の手袋と牛乳の容器でできたシールドを組み合わせたプロテクターも開発したが、どちらも必要なかった。プロジェクトが終わる頃には、彼女はネコの攻撃による負傷よりも、マダニやツツガムシを心配していた。

＊12　そう、コウモリだ。ネコはどうやってコウモリを捕まえるのだろう？　残念ながら、映像はコウモリがネコに咥えられてじたばたするところから始まっていたので、詳細は不明だ。カメラはネコがじっとしているときは録画を停止していたので、コウモリが休んでいるネコの目の前に飛んできたか、落ちてきたのではないかと、マクニールは考えている。わたしが彼女にいちばん印象的だった動画を尋ねたとき、彼女がまっさきにあげたのがこれだった。とはいえ、この観察記録はじつはさほど意外なものではなく、ネコは世界各地でコウモリの主要な捕食者となっている。

＊13　おそらくブラックレーサー。

＊14　もっと多くの種が映っていなかったのが意外だ。ハイイロギツネやアルマジロは？　ネコにとっては幸いなことに、ジキル島にコヨーテはいない。一方、こちらは悪い知らせなのだが、研究が始まる直前、1世紀ぶりにボブキャットの生息が確認された。

Chapter

19

責任ある管理？ それとも過保護な束縛？

ペットのネコは家から出ると、問題を起こし、トラブルに巻き込まれる。鳥やシマリスを殺すし、大型犬や気が荒いほかのネコ、猛スピードで走る車に出くわす。北米の多くの場所では、コヨーテやピューマの脅威も無視できない。それに見えないリスクもある。ネコ白血病、ネコエイズ、バルトネラ症（ネコひっかき病）といった感染症にかかったり、たちの悪い寄生虫をつけてきたりする（野外を行き来するネコの寄生虫保有率は、室内飼いのネコの約3倍にのぼる）。

よく引用される数字に、室内飼いのネコの平均寿命が17歳であるのに対し、ほとんどの時間を野外で過ごすネコは2～5年しか生きられないというものがある。残念ながら、かなり根気よく調べたものの、この主張の根拠は見つからなかった。私見だが、この差は極端すぎる気がする。それでも一般論として室内飼いのネコは、野外を放浪するネコよりもずっと長生きすると考えるのは理にかなっている。

この問題の解決策は明らかだ――ネコを外にださなければいい。実際、多くの自然保護団体が室内飼いを奨励するプログラムを展開している。ポートランドの「キャッツ・セーフ・アット・ホーム」

イニシアティブはキャティオとよばれる、さまざまなリスクにさらされることなく外の空気を味わえる屋外の閉鎖空間をつくることを勧めている。アメリカン・バード・コンサバンシーの「キャッツ・インドアーズ」イニシアティブや、ネイチャー・カナダの「キープ・キャッツ・セーフ・アンド・セーブ・バード・ライブズ」など、同様の取り組みは世界各地でおこなわれている。

自然保護団体だけではない。米国動物愛護協会（HSUS）はネコの室内飼いを強く推奨しており、動物の倫理的扱いを求める人びとの会（PETA）やその他多くの動物福祉団体も同様だ。

こうした努力は実を結びつつあるようだ。過去20年にわたり室内飼いのネコの割合は徐々に増え、いまではアメリカのペットネコの3匹に2匹は完全室内飼いだ。しかし、こうした考えは万国共通ではない。イギリスでは依然としてペットネコの8割が野外に出ており、ニュージーランドではじつに92%の飼いネコが裏庭、畑、森林を闊歩している。イギリスやニュージーランドの人びとは、ネコを気にかけていないのだろうか？

いうまでもなく、かれらもアメリカ人に負けず劣らずネコを愛している。だが、かれらはネコの身体的健康よりも、精神的充足を重視しているようだ。「イギリス屈指のネコ福祉慈善団体」を自称するキャッツ・プロテクションは、「すべてのネコが野外を自由に散策し、本来の行動を謳歌できるのが理想です…ネコにとって探索は生来の行動傾向であり、外の世界を経験させることは、心理的な刺激となり、ストレスの軽減に役立ちます」と主張する。

このような見解の相違から、本書でここまで取り上げてこなかったネコの家畜化のひとつの側面が浮き彫りになる。*Felis catus* の家畜化の現状——祖先種のルーツからどれだけ独自の進化をとげたか、内なるヤマネコをどれだけ保っているか——に照らして、ネコの室内飼いは不自然な、それどころか有害なことなのだろうか？　どうやら、イギリスの人びとはそう思っているらしい。

だが、こうした意見はもしかしたら、いまよりもワイルドで文明化が進んでいなかった、過ぎ去りし日々へのロマンや憧憬にすぎないのかもしれない。ネコはとっくにサバンナを捨てて、快適で安全なソファに満足しているのだとしたら？　それに、たとえネコがまだ進化的に移行段階にあるとしても、こうした段階はどの種の家畜化プロセスにもあった通過点であって、ここではヒトが主導権を握り、変化を方向づけて、人為淘汰の力で種の進化の行方をわたしたちの望みどおりに誘導すべきなのでは？

ドアの向こうへ！

この問題にまつわる、わたし自身の経験をお話ししよう。前にも触れたが、ジェーンとウィンストンの母親は2匹が生後2週間のときに交通事故死した。人工哺育を受け、そのあとやんちゃのかぎりを尽くして3か月半が過ぎたあと、ジェーンとウィンストンはわが家にやってきた。それまでほぼずっと室内だけで過ごしてきたのだから、２匹の室内飼いを徹底するのはそう難しくないだろうと、わたしたちにはたかをくくっていた。

だが、そうは問屋が卸さなかった。育った環境に反して、2匹は隙あらば外に出ようとした。どちらもすばやく抜け目なく、いつもわたしたちより一枚上手で、あるときはドアを開けたとたんにするりと出ていき、またあるときは隙間を見つけてこっそり脱出した。しかも2匹はまもなく、網戸を爪とぎ場所として使う悪癖を身につけた。結局、わたしたちは根負けした。

恥ずべきことだと思う。これは意思のぶつかり合いで、ネコたちの不屈の意思が勝ったと思うか、わたしたちが軟弱すぎたと思うかは、読者のみなさんにお任せする。ともかく、ジェーンとウィンストンは室内と野外を行き来するネコになった。次こそはちゃんとしようと、わたしたちは誓った。

次の機会が訪れたのは9年後、生後4か月のネルソンを家族に迎えたときだった。わたしたちはかつて誓ったとおり、彼を室内にとどめて、感染症やイヌ、車、泥棒(なにしろ彼は血統ネコだ!)の脅威から守り、地元の鳥や小動物を彼から守るつもりだった。

そんなにたいへんではないはずだと、わたしたちは思っていた。ネルソンは生後4か月間、ヨーロピアン・バーミーズのブリーダーの女性の家で過ごした。たっぷりの愛情、よりどりみどりのおもちゃ、登ったり爪をといだりするいくつもの遊び場を与えられ、一緒に遊べる子猫たちもまわりにたくさんいた。その間ずっと、彼は1度として外に出なかった。わたしたちはウィンストンとジェーンの教えを忘れ、ネルソンは荒野の呼び声に耳を貸さないだろうし、むしろ外を怖がるのではないかとさえ想像していた。

見当違いもいいところだ。ネルソンはわたしたちと出会ったその日から外の世界を渇望した。ガラス戸のそばに立ち、外を見つめ、ときに悲しげに鳴いたりガラスを引っかいたりした。どこかでドアが開くたび、自由を求めて猛然とダッシュした。やがて彼はスライド式の網戸の開け方を覚えた――網戸に前肢をかけて立ち上がり、そのあと左に体重をかけていくのだ。ロックが壊れていた網戸は抵抗することなく左にスライドし、ネルソンは庭に飛びだした。ロックの交換が済むまで、わたしたちは心地よいそよ風を諦め、何か月もドアを閉めっぱなしにしなくてはならなかった*[1]。

網戸を攻略されたり、ほかのやり方で裏をかかれたりはしたものの、わたしたちはネルソンが監視なしに外出しないよう注意し、そこそこうまくやってきた。彼がガラスの向こうを眺め、明らかに冒険に出たがっている姿を見て、切なさを覚えなかったといえば嘘になる。彼は時折、ガラス戸のそばに立ちつくし、恨めしそうに鳴いて、向こう側に行けないことへの不満を訴えた。そんなにも外に行きたいのかと、わたしの心は痛んだ。

そこで、わたしたちは監視のもとでネルソンにアウトドアを経験させてみることにした。最初はリードをつけて庭を散歩させた。彼はハーネスの装着を嫌がらず、それどころかわたしがハーネスを取り出したとたん、喉を鳴らして駆け寄ってくるほどだった。

だが、ネコの散歩は期待したほどいいものではなかった。というか、少なくともネルソンの場合、退屈このうえなかった。外にいる時間のほとんどは、じっと立ちつくしたり、あたりを嗅いだり見回したりしているだけで、やっと動き出したかと思えば、わたしが入れない藪に突入し、リードが絡まるのだった。

やむなくわたしたちはプランBに移行した。ネルソンにキャットトラッカー(ウィンストンの近所の徘徊を記録したときに使ったもの)を装着して、庭に出してやることにしたのだ。一時間ほど彼を自由に散歩させたが、ウィンストンのときとは違って、わたしは目を離さず、フェンスの隙間が彼に見つからないように気をつけた。フェンスを飛び越えたりくぐったりしたときは、トラッカーを活用してすぐに連れ戻した。隣に住む医師夫妻の家のガレージに入ってしまったときはこれでうまくいったが、別の不仲なご近所さんの庭(うちの庭と接している)から撤退させるのには少し苦労した。

ネルソンは野外の冒険を楽しんだが、いまにして思えば、わたしたちのやり方はベストではなかったかもしれない。彼のアウトドア欲を満たしたというより、さらに煽っただけのような気がするのだ。散歩に出た次の日や、ときにはほんの数時間後にはもう、彼はドアの隣に立ち、いつもの仕草と声で、外に出たくて仕方ないと訴えた。それでも志を貫き彼の要求に屈することなく、野外で無制限に時間を過ごさせはしなかったことに、わたしは満足している。

ネコ飼育のジレンマ

外飼い賛成派は、ネコを外にだすことにはたくさんのメリットがあると主張する。わかりやすい利点のひとつが運動だ。すでに見てきたように、野外で過ごすネコはときに広範囲を徘徊するが、室内飼いのネコにそんな機会はない(ただし、いまではハムスターの回し車の巨大バージョンがネコ用に売られているので、こうした器具を買ってもらえる幸運なネコたちは運動不足を解消できるかもしれない)。いくつかの研究から、室内飼いのネコは肥満になりやすいとされ、肥満は糖尿病、心疾患、運動機能の阻害といった、さまざまな健康問題に発展しうる。

野外活動がもたらす恩恵は、身体的健康だけではない。野外でネコは、有史以前から続けてきたさまざまな活動に精をだす——狩りをし、嗅ぎ回り、探索し、パトロールし、冒険する。土の上で転げ回り、木に登る。通りすがりのイヌに吠えられ、アドレナリンがほとばしる経験をする。要するに、ネコとしての生を満喫するのだ。加えて騒音やうっとうしい幼児、不仲なほかのペットといった、室内のストレス要因から逃れられる。

完全室内飼いのネコは、ネコとしての欲求を満たすことができずにストレスを抱えていると考える人もいる。かれらの主張によれば、こうした心理的苦痛は、噛みつき、家具での爪とぎ、トイレの粗相といった不適切な行動や、神経症として表出するという。だが、このような見解を裏づける科学的根拠は乏しい。ペットのネコを対象とした本格的な研究はほとんどおこなわれていないのだ。それにもちろん、完全室内飼いにすっかり満足しているようにしか見えないネコもたくさんいる。

ただし、ほかの動物を対象とした研究では、刺激に乏しい環境での生活は心理的苦痛を伴うことがはっきり示されている。ひと昔前の動物園を訪れたことがある人なら誰でも、トラやホッキョクグマなどの動物たちが、同じルートをせわしなく行き来したり、反復行動をノンストップで続けたりするところを見た記憶があるだろう。肉食性哺乳類のような知的な動物を、気晴らしが何もない狭い空間に閉じ込めることは、かれらの精神に有害であり、ときにその害は身体にまで及ぶ。このことに疑問の余地はない。

このため、現代の動物園では「環境エンリッチメント」が重視され、飼育動物に未知の空間を探索させたり、新奇な課題を解かせたりして、かれらの生活のなかに予測不可能で興味をそそる要素を絶やさない取り組みがおこなわれている。現状の飼育環境の細部にまで注意を払うことで、こうした目標は達成可能だ。

同じことが室内飼いのネコにもあてはまる。博士号もちの動物行動学者も、テレビに引っ張りだこの「キャット・ウィスパラー」も、専門家たちは異口同音に、ネコには心理的刺激が必要だと語る。さまざまなおもちゃ、潜り込める箱、登って陣取れる小高い場所などがこれにあたる。また、新奇性も重要だ。おもちゃをローテーションしたり、家具の模様替えをしたり、隠れた餌を探させたり、新しいにおいを嗅がせたりしよう。ネコは狩りが好きなので、捕食行動を表出できるような形で一緒に遊んでやることは、とくに大きな意味をもつ。

ネコと暮らしている人にとっては意外でもなんでもないし、こうしたアドバイスはネコ飼育のハウツー本でも定番だ*2。にもかかわらず、室内飼いのペットネコへのエンリッチメント効果を測定した研究者はほとんどいない。数少ない例外として、テネシー州でおこなわれたある研究では、たくさん遊んでもらっているネコほど問題行動の頻度が低かった(ただし、条件を統制した実験ではなく飼い主への聞き取り調査に基づくものだったため、因果関係は特定できていない。遊び足りないことが問題行動を引き起こしたのかもしれないし、問題行動をとるネコとは飼い主が遊びたがらなかったのかもしれない)。

いったいどちらが正しいのだろう? ネコの室内飼いをおおむね支持するアメリカ人か、それとも外飼いを好むイギリス連邦の人びとか? ネコの寿命や環境影響を重視するなら、もちろんアメリカの人びとが正しい。だが、ネコの心の健康を第一に考えるとしたら、どちらともいいがたい。愛にあふれた家庭環境と、たくさんのおもちゃや刺激になるものさえあれば、広い外の世界を探検する代わりになるのか、単純に誰も知らないのだ。

それに、すべてのネコが外に出たがるわけではないことも忘れてはいけない。あるネコの行動の専門家は自身の経験から、室内飼いのネコの半数はドアの外に出ても、すぐに引き返して室内に戻ると語る。考慮すべき要因のひとつは、そのネコが生まれてこのかた室内で過ごしてきたかどうかだ。いうまでもないが、かつて野外で暮らしていたネコは完全室内飼いへの順応により苦労するだろうし、ずっと室内で暮らしてきたネコは自分の暮らしになんらかの経験が欠けていることに気づきもしないかもしれない。

だが、そろそろ正直になろう。ネコを外に出すかどうかの決断はときに、ネコよりもヒトの都合に左右される。広大な外の世界のどこででも用を足せるというのに、誰が好きこのんでネコトイレの後始末をするだろう? それにもちろん、近所の齧歯類駆除サービスを手放したくない人もいるだろう(世間はシマリスが大好きな人と大嫌いな人に二分されているらしい)。

おそらくそれ以上に強い動機として、一部の人びとは、裏庭というセレンゲティを悠々とのし歩く「野生」の獣を眺められることを、ネコを飼う喜びのひとつだと考えている。あるサイエンスライターはこう述べる――「野外にいるとき、ネコはいわば水を得た魚だ。草むらを抜けて忍び寄り、木に登り、なわばりをめぐって争う。捕食者、ヤマネコ、ジャングルの王者…ネコを家のなかで飼い、快適で安全な生活を与えることもできるだろう。だが、それはレーシングカーをガレージに置きっぱなしにするようなものだ」。

ネコにハンティングをやめさせる方法

ネコに自由を認めつつ野生動物の被害を防ぐ、中庸の道はあるのだろうか？ さまざまなアイデアは大きく2つに分けることができる。ネコの居場所を獲物にばらすか、ネコの狩猟本能を削ぐかだ。

昔ながらの方法のひとつは、古くからの寓話(イソップの作品とされることもあるが誤り)にあるように「ネコに鈴をつける」ことだ。こうすれば歩くたびにチリンチリンと音が鳴って、獲物に警戒をよびかけることができる。冴えたやり方に思えるが、ひとつ問題がある。ネコは賢く、鈴が鳴らないような歩き方を難なく身につけてしまうのだ。

獲物に警戒させるのは同じだが、聴覚ではなく視覚に訴える新しい方法もある。ネコにド派手な襟《えり》巻きをつけて、奇襲攻撃できないようにするのだ。

獲物を警戒させるカラフルな襟巻きをつけたネコ

目立つ襟巻きには確かに効果があったという報告はいくつかある。ただし、ネコにはウケが悪い。首飾りのつけ心地はよくないだろうし、まぬけな見た目に気づいているネコもいるかもしれない。

もうひとつのアプローチは狩猟衝動を抑えるというものだ。ネコが狩りをするのは、ネコ vs 自然の頭脳戦に挑むためなのかもしれない。だとしたら、ほかの形で脳に刺激を与えてやれば、頭の体操への欲求は満たされるだろう。

ペット用品店にはたくさんのゲームやパズルが並んでいる。わたしのお気に入りのひとつは、おやつを小さなくぼみに入れて蓋《ふた》をするパズルだ。ネルソンはプラスチックの蓋を横にずらしたり、溝に沿って動かしたりして、隠れたカリカリを見つける。別のパズルでは、ぶら下がっている筒型の容器をタッチして逆さにするとフードが受け皿に落ちてくるが、この皿にはプラスチックの長い突起がたくさん生えていて、うまく手を突っ込まないとなかなかおやつが取れないようになっている。このようなゲームの主目的はネコを退屈させないことだ。しかしおまけのメリットとして、こうした脳への刺激で狩りの欲求が満たされることはあるのだろうか?

もうひとつの可能性として、狩りの衝動は頭脳よりも身体に根ざしたものなのかもしれない。つまり、ネコにはジャンプしたり飛びかかったり、噛みついたりするときの、特定の筋肉の動きが必要だという可能性だ。もちろん、こちらの目的にかなうようにデザインされたおもちゃも多々あり、ネコは熱烈な反応を見せてくれる。こうした身体運動が足りていればハンティングの代わりになるのでは?

そして最後に、まったく違うタイプの欲求がネコを突き動かしている可能性もある。食事に何かが欠けていて、それは動物の肉を食べることでしか補うことができず、だからネコはパトロールに出かけるのかもしれない。これはけっして突飛な発想ではない。ほとんど肉しか食べなかったヤマネコを祖先にもつおかげで、ネコは栄養面でのニーズにとてもうるさい。動物栄養学者が確立したネコの食の必須要件を満たす基準はすでにあるが、市販のキャットフードがすべてこの基準を満たしているわけではない。もしもネコが身体に必要な栄養を摂るために狩りをしているのだとしたら、肉を主原料とする高品質フードを食べているネコは、飛ぶ鳥をディナーにしたいとはあまり思わないだろう。

ネコを心配する飼い主がこうした商品に費やす金額は、天井知らずといってもいいくらいだ。わたし自身もかなり散財してきた。しかし、こうした介入策のどれかひとつでも、ネコの野外での狩りの欲求を抑えることに成功したという証拠はあるのだろうか？ ざっくりいえば、ほとんどない。

イギリスのある研究チームが最近、こうした状況を打開しようと決意した。チームは巧妙にデザインされた実験をおこない、前述のいくつかの仮説を検証した。さまざまなアプローチのなかに、ネコが家にもち帰る獲物の数を減らす効果が期待できるものはあるのだろうか？

研究には219世帯で飼われている355匹のネコたちが参加した。最初に7週間にわたって、何も手を加えないまま、飼い主にネコが家にもち帰った獲物をすべて記録してもらい、これをその後の状況と比較する際のベースラインとした。次に、ネコたちは6つのグループに分けられた。うち5つのグループにはそれぞれ別の手段で介入をおこない、6つめのグループは何も条件を変えない対照群とした。それから5週間、飼い主は再びネコがもち帰った獲物の記録をつけた。介入のあとで1週間あたりの狩りの頻度に変化が生じたかどうかを検証するという発想だ。

そして実際、アイデアのいくつかは効果を発揮した！ もっとも効果的だったのは、精肉を主原料とし、穀物を含まない高品質フードに切り替えるというものだった。このような食事の変化を経験したネコでは、家にもち帰る齧歯類や鳥の数が著しく減少した[3]。

狩りを模したおもちゃ遊びをしたネコは、哺乳類(ウサギとアカネズミ)をもち帰る数が35％減少したものの、鳥の捕食にはほとんど影響がなかった。この結果から、おもちゃ遊びは小型哺乳類の狩りへの衝動を満たしたものの、鳥を捕まえたいという欲求は満たせなかったと考えられる。この研究での遊び方が、床の上で羽を動かし、ネコが捕まえたらつくり物のネズミを与えて、あとは自由に蹴ったりひっかいたり噛んだりさせるというものだったことを考えると納得がいく。この方法は齧歯類狩りをよく再現していた一方、鳥を捕えるのとは違っていたのだろう。

ネルソンのお気に入りは、長い柄の先に糸でつながった疑似餌がぶら下がっている釣り竿型のおもちゃだ。ネルソンはうちのほかのネコたちと同じように、ターゲットを延々と追い回し、空中で揺れる獲物をしょっちゅうジャンプして捕まえている。鳥の捕まえ方を教え込んでしまっているのではないかと、わたしは心配していたのだが、研究結果を見るかぎり、こうした遊びにはむしろ狩猟衝動を満たす効果がありそうだ。今後の研究ではぜひ、釣り竿型のおもちゃに鳥ハンティングを抑制する効果があるかどうかも検証してもらえるとありがたい。

対照的な結果となったのは、カラフルな襟巻きだ。もち帰る鳥の数が大幅に減ったのに対し、哺乳類の数はわずかな減少にとどまった。この違いは簡単に説明がつく。小型哺乳類は鳥と比べて視覚への依存度が低く、とくに色覚では大きく劣るため、ネコがピエロのような格好をしていても、接近に早く気づくことができなかったのだろう。

すべての介入手法にネコの狩りを減らす効果があったわけではない。鈴の装着にはまったく効果がなく、またパズルで遊んだネコは不可解なことに、齧歯類の捕殺数を27%も増加させた(ゲームで知的興奮を覚えたネコはもっと刺激を求めるようになったのかもしれないし、狩りの重要スキルを上達させたのかもしれない。あくまでわたしの勘なので、解釈はみなさんにおまかせする)。

全体として、結果は喜ばしいものだった(ネコにつける鈴のメーカーにとってはそうでもないが)。

ネコを室内にとどめたくない、あるいはそうしたくてもできない人にも、在来野生動物の犠牲を減らす方法はあるのだ。

外ネコ問題の当事者として

昨今、野外にいるネコが自然環境に及ぼす影響が大きく懸念されている。もちろん、この章で取り上げたペットのネコは、問題のごく一部でしかない。すでに見てきたように、飼い主のいないネコたちは、飼いネコよりもはるかに多くの獲物を捕えている。

野外活動するネコは、野生動物とヒトに、これとは別の形でも悪影響を与えうる——病気をうつすのだ。なかでも圧倒的に有名で害が大きいのがトキソプラズマ症だ。トキソプラズマ・ゴンディという単細胞生物が引き起こす病気で、さまざまな種に感染するが、この寄生虫はネコ科動物の体内でしか繁殖できない。そして感染したネコが糞をすると、環境中に寄生虫がばらまかれる。不運にもトキソプラズマ・ゴンディを含む食料や水を口にした動物はみな感染のおそれがあり、多くの絶滅危惧種で死亡例が報告されていることから、自然保護関係者は憂慮している。リスクにさらされているのはヒトも同じで、かつては比較的害のない感染症とされてきたが、数かずの知られざる危険が明らかになりつつある。イエネコ由来のトキソプラズマ症の感染が環境問題およびヒトの健康問題としてどれだけ深刻なのかは、近年おおいに注目を集めているテーマだが、まだ明確な結論は出ていない。また、飼いネコとそうでないネコがそれぞれどの程度この問題に寄与しているのかもわかっていない。ただし、完全室内飼いのネコは家のなかでしか排泄しないので、いうまでもなく潔白だ*4。

飼い主のいないネコが野外生活を送ることは問題なのか、そうだとしたらどんな対策をすべきなのか。この議論は複雑で先鋭化しやすく、生物学だけでなく社会、倫理、政治もかかわってくる。当初わたしはこの章でこうした問題を取り上げるつもりだったのだが、すぐに1冊まるまる費やすべきテーマだと気づいた。実際、すでに何冊も本が書かれている。わたしもいつか書く機会があるかもしれないが、本書では十分に議論を深められそうにない。無理して2、3章に詰め込んだところで、誰にとっても不満が残るだけだろう。

そんなわけで、ここでは3つのポイントに絞って意見を述べるにとどめようと思う。第一に、狩りの影響に関して、ネコによる野生動物捕食の大部分を占めているのは、飼い主のいないネコによるものだ。もっとも信頼できる推定値によれば、アメリカでは飼い主のいないネコが、ペットネコの約2・5倍の鳥類、約9倍の哺乳類を殺している。オーストラリアでの研究でも同様の違いが明らかになっている。

第二に、激しい意見対立のほとんどは、飼い主のいないネコの扱いに関するものだ。自然保護従事者もネコ愛好家も動物を慈しむ気持ちをもっているのだから、協力しあえるはずだと思うかもしれないが、現実にはたいていいがみ合っている。野外生活するネコは少なければ少ないほどいい――これについては全員の意見が一致している。だが、それぞれが提案する解決策は根本的に異なり、妥協点を見いだすのは難しい。

最後に、少なくともペットネコに関しては、異論の余地のない解決策が存在する。本章で見てきたように多くの理由から、ネコを室内飼いすることが、ネコにとっても自然環境にとっても最善だ。だが、ネコに外の世界を経験させたい、あるいは(わたしのように)ネコの要求をはねつける強い意思を貫けない人にも、影響を最小限に抑えるためにできることはある。

キタアフリカヤマネコはサバンナや砂漠での生活に高度に適応しているが、キッチンとリビングルームでの暮らしには馴染みきれていない。本書の序盤でわたしは、ネコはまだ準家畜であり、祖先のヤマネコからの分岐があまり進んでいないと論じた。対照的にネコ以外の家畜のほとんどは、独自の進化をずっと先まで進めてきた。いまこそわたしたちは、ネコの家畜化プロセスを加速させ、淘汰の力を援用して、現代の生活にマッチしたネコをつくりだすべきなのかもしれない。

＊1　彼は別の網戸の下のほうに裂け目をつくることにも成功した。わたしたちはネルソンがいったいどこから外に出たのかと困惑し、冗談で「家のどこかに穴がある」といったりもしたが、あるときわたしは気づいていなかった裂け目に彼が潜り込むところをたまたま目撃した。

＊2　オーストラリアでの研究によると、ネコを室内で幸せに過ごさせることができると信じている飼い主は、ネコに外出をさせない傾向にある。このため、オーストラリアのある啓発プログラムは、室内飼いのネコの生活を改善する方法を人びとに教えることに力を入れている。

＊3　ネコにヴィーガン食は不適切であることを示す証拠がまたひとつ！　別の説明として、ネコは同じくらい多くの獲物を捕えたが、家にもち帰らずにその場で食べたり放置したりした割合が高かった、とも考えられる。そうなると予想する根拠は何もないが、著者らはこの可能性も否定できないと認めている。

＊4　ネコひっかき病やトキソカラ症など、ネコからヒトに感染する病気はたくさんある。本書の執筆が大詰めを迎えた頃、ネコからヒトへの新型コロナウイルスの感染事例を報告する論文が刊行された。ただし、こうした感染はきわめてまれであるようだ。

Chapter
20
ネコの未来

イエネコはこれからどこへ向かうのだろう？ 過去数千年にわたり、ネコはジェットコースターのように浮き沈みを経験してきた。神として崇められ、悪魔の手先として虐殺され、いまや世界でもっとも人気のある伴侶動物だ[*1]。そのなかで、高貴なるキタアフリカヤマネコは、いまだかつて地球上に存在したことがなかった多種多様なネコたちを生みだしてきた。ネコの世界にさらなる改善の余地はあるのだろうか？

わたしは謹んで、とっておきのアイデアをここに提案したい。

剣歯ネコで億万長者を狙え

初めてサバンナの存在を知ったとき、わたしはとても驚いた。イエネコとサーバルが交配可能であることにではなく（これも十分に驚きなのだが）、人びとがこのネコに喜んで大枚をはたくことにだ。そして考えれば考えるほど、動物学の世界でひと山当てるチャンスが、わたしにも（とうとう）巡って

剣歯ネコの一種、スミロドン・ファタリス

きたと確信した。長い脚と斑点のあるネコに嬉々として2000ドルをだす人がいるのだから、ほんとうに類まれなる特別なネコにならいくらでも払うという人だっているはずだ！

ネコ科の他種がもつ目をみはるような特徴をどれかひとつ、イエネコに組み込めるとしたら、何がいいだろう？ 考えるまでもない。ピクサー映画『アイス・エイジ』に登場する、ネコ科のスーパースターを見れば一目瞭然だ。バナナサイズの短剣を備えた、ディエゴをはじめとするサーベルタイガー*[2]の仲間たちは文句なしにカッコよく、ラ・ブレアからベッドロック*[3]までその名を轟かせる。サーベルイエネコをつくりだすことができたら、億万長者は確実だ！

説明しよう！ 先史時代、剣歯ネコはネコ科とその親戚においても少なくとも3度独立に進化し、さらに南米の大型ネコに似た有袋類*[4]でも進化した。これだけ収斂進化が起こってきたのだから、剣歯(長く、薄く、先端が鋭く、しばしば縁にステーキナイフのような鋸歯がある)の進化はそこまで難しくないはずだ。

いいたいことはわかる。そんな血に飢えた殺し屋に誰が大金を積むかって？ いやいや、それは思い違いだ。先史時代の剣歯ネコはライオンよりも大きかったが、わたしがいっているのは膝乗りサイズのネコだ。それに、絶滅したかれらが剣歯をどう使っていたのかは誰にもわからない。短剣型の歯は獲物を仕留めるにはあまりに使い勝手が悪いため、死肉食だったと考える古生物学者もいるほどだ。とはいえ凶器の用途など、いまは無関係。ヒトに危険が及ぶのは、ネコが攻撃的な場合に限られる。だから、愛情深くておとなしく、攻撃性のないサーベルタビーをつくればいいのだ。

剣歯ネコを現代に蘇らせる方法

それで、具体的にはどうやって? まずは最先端のアプローチである、遺伝子工学を考えてみよう。CRISPRに聞き覚えはあるだろうか。生物の遺伝子を「編集」し、既存の遺伝子を別バージョンに改変したり、新しい遺伝子を挿入したりできる、最新の遺伝子操作ツールだ。10年前に開発されて以来、CRISPRの手法はさらに洗練され高度化し、さまざまな生物種の遺伝子編集個体が誕生してきた。哺乳類だけを見ても、ブタ、イヌ、マウス、ウシ、オポッサム、サルなど多岐にわたる。

理屈の上では、CRISPRを使ってサーベルのような歯をつくるひとつまたは複数の遺伝子をイエネコに導入するだけでいい。詳細は省くが、そのためにはメスネコの卵を採取し(ヒトの不妊治療クリニックでも同じことをする)、ネコの精子を使って人工授精し、その後のどこかの時点で編集済みの遺伝子を挿入する。そして受精卵をメスの子宮に着床させる。

もちろん大きな課題は、剣歯の形成にかかわる遺伝子の特定だ。残念ながら、現代には剣歯ネコが一種も生き残っていない。ウンピョウの歯は特徴が剣歯ネコに似ていると主張する専門家もいるが、現実にはウンピョウの犬歯*[5]は、確かにほかのネコ科の現生種より長いものの、薄くもないし、長さでもサーベルタイガーにはるかに劣る。ウンピョウの遺伝子を分析することで、もしかしたら犬歯の発達に関連する遺伝子を特定できるかもしれないが、その遺伝子はわたしたちが求めているサーベルのような歯をつくるものと同じとは限らない。

だが、ちょっと牙が長めの現生種にこだわる必要はない。本物が生きていた時代はそう遠い昔ではないのだから。スミロドン・ファタリスはほんの1万年ほど前までロサンゼルスの丘陵地を闊歩していた。クラウディオ・オットーニは同じくらい古いルーマニアのイエネコの骨からDNAを採取できたのだから、剣歯ネコの化石からもサンプルが手に入るかもしれない。

そして実際、研究者たちは偉業をなしとげた。いまや2種の剣歯ネコ(1種はチリ、もう1種はユーコン準州*[6]で発見された)について、全ゲノム配列決定が完了しているのだ。

ここまでは簡単だ。第15章で見たように、ゲノムには特定の形質と関連する遺伝子がどこにあるかを示す索引はついていない。剣歯ネコのゲノムを手にしたはいいけれど、今度は20億塩基対を超えるDNAのなかから、犬歯の伸長、扁平化、鋸歯状の縁の形成に関与する遺伝子、あるいは遺伝子群を探しださなくてはならない。

マウスやヒトなどの種を対象とした研究から、歯のサイズや形状にさまざまな影響を与える多数の遺伝子が特定されている。これらの候補遺伝子のサーベルタイガー版をチェックするところから始めるのがよさそうだが、どれが鍵を握るのかを特定するのは容易ではないだろう。もっとも重要なＤＮＡの断片は、ほかの遺伝子の活動をコントロールする「制御領域」とよばれる部分に存在する可能性が高い。とくに期待できそうなのは、*Fgf10*という、歯の鋭さを決めるのに重要な役割を果たすと考えられる遺伝子だ。しかし、ほかにも候補はたくさんある。候補遺伝子に相当する部分が剣歯ネコのゲノムのなかに見つかったら、それらをイエネコの受精卵にまずはひとつずつ、続いて複数を組み合わせて導入し、成長したネコがどんな見た目になるかを検証する(最初はこのような研究のモデル動物とされる、マウスを使った実験からだろう)。うまくいくことのほうが少ないだろうし、この方法では目当ての遺伝子を特定できない可能性も少なからずある。

それに、まだ言及していなかった重要なポイントがある。剣歯ネコはトレードマークの短剣以外にも、多くの点で現生のネコと異なる。頭骨、下顎、筋肉のつき方は巨大な牙をうまく扱えるようにさまざまな形で変化しているし、咬合のパターンも違う。剣歯ネコらしい外見に関連する遺伝子はおそらく多数あり、それらすべてを特定することが成功の鍵を握るだろう。

ネコの未来を変える遺伝子編集技術

残念ながら(幸い、という人もいるだろうが)、遺伝子工学によってサーベルイエネコが誕生する日はまだまだ遠そうだ。

　だからといって、遺伝子工学がネコの未来と無関係というわけではない。すでに機能が特定されている遺伝子が標的なら、改良版の新しいネコをつくりだすことに貢献できるだろう。そして、誰の目にも明らかな好機がひとつある――ネコアレルギーだ。

　全世界で5人に1人がネコに対してアレルギーをもっている。多くの人は軽症で、ネコに接したときに眼のかゆみ、くしゃみ、鼻詰まりを発症する程度だ。しかし、なかには反応がはるかに重く、深刻な喘息発作を起こして病院に運ばれる人もいる。

　ネコアレルギーの原因はネコの唾液に含まれる、なんともよびにくい「Fel d 1」（読み方は「フェルディーワン」）*7という名前のタンパク質だ。ネコが毛づくろいすると、このタンパク質が皮膚や毛について、のちに乾いてフケとなってはがれ落ちて、人家に棲みつくイエダニと同じように厄介事を引き起こす。

　問題のタンパク質の生成量はネコのあいだでも個体差が大きく、生成量が少ないネコに対してはアレルギー反応が弱くなる。サイベリアンやスフィンクスなど、一部の品種は低アレルギー性とされるが、主張を裏づける証拠は乏しい。このタンパク質をあまりつくらない個体もいるだろうが、同じ品種のなかでさえ個体差が大きいのだ。

　アレルギーもちの人びとは、かなりのお金を使って症状を和らげつつ、ネコを手放さずにすむよう努める。15年前、ある企業がこのビジネスチャンスに目をつけ、低アレルギー性品種のネコの作出に成功したと発表し、1匹数千ドルで売りさばいたことがあった。だが、同社はのちに理由を開示しないまま破産申請した。くしゃみの止まらない大勢の顧客は詐欺だと非難し、膨大な数の訴訟が起こされた。

最近になって、ネスレ・ピュリナはアレルゲン生成量を約50％減少させるキャットフードを開発した。このドライフードには鶏卵由来のあるタンパク質が含まれ、これがFel d1と結合することで、アレルギー反応を引き起こす人体の分子との結合を阻害するというしくみだ。

当然ながら、Fel d1の生成量が少ないネコよりも、まったくつくらないネコのほうがずっといい。そこで遺伝子工学の出番だ。研究者がやるべきことはひとつ。CRISPRを駆使して、Fel d1をつくる遺伝子の通常バージョンを、機能を無効化した代替アレルに置き換えるのだ。

研究は順調に進んでいる。Fel d1の生成を司る遺伝子は1991年に特定された。その後、インドア・バイオテクノロジーズという企業の研究チームが不活化バージョンのアレルを開発し、実験室のペトリ皿のなかでネコの腎細胞に組み込むことに成功した。次なる課題は、この遺伝子編集を生身のネコにも応用できるかどうかだ。いずれは成功するだろうと、わたしの勘は告げている(ただし、すでに遺伝子編集個体が誕生している多くの哺乳類のリストのなかに、ネコは含まれていないことに留意したい)。

アレルゲンフリーのCRISPRキャットをつくる方法はいくつかある。ひとつは、次世代以降に遺伝子が受け継がれるような形で遺伝子編集をおこなうというものだ。実現するには、編集済みの遺伝子を精子または卵に注入すればよく、そうすれば次の世代にもその遺伝子が継承される。ネコの新品種の誕生だ。

民間企業がこのプロジェクトに取り組むとしたら、おそらく目的は人類の福祉への貢献ではないだろう。企業幹部はこのテクノロジーをどう利益につなげるかを考えなくてはならない。こちらの方法で収益化を実現するには、ネコのブリーディングに参入する必要がある。それに、かりにアレルゲンフリーのネコの販売にこぎつけたとして、販売済みのネコから生まれるアレルゲンフリーの子猫からも利益を上げるには、どうすればいいだろう? たとえ不妊化したネコだけを販売するとしても、誰かがゲノムをシークエンサーにかけて、編集された遺伝子を特定し、自分の手でCRISPRを利用して遺伝子編集をしてしまうかもしれない。企業は知的財産権を取得して、アレルゲンフリーネコが生まれるたびに特許使用料を請求しようとするだろう。これは巨大農業企業による遺伝子組換え作物の種子の取り扱いに似ている。手続き的にも法的にも、かなりややこしいことになりそうだ。

意外ではないが、研究に取り組んでいる企業はこれとは別のアプローチとして、改変した遺伝子をタンパク質をつくる器官だけに注入し、Fel d1の生成を止める手法の開発をめざしている。編集された遺伝子が精子と卵に入り込むことはないので、次世代には継承されない。このような遺伝子療法であれば、企業は顧客ひとりひとりへの製品販売を続けることができる。ネコ(または獣医)に個別に対応するだけでよく、遺伝子編集済みのネコの子孫の流通をコントロールする苦労とは無縁でいられるのだ。

もちろん、ここにも動物福祉の問題はある。標的の遺伝子を不活化することで、ネコになんらかの負担が生じることはないのだろうか？ 何がいいたいかというと、Fel d1タンパク質がなんらかの形でネコに役立っているとしたら、不活化することで健康問題が生じるおそれがあるのだ。だが、タンパク質の生成量の個体差がきわめて大きいことから考えて、この物質はそこまで重要ではないのだろう。健康維持に不可欠だとしたら、タンパク質の生成量が多いネコは少ないネコよりもずっと健康であるはずだが、このような関係を示す証拠はない。一方、Fel d1の生成量は概して未去勢のオスでもっとも多いことから、このタンパク質とオスネコの生殖能力のあいだにはなんらかの関係があるかもしれない。具体的にどのような関係なのか、このタンパク質がネコにとって意味のあるものなのかは、今後の解明が待たれる。

進化の力を信じたサーベルイエネコ計画

アレルギーについて嗅ぎ回るのはこのくらいにして、サーベルイエネコの探求に戻ろう。遺伝子工学がだめなら、残るは昔ながらの人為淘汰しかない。一見、そんなの無理だと思うかもしれない。ミニサーベルタイガーとは程遠い現代のイエネコの歯から、三日月刀のようなカーブした牙をつくりだすなんて！ だが、思い出してほしい。ペルシャやサイアミーズの祖先だって、現代のつぶれ鼻や面長とは似ても似つかない姿をしていたのだ。淘汰の力を侮ってはいけない。

最初にやるべきことは、立派な歯をした、つまり犬歯が並外れて長いネコを見つけることだ。わたしの知るかぎり、イエネコの犬歯の長さの個体差に関する研究はない。ただし、わたしはネコ歯科学の文献に精通しているわけではないことは申し添えておく。

わたしは素人考えで、アニマルシェルターのような施設に行って、そこにいるネコの犬歯の長さを測定すればいいと思っていた。それから、いちばん犬歯が長いネコを(不妊化されていないことを前提に)引き取って、家に連れ帰り、ブリーディングに着手する。

このアイデアはかなり前から温めていたのだが、超えるべきハードルがひとつあった。余ったネコをどうするかという問題だ。人為淘汰を進めるためには、たくさんの子猫を誕生させなくてはならない。多数のなかから、もっとも優秀な上澄みをすくい取り、ずば抜けて見事な歯をもつネコだけを繁殖させるのだ。でも、余剰個体はどうなるのか？　かれらに幸せが待っているとは思えなかった。

しかし幸い、ジュディ・サグデンとカレン・サウスマンのおかげで、この問題は避けられるとわかった。早い段階で、歯の長さだけでなく、ネコの気質も選抜基準にすればいいのだ。牙と気立てのベストな組合せを備えたネコを選んでおけば、サーベルが基準に満たない子猫にも、引き取り手が見つかりやすくなる。

品種改良を進めるにあたっては、ネコが健康で、歯が問題なく機能するように注意を払う必要がある。剣歯ネコの頭骨は、サーベルとそれを使うための大きな筋肉を納められるように、それ以外の野生ネコとは異なる形状をしている。そのため、各パーツが協調してはたらくように、淘汰のプロセスにその他の形質を基準として加える必要が出てくるかもしれない。想定外の不具合がいくつも生じるだろう。それでも、ブリーダーがたった数十年の選択交配で鼻のないネコをつくりだしたことを考えれば、サーベルイエネコの作出はうまくいきそうだ。自然淘汰が哺乳類のなかで少なくとも4度実現してきたことなのだから、けっして不可能ではないはずだ。

わたしはこの10年、進化学と哺乳類学の講義で学生たちにこのアイデアを吹き込んできた。手っ取り早く稼げるよ、利益が出はじめたら発案者を思いだしてね、と。だが、いまだに誰もこの案に乗ってくれていない。そこで親愛なる読者のみなさんに、こうしてお教えしたというわけだ。グッドラック！ そして最初のサーベル子猫が生まれたときには、ぜひわたしにご一報を。

ネコのサイズ革命

わたしたちがこうして新品種「スミロドン」の誕生を待つあいだも、人為淘汰は間違いなく、さまざまな方向に進んでいく。愛

サーベルイエネコ

好家はそれぞれに独自の形質をもつ異品種どうしをかけ合わせ、目新しくかつてない珍妙なミックスを生みだしつづけるだろう(リュコイクーンを見たい人は?)。ブリーダーはまた、どんなものであれ前例のない変異が生じれば我先に飛びつき、そこから新しい毛色、毛質、模様をもつ品種をつくるだろう。いくつかの犬種に見られるように、しっぽが反り返って頭上に垂れるようなネコだって(このような形質が有害でさえなければ)誕生するかもしれない。ブリーディングの世界でどんな新しい形質がブームを巻き起こすかは予想もつかない。

意外にも開拓が進んでいないのが、サイズの限界を突破するようなネコの品種の開発だ。かたやイヌは、2・5キロのチワワから、100キロオーバーのイングリッシュ・マスチフまでいる。

正直なところ、わたしは超大型イエネコの作出に取り組む人がいないことに驚いている。メインクーンは祖先のヤマネコよりかなり大柄だが、それでもネコ科の最大値(アムールトラは300キロに達し、剣歯ネコは種によっては500キロ近かったと推定される)の足元にも及ばない。それに、メインクーンは最初から大柄な品種で、過去数十年でますます大きくなったという話は聞かない。近年誕生した唯一の大型品種はサバンナで、かれらの体格は祖先のサーバルから受け継いだものだ。ネコブリーダーには思いのほか分別があり、危険なくらい大きなネコをつくることを控えているのかもしれない。

一方、小型化を進める品種改良の試みは近年にも見られた。最小の認定品種であるシンガプーラは、オスでも体重3キロ未満で、メスは2キロを下回る。ネットの噂によれば、「ティーカップ」ペルシャも同じくらいのサイズらしい。南アジアの野生種サビイロネコの体重はせいぜいこの半分なのだから、もっと小さなネコの品種をつくることは不可能ではないだろう。

品種改良で狩猟しない都市型ネコをつくる

誰かがこんなタイプのネコをつくりたいと思うかもしれない――そんなとりとめもない妄想はこれくらいにしておこう。それよりも緊急に必要とされている、とある新品種の話をしたい。

ネコの行動の第一人者であるジョン・ブラッドショーは、ペットネコの野外活動にまつわる問題にひとつの解決策を提唱している。外に行きたがらず狩りの衝動をもたないように、ネコを品種改良するのだ。彼の主張はシンプルだ。ネコの狩猟欲には個体差があり、個体差の一部はおそらく遺伝子の違いによる。だから、わたしたちがやるべきことはひとつ。室内の生活に満足できる、あるいは外に出たとしても獲物に忍び寄ることに関心を示さないネコの選択交配だ。うまくいけば、バードフレンドリーなネコの品種が誕生するだろう。

野外活動をしたがる傾向がどれだけ品種によって異なるのか、わたしの知るかぎりデータは存在しないが、活動量に品種差があるのは確かで、これと野外活動には関連がありそうだ。第12章で取り上げた獣医を対象とした調査では、もっともアクティブなアビシニアンやベンガルから、不活発なペルシャやラグドールまで、活動レベルのばらつきが見られた。外に出たときに鳥を捕える傾向に関しても、ランキングの内容がよく似たものだったのは偶然ではないだろう(ただし意外なことに、こちらでは非血統ネコがベンガルよりも上位につけた)。フィンランドで4000匹以上のネコの飼い主を対象にした調査でも、これと符合する結果が得られた。アビシニアン、ベンガル、非血統ネコの飼い主のおよそ3人に2人が、「わが家のネコは小動物を追い回すのが好きだ」という項目に強く同意したのに対し、ペルシャとラグドールの飼い主ではこの割合は40%に満たなかった*8。

このような品種による行動の違いは、それ自体を意図的に選択基準として形成されたものではないため、ほかの理由で淘汰の対象となった遺伝子の影響を受けたものに違いない。断言してもいいが、もしもブリーダーが野外徘徊や狩りに興味をもたないネコを意図的に選択交配していけば、こうした特徴をもつ品種が誕生するのに、そう時間はかからないはずだ。

これこそ21世紀にふさわしい品種だ。都市生活に適応し、環境にやさしく、おっとりのんびりしたネコ。

それなら、ペットのネコが野生動物の虐殺に加担する問題は、これにて一件落着だろうか？　2つの理由から、答えはノーだ。第一に、ベンガルやアビシニアンのような、アクティブで元気いっぱいのネコが好きという人はたくさんいる。わたしの見立てでは、「野外活動への欲求」と「狩りへの積極性」は、活動量と密接に結びついた形質だろう。生物学的観点からは、これらの形質はおそらく同じ遺伝子の影響下にある。複数の形質の間に遺伝相関がある場合、そのうちのひとつに正の淘汰をかければ、ほかの形質にも進化的反応が生じることは避けられない。このため、ベンガルのように活動的でありながら、外出や狩りをしたがらないネコをつくるのは、かなり難しいはずだ。とはいえ、不可能ではないかもしれない。フィンランドでの調査では、ベンガルの飼い主の5%は「うちの子は小動物を追いかけたがらない」と答えた。こういうネコをかけ合わせていけば、エネルギッシュでアクティブでありながら、狩りに惹かれない新世代ベンガルを生みだせる可能性はある。

けれども、それ以上に大きな問題は大多数の人びとは血統ネコを飼わないことだ。それなら、どこでネコを手に入れているのだろう？　非血統ネコのほとんどはよその家の生まれではない。アメリカで飼育されているネコはたいてい不妊化されているからだ。したがって、新しく家庭に迎えられるネコはふつう、もとは飼い主のいない野良ネコやコロニーネコだ。

こうしたネコたちがどんな進化をたどるかを想像してみよう。捕獲され、家庭に迎えられ、不妊化されやすいのは、どんな野外ネコだろう？　そう、愛想がよく、人を見れば近寄ってくるネコだ。では、捕獲の手を逃れて野外生活を貫き、次世代に遺伝子を受け渡すのは？　警戒心が強く、人を恐れ、自分の知恵だけを頼りに生き抜くネコだ。まさに自然淘汰！　そして、このような淘汰は人間嫌いを助長する。飼い主のいないネコの集団は、ますます警戒心が強く、よそよそしくなるように進化していくと予想される。かれらが野外活動や狩りへの執着を失うように進化するとは考えられない。

この仮説を支持する内容の研究がひとつだけある。ペットのメスネコが産んだ子どもたちを調べた研究者たちは、飼い主のいない野外生活するオスが父親である場合、去勢されていないペットのオスネコが父親である場合と比べ、子猫がヒトに対してフレンドリーでない傾向にあると結論づけた（飼い主のひざの上にどれだけ長く座りつづけるかをフレンドリーさの指標とした）。この知見から、飼われていないオスとペットのオスのあいだには遺伝的な相違があり、完全に野外生活するオスはヒトに対するフレンドリーさを抑えるような遺伝子をもっていると考えられる。ただし、この研究のサンプル数は非常に少なく、わたしの知るかぎり追試はおこなわれていない。飼い主のいないネコの集団がヒトに対してよそよそしくなるように進化しつつあるのかどうかは、今後の研究を要する重要なトピックだ。

進化するノネコの生存戦略

飼い主のいないネコの行動に対し、自然淘汰が作用しているのかどうかを検証した研究は少ない。ここから、さらに大きな問題が浮き彫りになる。野外で生きるネコがどう進化しているのかに関するデータは、ノネコ研究がもっとも進んでいるオーストラリアでさえ、ほとんど存在しないのだ。今日のネコ研究や自然保護運動の規模を考慮すれば、これは見過ごされてきた大きなチャンスといえる。

ノネコの進化の行方には、2つの可能性が考えられる。ひとつは、ノネコは単純に祖先のヤマネコのライフスタイルに回帰し、家畜化の効果を帳消しにしているというものだ。このようなネコたちがキタアフリカヤマネコと同じニッチを埋め、出発点へと逆戻りするように進化していると想像するのはたやすい。

あるいはイエネコは新たな進化の旅路へと踏みだしつつある、とも考えられる。多くの土地において、ノネコは大型捕食者に狙われることがほとんど、あるいはまったくない。似たような幸運な状況に、コヨーテはどう適応したか？ 思いつくかぎりのありとあらゆる生息環境に進出し、かつてコヨーテの個体数を抑制していたオオカミの不在をいいことに、体のサイズをより大きく進化させた。ノネコも同じことをしているかもしれない。

オーストラリアのノネコは、タイプの異なるさまざまな生息環境に進出している。灼熱の赤い砂漠、気温が低く冬には雪が積もる温帯の山々、熱帯雨林、草原。進化生物学者としてのわたしの勘は、ノネコは自身を取り巻く異なる環境条件に適応するだろうと告げている。砂漠のネコは高温と渇きへの対処法を進化させ、南部の山岳地帯に棲む集団は低温と雪を乗り切る術を身につけるだろう。また、獲物の種類によって必要な狩りの技術は異なり、天敵(ディンゴ、タスマニアデビル、オオトカゲなど)の種類によって必要な逃走手段は異なるだろう。砂の上を歩くのと、岩に覆われた平地を進むのとでは、それぞれ違った困難があるはずだ。

世界の小型野生ネコをちょっと調べてみれば、ネコが異なる生息環境にどう適応してきたかがわかる。マーゲイは足首の関節が柔軟なおかげで、頭を下にして木から降りることができる。スナネコの足の裏が毛に覆われているのは、砂漠を歩き回ることへの適応だ。水辺に生きるスナドリネコは、指のあいだに水かきが発達している。オーストラリアにノネコが足を踏み入れたのは数百万年前どころか、ほんの数百年前でしかないが、すでにこのような形で進化しはじめているかもしれない。

おおざっぱにいえば、このような適応放散が実際に起こっているかどうかはわからない。それぞれの土地の気候のもとでの生活に適した生理的適応を獲得しているかどうかの検証や、体のプロポーションなどの形態的特徴のデータの収集に、誰も手をつけていないのだ。異なる環境での生活に応じた行動の違いや、異なるタイプの天敵や獲物への対処法についても、研究はおこなわれていない。

ただし、確かなことがひとつある。ノネコはオーストラリアでもほかの土地でも、血統ネコの一部の品種に見られるような極端な形質をもたない。ペルシャのようなつぶれ鼻のノネコや、現代のサイアミーズのような長い鼻先をしたノネコの写真を、わたしは見たことがない。短足、無毛、耳のカールについても然り。したがって、こう断言していいだろう――こうした品種のイエネコは、もしも野外に捨てられたら長生きできないか、たとえ子を残したとしても、世代を重ねるうちに自然淘汰が極端な形質を集団内から消し去ってしまう。

オーストラリアの多くの人びとは、自国のノネコは飛び抜けて大柄だと信じている。「オーストラリア中央部に潜む体重11キロの巨大ノネコ?」なんて見だしをしょっちゅう目にしているのだから無理もない。こうした報道は頻繁にあり、添えられる写真や動画には確かにやたらと大きなネコが映っている。推定全長1・5メートルなんてこともあるほどだ! けれども証拠は乏しく、たったひとつの疑わしい記録を除いて、どの学術文献を見てもオーストラリアにいるノネコのサイズはごく平均的だ。

オーストラリアのノネコの大きさをめぐる議論は学術的なものにとどまらない。ある研究チームの働きかけにより、オーストラリアはサバンナの輸入を禁止した。禁止の根拠はこのような大型のネコがもし野外に定着した場合、典型的なノネコが捕食しないような大型の在来種に対して、取り返しのつかない悪影響が及びかねないというものだった*9。わたしにいわせれば、もしオーストラリアに大型ネコのニッチがあるなら、すでに定着しているノネコが体を大きく進化させているはずだ。大型化を裏づける証拠がないことを考慮すれば、体が大きいことは有利にならないのだろう。この考えでいけば、もしもサバンナがオーストラリアの原野に逃げだしたとしても、大型化を促す遺伝子は負の淘汰を受け、やがて集団から取り除かれるだろう。とはいえ、オーストラリアに大型のノネコがいる可能性や、逃亡サバンナの未来についてのわたしの予想が間違っている可能性は否定できないので、この国の決定に偉そうにケチをつけるのはやめておこう。念のためサバンナを締めだしておくのは賢明な判断だ。

大型で全身真っ黒なノネコの噂は世界各地に存在する。オーストラリアでは数百件の目撃情報があり、しばしばクロヒョウが逃げ出したのではという憶測をともなう。スコットランドでは、黒いノネコは「ケラス・キャット」とよばれ、イエネコとスコットランドヤマネコの交雑個体と見られている。コーカサス地方で報告される黒い大型ネコにも、同様の説明(こちらはイエネコとヨーロッパヤマネコの交雑)があてはまりそうだ。漆黒の大型ネコは、ニュージーランドやハワイなどでも報告されている。

ノネコの進化のもっとも興味深い事例と思われるもののひとつにも、ある土地での大きくて黒いノネコの目撃情報がかかわっている。そして、こちらにはちゃんと根拠がある。

問題の場所はマダガスカルだ。ネコは数百年前にこの島にもち込まれて以来、全世界の島じまでそうだったように、在来動物相に大打撃をもたらしてきた。驚くべきことに、ネコはキツネザルさえ殺してしまう。マダガスカルのノネコのほとんどは典型的なマッカレルタビーの見た目をしているが、かなり大柄だ。ある研究によれば、村で飼われているオスネコの体重が平均3・6キロだったのに対し、ノネコのオスは5・4キロもあったという。

　だが、意外なのはここからだ。マダガスカルには2つのタイプのノネコがいる。典型的なタイプはいま説明したとおりだが、もうひとつはさらに大型で、どこかサーバルを思わせる優雅な長い脚と、シャルトリューに似たすぼまった顔立ちをもつ。マダガスカル北東部で「フィトアティ」とよばれるこのネコたちは、マッカレルタビーのノネコよりも大柄(ただし正確な測定データはない)なうえに、生息環境も異なる。フィトアティが森の奥深くに潜むのに対し、マッカレルタビーは林縁部や集落付近に棲んでいる。さらに違いがもうひとつ——多くの森林性の野生ネコと同じように、フィトアティは全身真っ黒なのだ。

　はっとするほどハンサムなこのネコに当初注目した科学者のなかには、ネコ科の未記載種かもしれないと考えた者もいたが、DNA解析により正体はイエネコだとわかった。研究者たちは

フィトアティ

現在、このエレガントな森のネコの進化的意義や、在来動物相への影響について調べている。

イエネコから始まる適応放散

このように、イエネコの未来にはたくさんの可能性があり、すべてが同時進行してもおかしくない。遺伝子工学による新奇な形質の獲得、おとなしくてインドア派の新品種、人間嫌いに拍車がかかる野外生活ネコ、それに新たな野生ネコへと進化するノネコ。

それぞれの道を歩むネコたちは、いずれ別種になるのだろうか？ 2つの個体群が別種とみなされるのは、両者のあいだで交雑が起こりえないか、両者が互いとの交雑を避け、生殖能力のある子が生まれない場合であることを思いだそう。形態的あるいは生理的特徴に違いがあるだけでは不十分なのだ*[10]。けれども、すでに見てきたように、ひとつの遺伝子はたくさんの異なる形質に影響を与えることがある。おっとりして室内の暮らしを好むネコの品種を開発するなかで生じた遺伝的変化は、配偶相手の好みにも影響を与え、こうしたネコたちは活発で荒っぽいノネコとの交尾を拒むようになるかもしれない。あるいは、遺伝子編集の予期せぬ結果として、誕生したネコの精子や卵が、編集済みの遺伝子をもたないネコの配偶子に対して不和合性を示すようになるかもしれない。こうした変化のなかに、2つのネコの集団のあいだに生殖隔離を生じさせる、つまり別べつの種にするものがあってもおかしくない。

では、もっと先の未来は？　いずれ人類はみずからの所業を顧みて、自然からの収奪をやめるだろう。わたしたちがありとあらゆる生命を全滅させてさえいなければ、生態系は回復する。進化は新たな種を生みだし、地球の種多様性は回復する。

こうして復興した生物多様性を構成するのは、人類の猛攻に耐えて生き延びた種の子孫だ。ライオン、トラ、グリズリーがまだいることを願ってやまないが、イエネコは確実に生き残るだろう。いま現在、6億匹が世界のいたるところに生息していることを考えれば、(家を出て久しい)イエネコは未来の生態系の主要メンバーになっているはずだ。

それ以上に、どこにでもいるイエネコを始祖として、新たな種が誕生し、地を満たしていくだろう。南米大陸に最初に進出したネコが、過去300万年のあいだに多様化し、オセロット、コドコド、ジョフロイネコ、その他6種の小型野生ネコに分岐したように、現代のオーストラリアのノネコを出発点とした適応放散は、オーストラリアの固有種を生みだすかもしれない。海洋島のノネコもまた独自の進化をとげ、それぞれの個体群が唯一無二の独立種になるかもしれない。

3000万年前に生きていた、知られているかぎり最初のネコ科動物であるプロアイルルスは、ライオンやチーター、剣歯ネコをはじめ、多くの種の祖先となった。イエネコが同じくらい多様な進化的系統へと分岐していくかどうかは、悠久の年月の果てに答えが出るだろう。そうなるほうに、わたしは賭ける。

ネコ学者の新たな挑戦

締めのひとことはネルソンに任せよう。「ミラアアアオゥ」――これはいますぐ外に出たいとわたしに伝えるときの声だ。

あとになって思えば予想はつくはずだったのだが、ときどき裏庭にだしてやって彼の外出欲をなだめようというわたしたちの計画は、完全に裏目に出た。外に出るたびに、彼の欲求はますます強まったのだ。

幸い、わたしは状況を多少なりともコントロールする方法を学んだ。まずはネルソンにクールなトラ柄のベストを着せた。魅惑のセーブル毛皮の上にオレンジと黒のジャケットを羽織った彼はイケメンに磨きがかかった。それより何より、この着こなしならよく目立つし、飼いネコであることがすぐにわかる。

これはわたし自身の思いつきだった。けれども、ネコ研究の知見に触れてからというもの、わたしはさらにキャットトラッカーを首輪につけることにした。

こうしてネルソンは今日も出かけていく。いつも1時間に1度、挨拶か水かおやつ、あるいは3つ全部のために裏口に立ち寄ってくれる。そして再び出ていって、これを日に何度も繰り返し、ときには1日に6時間も外で過ごす。一方わたしはデスクに座って、この本の執筆やほかの仕事をしつつ、数分おきにｉＰｈｏｎｅのトラッカーアプリを立ち上げて、彼の居場所を確かめる。フェンスの下に動物（ウッドチャック、アライグマ、あるいはほかのネコ）が掘った穴を通ってか、あるいはフェンスが低くなっている場所を飛び越えたのか、庭を出ていることもある。

ご近所さんの裏庭や近くの分譲地を探索しているときはとくに気にしないのだが、大型犬がいる家はできれば避けてほしい。彼はある家で教訓を学んだらしく、2匹のイングリッシュ・ポインターに追われて木の上に避難し、わたしが連れ戻しに行ったとき以来、この家にほとんど寄りつかなくなった。ただし、ときどき2匹の大きなラブラドール・レトリーバーが走り回っている別の家の裏庭は、相変わらず徘徊している。

こんな具合で、ネルソンにはおおむね好きなように探検させている。彼が家から半径約180メートルの範囲を出ることはない。ほとんどの場所は問題ないのだが、東に50メートルほどの交通量の多い道路に近づいたら要注意だ。この方向に歩きはじめたら、わたしは警戒モードに入る。道路の目前まで迫ったときは、大慌てで家を飛びだし、ご近所さんたちが面白がって見物するなか、彼の行く手を阻んで家に連れ帰る。

1日に何度もこれをやらされると、かなりうんざりする。ネルソンは疲れたときや、家まで歩くのが億劫なとき、「道路まで歩いてUberをよべばいいや」と思っているのではないかと、わたしは疑っている。あっという間にわたしが現れ、彼を抱き上げて家まで運ぶのがわかりきっているからだ。

この作戦は、コロナ禍の在宅勤務のあいだはうまくいっていた。けれども、オフィス勤務と出張の日々に戻るのが秒読みとなり、わたしの心配は募った。ネルソンはいまや、外にだしてもらえない

外を歩くネルソン

とひどく不機嫌になり、ほかのネコたちにあたるようになってしまった。わたしたちは自縄自縛に陥った。監視システムを機能させるには、自分たちはずっと家にいて、ネルソンの探検に目を光らせていなくてはならないのだ。

だが、ネコ科学の女神はわたしに微笑んだ。ノネコがオーストラリアの在来生態系に与える影響についての論文を読んでいたとき、オーストラリアの人びとが鉄壁のネコ防除フェンスを開発したことを知ったのだ。秘訣はフェンスの下端を地中に埋め、上端を反らせてネコが登ることも飛び越えることもできないようにすることだ。研究者たちはこのフェンスで囲った巨大な閉鎖区画を建設し、ネコのいる区画といない区画のあいだで、生態系への影響を比較する実験研究をおこなっている。

オーストラリアの研究者が周囲何キロもある区画にノネコを閉じ込められるなら、ネルソンを慎ましやかなうちの裏庭から出ないようにするのは簡単だろう。軽くググってみると、すでにいくつかの企業がオーストラリアの研究者にならったネコ脱走防止フェンスを商品化していることがわかった。ただし安いものではなかったので、うちではDIYすることにした。プロジェクトは進行中だ。わたしたちがネルソンにだし抜かれないよう、幸運を祈ってほしい。

かりにオーストラリア人の創意工夫が、広い空の下で過ごしたいネルソンの欲求と、彼の安全を案じるわたしたちの思いに折り合いをつけてくれたとしても、彼が野生動物に影響を与えかねないという問題は残る。同僚の保全生物学者のなかには、わたしがまたもやネコの完全室内飼いに失敗したと聞いて憤る人もいる。そして実際、ネルソンにとって鳥をつけ狙うのは至上の喜びのようだ。樹上にとまり、飛び回り、そして何より地面を歩く鳥の存在に、彼はいつも全神経を集中させる。ギボウシの植え込みに身を潜めた(キャットトラッカーがなければわたしには見つけられない)ネルソンは、5メートル先で餌台からこぼれた草の種をつつくハトに虎視眈々と狙いを定める。

でも、安心してほしい。ネルソンは何から何まで最高のネコだが、ハンターとしてはポンコツだ。体を低くして茂みに隠れるべきことは知っていても、匍匐《ほふく》前進で奇襲をかけられる距離まで近づくという概念を理解できないらしい。そのため、突進する彼はいつも惜しいところまで近づくことすらできず、鳥たちに悠々と飛び去られてしまう。彼が首尾よく獲物を捕えたことは1度もないだろうと、わたしは確信している。

子猫時代の練習が足りなかったせいだろうか？　でも、生後3週目から人の手で育てられたジェーンとウィンストンは、じつに見事にウサギを捕まえる。明らかに、母ネコによる訓練は、狩猟技術の獲得に必須ではない。ネコがどのように捕食者として腕を磨くのかを調べた研究はいくつかあるが、まだまだ足りていない。

さらなる研究が必要——本書の結びにふさわしい言葉だ。わたしたちはネコについて、すでに多くを知っているが、まだ知らないことはそれよりずっとたくさんある。ネコは頭のなかで何を考えているのか、ネコは北米の野生動物個体群にどのような影響を与えるのか、ネコが家畜化されたのはいったいどこなのか。まったく毛色の違う、さまざまな未解決の謎が解明を待っている。ネコ学者の未来は明るい！

＊1　世界のイヌとネコはどちらのほうが多いのか？　答えは尋ねる相手によって違う。全世界の合計となると、推定値はかなりあやふやなものになるが、おそらくどちらも5億匹は下らない。
＊2　正確には「剣歯ネコ」。第5章で見たように、剣歯ネコとトラは近縁ではない。
＊3　これはもちろん、フレッドとウィルマのフリントストーン夫妻が暮らす町の名前だ。一家はリトル・プスという剣歯ネコも飼っている(もう1頭のペットのダイノとお間違いなく。ダイノはブロントサウルスの親戚のようだが、いうまでもなく恐竜は人類誕生のはるか以前に絶滅しているのだから、ばかげた設定だ)。
＊4　ティラコスミルス・アトロクス。

＊5 鋭く尖った歯をネコじゃなくイヌにちなんで名づけるなんて、不公平だと思わずにはいられない。

＊6 なお、剣歯ネコと現生ネコのＤＮＡを比較した結果は化石記録からの結論と一致し、ネコ科の系統樹のなかの２つの枝は約２０００万年前に分岐したとわかった。

＊7 *Felis domesticus* Allergen 1の略。実際には、ネコは少なくとも8種類のヒトのアレルゲンを生成するが、最大の問題となるのは圧倒的にFel d 1だ。

＊8 同様の品種差が、「窓越しに鳥やその他の小動物を見て興奮する(さえずるような、あるいは早口でしゃべるような声をだしたり、しっぽをパタパタさせたりする)」かどうかを尋ねる質問への回答にも見られた。

＊9 研究者たちはまた、サバンナの木登りと跳躍の能力の高さ、また祖先のサーバルの生息環境利用のパターンを根拠に、野生化したサバンナはオーストラリアの典型的なノネコが利用しない環境で獲物を捕食するおそれがあると主張した。

＊10 わかりやすい例がイヌだ。ネコよりも長い選択交配の歴史をもち、体型、サイズ、行動の多様性も圧倒的だが、どのイヌも何のためらいもなく互いと交尾する。ただし、最大品種と最小品種のあいだで完全な生殖能力をもつ子をつくるのは困難かもしれない。体格の違いのせいで物理的に交尾が難しい(サーバルとイエネコの場合と同様)ことに加え、サイズのミスマッチにより、メスが自分の体格とは不釣り合いに大きな、あるいは小さな胎児を妊娠することになるからだ(この指摘は昔からあるが、裏づけるデータは見つからなかった)。したがって、大型犬と小型犬のあいだではある程度の不妊が起こりうるが、こうした例においても、それぞれの遺伝子プールは隔離されていない。どちらも中型犬となら問題なく交配できるため、世代を経るうちに小型品種のアレルが大型品種に流入し、その逆の現象も生じるからだ。つまり、*Canis familiaris* が単一の種であることに変わりはない。

謝辞

ネコに関するありとあらゆることをわたしに懇切丁寧に教えてくれた、ほんとうにたくさんの人たちに、どれだけ感謝してもしきれない。長話につき合ってくれたり、情報や資料を何度も送ってくれたり、その他さまざまな形で信じられないくらい親切にしてくれた、次のみなさんにお礼を申し上げる。カイラー・アバーナシー、ジェイソン・アヒスタス、マイク・アーチャー、アダム・ボイコ、ゴードン・ブルクハルト、クリス・バード、ベン・カースウェル、マルティナ・セチェッティ、フランチェスコ・チンクエ、マイク・コーヴ、マリオン・クレイン、ミケル・デルガド、ジャスティン・デリンジャー、クリス・ディックマン、ジョシュ・ドンラン、カルロス・ドリスコル、ルーシー・ドルーリー、マーティン・エングスター、アマンダ・エングスター、デイヴィッド・ファイト、ハリー・グリーン、サラ・ハートウェル、カティ・フース、アンソニー・ハッチャーソン、クレイグ・ジェームズ、ユッカ・イェルンヴァル、ローランド・ケイズ、アリーン・キーティング、ハイディ・キキルス、ブライアン・コーティス、カレン・クラウス、カレン・ローレンスとネコ歴史博物館、マイク・レトニック、ケイティ・リズニック、レスリー・ライオンズ、ケリー・アン・ロイド、フィオナ・マーシャル、ジェニ・マクドナルド、アレクサンドラ・ニュートン・マクニール、ヒュー・マクレガー、エミリー・マクレオード、ジル・メレン、ジェーン・メルヴィル、ジョー＝アン・ミクサ＝ブラックウェル、キム・ミラー、ヴェレド・ミルモヴィッチ、キャサリン・モーズビー、トム・ニューサム、ニコラス・ニカストロ、ピーター・オズボーン、クラウディオ・オットーニ、マリッサ・パロット、トロイ・パーキンス、ナンシー・ピーターソン、トレイシー・クアッケンブッシュ、アンドリュー・ローワン、ジョン・リード、グレース・ルガ、ジル・サックマン、ボブ・サリンジャー、カレン・サウスマン、ゲイリー・シュウォーツ、グラント・サイズモア、エリック・スタイルズ、モリー・スティナー、ジュディ・サグデン、アグネス・サン、キャサリン・タフト、ウィム・ファン・ネール、ケオニー・ヴォーン、アンジェラ・ウェザースプーン、リンダ・ウィンターズ、メリッサ・ヴェッターとワシントン大学図書館(とくに図書館間ローンオフィス)、ジル・ゴードンとセントルイス動物園図書館。

加えて、質問に答えてくれたり、それ以外にも千差万別なやり方でわたしを手助けしてくれたりした、次のみなさんにも感謝している。ダニ・アリファノ、ジェーン・アレン、カリッサ・アルトシュル、ステファノ・アニル、エリカ・バウアー、ルイサ・アルネド・ベルトラン、ビャーネ・ブラースタッド、ジョン・ブラッドショー、ボニー・ブライトバイル、ブリタニー・ブラウン、サラ・ブラウン、リンダ・ブル、レネー・バンプス、スコット・キャンベル、ロレッタ・カラヴェッテ、ローラ・カーペンター、アレクサンドラ・カーシー、リンダ・カスタネダ、ホリー・コラハン、ダン・デンビーク、メリッサ・ドレイク、デボラ・ダフィ、リー・ダガトキン、マーク・エルドリッジ、サラ・エリス、ボビー・エスピノサ、ザック・ファリス、ジリアン・ファジオ、ローズマリー・フィッシャー、ジェス・フラハティ、ケリー・ファウラー、マイク・ギラム、アビゲイル・ゴフ、アンドレア・グリフィン、イディット・ギュンター、リズ・ハンセン＝ブラウン、ベン・ハート、アン・ヘルグレン、アリソン・ハーマンス、サリマ・イクラム、サンディ・イングルビー、キャンディリー・ジャクソン、パット・ジェイコブバーガー、キャシー・ジョハナス、ノーマン・ジョンソン、パム・ジョンソン＝ベネット、ホリー・ジョーンズ、ケン・ケメラー、ゲイル・カー、スコット・ケイザー、トム・キーライン、スーザン・キーン、マイケル・カイリー、ジョン・カイルマン、スコット・ケオ、マース・カイリー＝ウォーシントン、グウェンドリン・ラプレイリー、サラ・レグ、クリス・レプチュク、キャロリン・レソロゴル、ダン・リーバーマン、キット・リリー、トラヴィス・ロングコア、ダーンス・ロック、羅述金、ダグ・メンケ、アシュリー・ルッツ＝ネルソン、デイヴィッド・マクドナルド、ピーター・マラ、ヘンリー・マーティノー、ベッカ・マクロスキー、カレン・マッコーム、ロビー・マクドナルド、ブレネン・マッケンジー、ジョン・モーラン、シェリル・モリス、デズモンド・モリス、パヴィトラ・ムラリダール、エイシャ・マーフィー、オータム・ネルソン、ダレン・ニージャルケ、クリスティン・ノーウェル、スティーヴン・J・オブライエン、ケン・オルセン、ヘレン・オーウェンズ、クレイグ・パッカー、バーブ・パーマー、ジム・パットン、ダイアン・パクストン、ブレット・ペイサー、デイヴィッド・ペンバートン、ベン・フィリップス、メラニー・ピアッツァ、ダニエラ・ポポヴィッチ、ニアム・クイン、ネイサン・ランク、スザンヌ・レナー、デイヴィッド・レズニック、ハリエット・リトヴォ、デボラ・ロバーツ、デイヴィッド・ローシャー、ディオン・ロス、ジュリアス・ブライト・ロス、マヌエル・ルイス＝ガルシア、クレイグ・サフォー、マーティン・サウィン、ダグ・シャー、マーティン・

シュミット、スザンヌ・ショッツ、カリン・シュウォーツ、トリシャ・サイフリッド、ララ・センプル、ブラッド・シャファー、リン・シェラー、ジョン・スミソン、フィリップ・スティーヴンス、アン・ストロープル、メル・サンキスト、エイミー・サザーランド、ローレンス・スワンポール、テレサ・スウィーニー、アリーン・タルターリア、パティ・トーマス、クリス・ソーントン、デニス・ターナー、ヨランダ・ファン・ヘージック、ジーン＝デニス・ヴィグネ、リチャード・ワン、ジョージア・ウォード＝フィアー、ウェス・ウォーレン、ジム・ウェドナー、ラース・ワーデリン、ミック・ウエストベリー、アネット・ウィルソン、ロビー・ウィルソン、リー＝アン・ウーリー、ミンディ・ジーダー、アイリス・ジンク。

ルーシー・ドルーリー、ミーガン・カステン、キャロリン・ロソス、エリザベス・ロソス、デイヴィッド・シャンザーは本書の最終稿の前段階の全体またはほとんどに目を通し、詳細にわたって的確なコメントをくれた。

本書のアイデアを一緒に育て上げてくれた担当エージェントのマックス・ブロックマンには感謝にたえない。担当編集者のウェンディ・ウルフは本書を方向づけ、数え切れないほどの助言をわたしは素直に聞き入れたときばかりではなかったけれど、いつも結局は彼女が正しかった。みっともない文法のミスやまずい言葉選びを拾い、全編にわたってコピーエディティングのアドバイスをくれた、パロマ・ルイスとジェーン・カヴォリナ、それにリン・バックリー、ミーガン・カヴァノー、クリフ・コーコラン、ジェニファー・テイトにも感謝を。ネコの世話と写真撮影を買って出てくれたリン・マースデンにもありがとう。デイヴ・タスのイラストは何から何までわたしの希望どおりだ。ころころ変わるわたしの要望や提案を辛抱強く聞いてくれてありがとう。

本書を書きはじめるきっかけは、２０１６年秋にわたしが担当した講義「ネコの科学」だった。講義を承認し支えてくれたハーバード大学と、受講してくれた12人のすばらしい学部1年生に心から感謝している。

最後に、わたしをネコがいる家で育て、わたしの好奇心を伸ばしてくれた、両親ジョセフ・ロソスとキャロリン・ロソスに感謝を伝えたい。本書の執筆中、母はわたしの一番のファンとして、最終稿以前の段階で有意義なコメントをくれた。そして何より、妻メリッサ・ロソスへ――わたしの絶え間ないネコうんちくに何年もつき合ってくれて、わたしを愛し支えてくれて、本当にありがとう。

訳者あとがき

本書はJonathan B. Losos "The Cat's Meow: How Cats Evolved from the Savanna to Your Sofa" (Viking, 2023) の全訳です。

著者のジョナサン・ロソスは、前作『生命の歴史は繰り返すのか？』では生物進化における偶然と必然という大きなテーマを、自身の研究内容をたっぷり盛り込みながら、初の一般書とは思えないほど生き生きとした親しみやすい筆致で描きだしました。2作目のテーマがネコと知り、最初はとても驚きました。トカゲ屋なのに？ じつはロソスは、第1章で明かされるように幼少期からの筋金入りのネコ好きで、最近になってそんなネコ愛と自身の学術的関心を結びつけ、学生たちとともに探究に乗りだしたばかり。そんなわけで本書は、歴史は浅いながら急速に発展しつつあるイエネコの進化生物学に、フレッシュな視点から全方位に好奇心を向け、怪しい俗説にツッコミを入れつつ、いち飼育者としての実体験や大胆な憶測もふんだんに散りばめた、現時点での決定版というべき内容となりました。

タイトルになっている「ニャアと鳴く理由」について、博識な読者のなかには「またその話？」と思った方もいるかもしれません。ニャアはネコがヒトとのコミュニケーションのために編みだした音声で、ネコどうしでは使わないという知見は、書籍やドキュメンタリー番組でたびたび取り上げられてきました。ところが著者の探究はここで終わりません。ネコ界きってのおしゃべりのあの品種もほんとにネコにはニャアと鳴かない？　原種のアフリカヤマネコは？　こうした掘り下げにより、いまわかっていることとまだわからないことのディテールが見えてくるところが、数多の「ネコ本」とはひと味違う、本書の大きな魅力です。

最古のイエネコの証拠はキプロスで見つかった９５００年前の骨、というのもよく目にするデータですが、家畜化プロセスのかなりの部分にわたってヒトへの「片利共生生物」の域を出なかった（そもそもいまだに「準家畜」の）ネコの場合、この解釈は一筋縄ではいきません。頼みの綱の古代ＤＮＡ分析も、良質なサンプルの不足から結果はもどかしいものにとどまっています。それでもこうした技術革新により、ユーラシアとアフリカに広く分布するヤマネコの通説を覆す集団構造など、重要な知見が得られつつあります。家畜化がある程度進んで広範囲に拡散したあとも、在来野生種（ヨーロッパヤマネコやアジアヤマネコなど）との交雑による遺伝的多様性の補強や新たな形質の獲得があったというのは、アリス・ロバーツが『飼いならす』（明石書店）でさまざまな家畜と栽培作物について示した傾向でもあり、同書で「世界を変えた10の動植物」の選に漏れてしまったネコについての的確なフォローアップになっています。

鼻ぺちゃ寸詰まりのペルシャから面長スレンダーなサイアミーズまで、現代のネコの品種に見られる多様性は「ネコ科３０００万年の進化の歴史…を大きく逸脱する」ものだと、ロソスはいいます。イヌと比べればそこまででもないように思えるかもしれませんが、イヌが数百年にわたって狩猟、牧羊、闘犬、犬ぞりなどさまざまな用途に合わせて人為淘汰されてきたのに対し、ネコはどの品種もおおむね過去数十年以内に、ほぼ見た目だけを基準に改良されたことを考えれば、やはり驚きです。歴史の浅さを考えれば、未知なる形質を備えた品種が生まれるポテンシャルは高そうですし、見てみたい気持ちがないといえば嘘になります。ただし、品種改良は遺伝性疾患や余剰個体、それにベンガルやサバンナの場合は野生種への捕獲圧といった問題をはらむものでもあり、ネコ自身の福祉を損なわない形で進むことを期待したいところです。

現代の生物学者がネコの本を書くにあたっては、「最悪の外来生物」（僕の主観ではなく、国際自然保護連合が発表する同名のリストに入っているという意味です）のひとつとしてネコが生態系に及ぼす影響に触れないわけにはいきません。そして、生物多様性研究プロジェクトを率いるロソスが、「愛しのアノールトカゲ」が多数捕食されていることを知りつつ、ネルソンやウィンストンの野外活動を許していることは意外でした。「ネコはバカなことをするし、悲劇は起こるものだ」といいながら言動不一致じゃないかと腹を立てる方も、「ご主人様」には逆らえない人間らしさに共感する方もいそうですが、外飼いについてのひとつの偽らざる現実を映していることは確かでしょう。先鋭化しやすい話題ではありますが、野外にいるネコ全体がもたらす悪影響のうち飼い猫によるものの割合はおそらく小さい（外飼いがなくなればすべての問題が解決するわけではない）ことや、「ネコは数百年前から外にいるのだからいまさら在来種の絶滅を引き起こすはずがない」という言説の誤りを裏づけるオーストラリアでの山火事との相互作用などは、事実に基づく議論のためのヒントになるでしょう。

最後に、本書の知見をもとに日本のネコたちの現状と未来について考えたい方のために、いくつかトピックを提示したいと思います。日本の飼い猫の個体数は2023年時点で約907万匹。飼い犬の648万匹を大きく上回っており、イヌが個体数・飼育世帯とも漸減傾向であるのに対し、ネコはどちらも横ばいか微増となっています。また、殺処分されるネコの数が2022年に約9500匹と初めて1万匹を割り込み、驚異的な減少を続けていることは喜ばしいかぎりです(2000年にはまだ年間約26万匹が殺処分されていました)。一方、こちらも減少傾向にあるものの、交通事故で死亡するネコの数は殺処分数の約10倍と推定されます。完全室内飼育の割合は8割を超え、本書で高めとされたアメリカよりもさらに高く、年々増加しています。全体として、ネコがより健康に長生きできるように状況は改善しているといえそうですが、飼い猫の2割弱を占める血統品種では、遺伝性疾患による苦痛を避けられないスコティッシュ・フォールドが依然として一番人気のようです。なお、日本はネコ研究が比較的さかんな国のひとつであり、「ネコの寿命を30年に」と期待される腎臓病治療の研究開発のクラウドファンディングに3億円近い寄付が集まったのは記憶に新しく、ネコの心理やヒトとのコミュニケーションに関する研究には僕の友人たちが携わっています。

本書の翻訳にあたっては、化学同人編集部の栫井文子さんに前作に引き続きたいへんお世話になりました。この場を借りて深くお礼申し上げます。

2025年1月

的場知之

で話し，後日Eメールでのフォローアップをもらった．ネコによる捕食に関するデータは以下の2本の論文を参照：S. R. Loss et al., “The Impact of Free-Ranging Domestic Cats on Wildlife of the United States,” *Nat. Commun.*, **3**, 1396（2013）；S. Legge et al., “We Need to Worry About Bella and Charlie: The Impacts of Pet Cats on Australian Wildlife,” *Wildlife Res.*, **47**, 523（2020）．外ネコをめぐる議論についての近著は以下：P. Marra, C. Santella, “Cat Wars: The Devastating Consequences of a Cuddly Killer,” Princeton University Press（2016）〔『ネコ・かわいい殺し屋――生態系への影響を科学する』，岡奈理子・山田文雄・塩野﨑和美・石井信夫 訳，築地書館（2019）〕；D. M. Wald, A. L. Peterson, “Cats and Conservationists: The Debate over Who Owns the Outdoors,” Purdue University Press（2020）．

第20章：ネコの未来

喘息とネコアレルギーの両方の持病をもつ人のあいだでは，重篤な喘息発作による緊急救命室への搬送例がネコのいない家に住んでいる人に比べて約2倍にのぼることが，以下の論文に示されている：P. J. Gergen et al., “Sensitization and Exposure to Pets: The Effect on Asthma Morbidity in the US Population,” *J. Allergy Clin. Immunol.: In Practice*, **6**, 101（2018）．野良ネコとペットネコそれぞれを父親にもつ子猫の間の行動の違いに関する研究は，ジョン・ブラッドショーの『猫的感覚』に取り上げられている．謎の黒い大型ネコに関する，楽しくも膨大な文献の海へと漕ぎだす出発点としては以下がおすすめ：D. Naish, “Williams' and Lang's Australian Big Cats: Do Pumas, Giant Feral Cats and Mystery Marsupials Stalk the Australian Outback?”（https://blogs.scientificamerican.com/tetrapod-zoology/williams-and-langs-australian-big-cats/）．以下も参照：M. Williams, R. Lang, “Australian Big Cats: An Unnatural History of Panthers,” Strange Nation Publishing（2010）；K. Shuker, “Cats of Magic, Mythology, and Mystery,” CFZ Press（2012）．YouTubeに投稿された「リスゴー・キャット」の動画（たとえばhttps://www.youtube.com/shorts/ofpxYL7YoUI）から，オーストラリアでの目撃例がどんなものか感覚をつかめる．

フィトアティに関する興味深い記述は以下：Asia Murphy, “Makira Lessons: The Fitoaty (aka the Creature with Seven Livers),” Medium.com, February 14, 2017（https://medium.com/@Asia_Murphy/makira-lessons-the-fitoaty-aka-the-creature-with-seven-livers-36da668baf2b）．

オーストラリアのすばらしい研究・自然保護団体であるアリッド・リカバリーはネコ防除フェンス（https://aridrecovery.org.au/what-we-do/our-reserve/feral-proof-fence）の導入のパイオニアだ．

年の論文は以下：“Extraterritorial Hunting Expeditions to Intense Fire Scars by Feral Cats,” *Sci. Rep.*, **6**, 22559（2016）．マクレガーは2015年の論文に補足資料として6分間の動画を添えた（https://www.youtube.com/watch?v=3KuypR5BBkU）．

イリノイ州でノネコとペットネコにモーションセンサーつき首輪を装着し，活動レベルを測定した研究は以下：J. A. Horn et al., “Home Range, Habitat Use, and Activity Patterns of Free-Roaming Domestic Cats,” *J. Wildl. Manag.*, **75**, 1177（2011）．ジキル島での研究の結果は以下の2本の論文として発表された：S. M. Hernandez et al., “The Use of Point-of-View Cameras（Kittycams）to Quantify Predation by Colony Cats（*Felis catus*）on Wildlife,” *Wildl. Res.*, **45**, 357（2018）；Hernandez et al., “Activity Patterns and Interspecific Interactions of Free-Roaming, Domestic Cats in Managed Trap-Neuter-Return Colonies,” *Appl. Anim. Behav. Sci.*, **202**, 63（2018）．アレクサンドラ・ニュートン・マクニールは，2019年12月5日にわたしのインタビューに答え，また前後のEメールでもジキル島のプロジェクトの詳細を説明してくれた．マクニールは現在，アーティストとして水彩，油彩，アクリル画の手法で沿岸と海洋の野生動物を描くアーティストとして活動している（https://artbyalexandranicole.com/）．ただし自身いわく，野生動物学者を引退したつもりはなく，将来がどうなるかはわからないそうだ．『ナショナル・ジオグラフィック』が制作したジキル島のプロジェクトを紹介する3分間の動画には，マクニール，エルナンデス，そしてネコたちが登場する（https://www.youtube.com/watch?v=P8bd6dTcbd0）．

第19章：責任ある管理？　それとも過保護な束縛？

A. N. Rowan et al., “Cat Demographics & Impact on Wildlife in the USA, the UK, Australia and New Zealand: Facts and Values,” *J. Appl. Anim. Res.*, **2**, 7（2019）は，シェルターに収容される動物の数が過去数十年で大幅に減少したことを報じた．S. M. L. Tan et al., “Uncontrolled Outdoor Access for Cats: An Assessment of Risks and Benefits,” *Animals*, **10**, no. 2, 258（2020）は，ネコの室内飼育の効果に関するすばらしいレビューだ．以下の記事は，タイトルがすべてを語っている：K. Lauerman, “Cats Are Bird Killers. These Animal Experts Let Theirs Outside Anyway,” *Washington Post*, September 2, 2016（https://www.washingtonpost.com/news/animalia/wp/2016/09/02/cats-are-bird-killers-these-animal-experts-let-theirs-outside-anyway/）．

室内飼いネコのエンリッチメントに関するレビューは以下：R. Foreman-Worsley and M. J. Farnworth, “A Systematic Review of Social and Environmental Factors and Their Implications for Indoor Cat Welfare,” *Appl. Anim. Behav. Sci.*, **220**, 104841（2019）．ネコの狩猟行動を抑えるためのさまざまなアプローチを検討した論文は以下：M. Cecchetti et al., “Provision of High Meat Content Food and Object Play Reduce Predation of Wild Animals by Domestic Cats *Felis catus*,” *Curr. Biol.*, **31**, 1107（2021）．わたしはマルティナ・セチェッティと2021年2月18日にZoom

(2020). オーストラリアとニュージーランドのデータは以下：H. Kikillus et al., “Cat Tracker New Zealand: Understanding Pet Cats Through Citizen Science,” 2017（http://cattracker.nz/wp-content/uploads/2017/12/Cat-Tracker-New-Zealand_report_Dec2017.pdf）; P. E. J. Roetman et al., “Cat Tracker South Australia: Understanding Pet Cats Through Citizen Science,” 2017（https://doi.org/10.4226/78/5892ce70b245a).
イギリスでのネコの交通事故死に関する研究は以下：J. L. Wilson et al., “Risk Factors for Road Traffic Accidents in Cats up to Age 12 Months That Were Registered Between 2010 and 2013 with the UK Pet Cat Cohort（‘Bristol Cats’）,” *Vet. Rec.*, **180**, 195（2017).

第 17 章：照明，ネコカメラ，ノーアクション！

ネコの視覚についてさらに詳しくはジョン・ブラッドショーの『猫的感覚』を参照．エルナンデスはミア・ファルコンによる記事 “UGA Researcher Studies Feline Feeding Behavior on Jekyll Island,” *TheRed&Black*, September 20, 2015（https://www.redandblack.com/uganews/uga-researcher-studies-feline-feeding-behavior-on-jekyll-island/article_8c5712e8-6714-11e5-93b4-9f3bcf7b738f.html）のなかで，ネコカメラプロジェクトの背景を次のように説明している：エルナンデスは，プロジェクトの発端は彼女自身の飼い猫が殺してきたさまざまな種の小動物だと語る．「イエネコが自然環境に与える影響について考えるようになり，わたしは落ち込みました」と，エルナンデスはいう．『ナショナル・ジオグラフィック』についての記述は，2019 年 11 月 8 日と 11 月 11 日のカイラー・アバーナシーへのインタビューに，以下などのオンライン記事の情報を補った：https://education.nationalgeographic.org/resource/creature-feature/
ネコカメラの動画はジョージア大学のエルナンデスの研究室のウェブサイト（https://kaltura.uga.edu/category/Hernandez+Lab/33080331）で閲覧できる．
ケリー・アン・ロイドへのインタビューは 2019 年 8 月 30 日に実施した．リスクを伴う行動については以下：K. A. Loyd et al., “Risk Behaviours Exhibited by Free-Roaming Cats in a Suburban US Town,” *Vet. Rec.*, **173**, 295（2013). ケープタウンのとっておきの動画は以下：https://www.youtube.com/watch?v=J3s5BAJpgFE

第 18 章：ノネコの知られざる生活

H・W・マクレガーらによる，イヌを使ったノネコの追跡に関する 2016 年の記事は以下：”Live-Capture of Feral Cats Using Tracking Dogs and Darting, with Comparisons to Leg-Hold Trapping,” *Wildl. Res.*, **43**, 313（2016). 個体追跡研究の結果は 2015 年に発表された：“Feral Cats Are Better Killers on Open Habitats, Revealed by Animal-Borne Video,” *PLoS One*, **10**, e0133915（2015). 火災が鎮火してまもない場所にノネコが移動することについての 2016

Among Domestic Cat Breeds Assessed by a 63K SNP Array," *PloS One*, **16**, e0247092（2021）にも見られる．カレン・ローレンスの著書 "The Descendants of Bastet: The Early History and Development of the Abyssinian Cat," CFA Foundation and Harrison Weir Collection（2021）は，アビシニアンの歴史を詳しく知りたい人には必読だ．イヌの品種の進化の背景に関するすぐれた解説は以下：H. G. Parker et al., "Genomic Analyses Reveal the Influence of Geographic Origin, Migration, and Hybridization on Modern Dog Breed Development," *Cell Rep.*, **19**, 697（2017）．以下の記事は，ネコの遺伝子検査の結果が実際のところ何を意味するのかを的確に説明している：Emilie Bess, updated by Karen Anderson, "We Tried the Top Two Cat DNA Tests and Here's What We Discovered," The Dog People, Rover.com（https://www.rover.com/blog/cat-dna-test/）．

第 16 章：どこ行ってたの，子猫ちゃん？

ドキュメンタリーのナレーションによると，ネコの生息密度はイングランド南東部でもっとも高い．そのなかでシャムリー・グリーンが調査地に選ばれた理由は示されていない．ドキュメンタリーの撮影当時，*Felis catus* の行動と生態に関する考察はおおむね，ノネコまたはコロニーで生活するネコを対象とした研究に基づいていて，ヒトの介入のレベルは農場のネコから，管理された野良ネコのコロニーまでさまざまだった．具体的には，ターナーとベイトソンの『ドメスティック・キャット』や，ジョン・ブラッドショーの『猫的感覚』を参照．オールバニーの研究は以下：R. W. Kays, A. A. DeWan, "Ecological Impact of Inside/Outside House Cats Around a Suburban Nature Preserve," *Anim. Conserv.*, **7**, 273（2004）．それぞれのネコの詳しい紹介は以下の BBC News のウェブサイトを参照："Secret Life of the Cat: What Do Our Feline Companions Get Up To? ," June 12, 2013（https://www.bbc.com/news/science-environment-22567526）．

2021 年と 2022 年には，さらに多くのキャットトラッカーが発売され，各レビューのおすすめ商品はそこそこ一貫している．以下に 4 つを紹介するが，ほかにもある：https://allaboutcats.com/best-cat-tracker; https://www.mypetneedsthat.com/best-cat-gps-tracker/; https://www.t3.com/us/features/best-cat-gps-tracker; https://www.buskerscat.com/best-cat-tracker-uk

キャットトラッカー・プロジェクトの情報は，2019 年と 2020 年のトロイ・パーキンスへのインタビューとその後の E メールのやりとり，および以下の記事に基づく：Mark Turner, "Cat Tracker Project: How Cats Live Their（Nine）Lives," TechnicianOnline, January 25, 2016（http://www.technicianonline.com/arts_entertainment/article_cc5adb66-c3e6-11e5-8a3a-3bc55bda07c1.html）．

プロジェクトのウェブサイト（http://cattracker.org/tracks/）と，以下の論文にも詳細な説明がある：R. W. Kays et al., "The Small Home Ranges and Large Local Ecological Impacts of Pet Cats," *Anim. Conserv.*, **23**, 516

ヒューメイン・ソサエティのページ（https://www.humanesociety.org/resources/declawing-cats-far-worse-manicure），ASPCA のページ（https://www.aspca.org/about-us/aspca-policy-and-position-statements/position-statement-declawing-cats），あるいは S・ロビンスによる記事 “The Battle to Stop Declawing,” May 10, 2021（https://www.catster.com/lifestyle/the-battle-to-stop-declawing）を参照.

第 15 章：キャットアンセストリー・ドット・コム

わたしは 2021 年の春から夏にかけて，レスリー・ライオンズと電話と E メールでやりとりした．研究者が特定の形質に関与する遺伝子をどうやって発見するかについてのすぐれたレビューは以下：B. Gandolfi , H. Alhaddad, “Investigation of Inherited Diseases in Cats: Genetic and Genomic Strategies over Three Decades,” *J. Feline Med. Surg.*, **17**, 405（2015）．ライオンズは遺伝子検査による疾患の発見について以下で簡潔に説明している：“Feline Genetic Disorders and Genetic Testing,” Tufts’ Canine and Feline Breeding and Genetics Conference, 2005（https://www.vin.com/apputil/content/defaultadv1.aspx?id=3853845&pid=11203）.

Felis Historica でのライオンズによる現在進行中の連載 “Everything You Need to Know About Genetics……You Can Learn from Your Cat!” には，ためになる事例がたくさん紹介されている．最初の 6 本は CFA Foundation の History Project のページ（https://cat-o-pedia.org/medal-CFAMedalofHonor.html）で読むことができる.

ネコ遺伝学のすぐれたレビューとしては，パヴェル・ボロディンによる以下もおすすめ：https://scfh.ru/en/papers/cats-and-genes-40-years-later/

ライオンズはネコの健康のための P4 アプローチについて，2020 年末に以下のすばらしい講演をおこなった：“Precision Medicine & Genomic Resources for Domestic Cats,” Cornell University Video on Demand（https://vod.video.cornell.edu/media/Baker+Institute+virtual+seminar+series+-+Dr.+Leslie+Lyons/1_ouj3m230）.

以下のインタビューは読みごたえがある：Growing Life, Our Feline Futures, episode 13, “Leslie Lyons: Exploring the Feline Genome”（https://www.gowinglife.com/leslie-lyons-exploring-the-feline-genome-our-longevity-futures-ep-13/）.

99 ライヴズ・プロジェクトの詳細は以下参照：http://felinegenetics.missouri.edu/

ネコの特定品種における遺伝的多様性の欠如の問題を取り上げた，面白くてためになる考察は以下：L. Drury, “The Challenge of Diversity in Small Breeding Populations,” *Cat Talk*, **12**, no. 1, 7（2022）．カルロス・ドリスコルは 2021 年 5 月 21 日の E メールで，カイロの野良ネコの多様な毛色はおそらく古代エジプトの時代にはなかっただろうと指摘した．世界のネコの遺伝的差異については以下の論文を参照：S. M. Nilson et al., “Genetics of Randomly Bred Cats Support the Cradle of Cat Domestication Being in the Near East,” *Heredity*, **129**, 346（2022）．地理的分化についての記述は，まったく異なる観点からの分析である Alhaddad et al., “Patterns of Allele Frequency Differences

サバンナの見事なハイジャンプは以下で見ることができる：https://www.youtube.com/watch?v=vprEInOl1o0
暇をもてあましたサバンナの破壊行動については，T・デイヴィッドの著書 "Savannah Cats and Kittens: Complete Owner's Guide to Savannah Cat and Kitten Care," Windrunner Press（2013）で取り上げられている．どの世代のサバンナが自分に合っているかは以下が参考になる："Which Cat Is Right for You?"（https://savannahcatbreed.com/which-cat-is-right-for-you/）．
アリエル・レヴィによる『ニューヨーカー』誌の記事「リビングルームのヒョウ」は以下で閲覧可能：https://www.newyorker.com/magazine/2013/05/06/living-room-leopards.
わたしは2021年8月11日と2020年11月19日にアンソニー・ハッチャーソンと話し，またEメールでたびたびやりとりした．サラ・ハートウェルがまとめた，イエネコと野生種のハイブリッド作出の試みの網羅的なリストは以下：http://messybeast.com/small-hybrids/hybrids.htm
カレン・サウスマンの人となりとセレンゲティのブリーディングプログラムの詳細は，2020年11月と2021年の電話とEメールでのやりとり，またZoo & Aquarium Video Archiveのインタビュー（https://zooaquariumvideoarchive.org/interviews/karen-sausman/）に基づく．書き起こしはロレッタ・カラヴェッテが提供してくれた．
トイガーの歴史について，わたしは2007年2月23日刊行の『ライフ』誌に掲載されたK・ミラーによる記事 "Hello, Kitty: Inside the Making of America's Next Great Cat," およびアレクサンドラ・マーヴァーによる記事 "You Thought Your Cat Was Fancy? ," *New York Times*, May 27, 2020（https://www.nytimes.com/2020/05/27/style/toyger-fever.html）に加え，ジュディ・サグデンとの2020年11月22日と2022年6月13日の会話，また同期間のEメールのやりとりから学んだ．
ダーウィンによるリヴァース卿の引用は以下："The Variation of Animals and Plants Under Domestication," vol. 2, 2nd ed., published in 1883, p. 221. トゥイスティー・キャットの交配の話題はR・トムショーとC・タジャダによる記事 "Mutant Cats Breed Uproar; 'May God Have Mercy,'" *Wall Street Journal*, November 27, 1998（https://www.wsj.com/articles/SB912119899369123000）に基づく．
トゥイスティー・キャットおよび有害形質の選択交配の倫理性をめぐる議論は，ハートウェルによる以下の記事で読むことができる："Twisty Cats: The Ethics of Breeding for Deformity"（http://messybeast.com/twisty.htm）．
ペルシャの頭骨のMRI研究は以下：M. J. Schmidt et al., "The Relationship Between Brachycephalic Head Features in Modern Persian Cats and Dysmorphologies of the Skull and Internal Hydrocephalus," *J. Vet. Intern. Med.*, **31**, 1487（2017）．イギリスで30万匹のネコの医療データを分析した研究は以下："Persian Cats Under First Opinion Veterinary Care in the UK: Demography, Mortality and Disorders," *Sci. Rep.*, **9**, 12952（2019）．抜爪がなぜ最悪のアイデアであるかは，軽く検索すればたくさんのウェブサイトが説明してくれる．たとえば，

ターバックによる“Siamese Cats: Legends and Reality,” 2nd ed.,White Lotus（2004）を参照.

第13章：伝統品種と新品種

ハリエット・リトヴォの“The Animal Estate: The English and Other Creatures in the Victorian Age,” Harvard University Press（1987）は，イヌとネコのブリーディングの世界がいかに発展してきたかをわかりやすく論じている．ネコ趣味の開祖とされるハリソン・ウィアーは，当時知られていたネコの品種について“Our Cats and All About Them,” Houghton Mifflin（1889）で解説している．これと好対照をなす，イヌの品種の起源と歴史についての考察は，ジェームズ・ゴーマンによる『ニューヨーク・タイムズ』の以下の記事を参照：“How Old Is the Maltese, Really?,” October 4, 2021（https://www.nytimes.com/2021/10/04/science/dogs-DNA-breeds-maltese.html）.

サイアミーズの歴史については，クリス・バードの洞察（E メールのやりとり，2021年6月19-21日）に深く感謝している．彼女はこの品種の歴史をまとめた以下の2つの記事について，さらに詳しく解説してくれた：“Sarsenstone Cattery: A Word About Siamese History and Body Type”（http://www.siamesekittens.info/siamhx.html）；“Sarsenstone Cattery: The Types of Siamese”（https://web.archive.org/web/20060930012742/http://home.earthlink.net/~sarsenstone/threetypes.html）.

イヌの血統品種のブリーディングに関する，興味深くも物議をかもしそうな主張は，マイケル・ブランドウによる“A Matter of Breeding: A Biting History of Pedigree Dogs and How the Quest for Status Has Harmed Man's Best Friend,” Beacon Press（2015）を参照. アメリカン・カールの歴史はグレイス・ルガとの会話（2021年10月8日）とその後のEメール（2021年10月13日）に基づく．彼女によれば，アメリカン・カールの作出はチーム戦で，ルガ夫妻のほかにもたくさんの人びとが参加した．また，シュラミスの子猫のほとんどは友人や家族に引き取られたものの，1匹だけは新聞広告で里親を募集したそうだ．アダム・ボイコはイヌの品種についての情報を提供してくれた（E メールでのやりとり，2021年10月4日）．リュコイの品種改良にかかわったヴァージニア州のネコについては，パティ・トーマスが教えてくれた（E メールでのやりとり，2021年7月15日）．リュコイの起源については異論もあり，CFA と TICA の品種ページでは別べつの経緯が語られている．裏話はサラ・ハートウェルによる以下の記事を参照：“The Uncensored Origins of the Lykoi,”（http://messybeast.com/lykoi-story.htm）.

短足ネコの興味深い歴史については，同じくハートウェルによる以下の記事を参照：“Short-Legged Cats,”（http://messybeast.com/shortlegs.htm）.

第14章：ヒョウ柄ネコと野生の呼び声

やんごとなき場所の問題については，マーティン・エングスター（2017年10月20日）とカレン・サウスマン（2021年7月21日）が教えてくれた．サバンナのサイズと価格は以下参照：https://www.savannahcatassociation.org/

マンチカンを品種として認めるかどうかの議論と，この短足ネコの歴史については以下の記事を参照：“Munchkin: Fur Is Flying Over This Rare Cat Breed,” *Tampa Bay Times*, June 14, 1995 at（https://www.tampabay.com/archive/1995/06/14/munchkin-fur-is-flying-over-this-rare-cat-breed/）.

健康問題（がないこと）についての最新解説は，愛好家のウェブサイトであるマンチカン・キャット・ガイドの記事で読むことができる：“Do Munchkin Cats Have Health Problems?” December 27, 2018（https://www.munchkincatguide.com/do-munchkin-cats-have-health-problems/）.

ネコ科の進化史の簡潔な要約は，D. W. Macdonald et al., “Biology and Conservation of Wild Felids,” eds. D. W. Macdonald, A. J. Loveridge, Oxford University Press（2010）に収録されたL・ウェルデリンによる章“Phylogeny and Evolution of Cats（Felidae）”を参照.

第12章：しゃべりだしたら止まらない

P・マジッティとJ・アン・ヘルグレンによる“It's Show Time! ,” Barron's Educational Series（1998）は，キャットショーの入門として最適だ．また，“Meow: What Cats Teach Judges about Judging,” K. J. Fowler（2021）からは，審査員の視点をつかむとともに，運営する団体や開催国によってキャットショーの形式がわたしの描写と異なることを理解できるだろう．獣医師を対象とした調査の結果は以下：B. L. Hart, L. A. Hart, “Your Ideal Cat: Insights into Breed and Gender Differences in Cat Behavior,” Purdue University Press（2013）．J・アン・ヘルグレンの“Encyclopedia of Cat Breeds,” 2nd ed., Barron's Educational Series（2013）はネコの品種についてのわたしのバイブルであり，ほぼすべての（少なくとも2013年の時点で存在する！）品種について，楽しく網羅的な解説がなされている．ヘルグレンによる行動形質のランキングは，ネコ専門誌とウェブサイトでライターとして続けてきた長年のリサーチの賜物であり，キャットショーへの参加，ブリーダー，飼い主，獣医との対話を重ねたうえでの結論で，「もちろんネコ自身にもインタビューしました！」（Eメールでのやりとり，2020年11月16日）．品種間の行動傾向の違いについては以下のような研究がある：D. L. Duffy et al., “Development and Evaluation of the Fe-BARQ: A New Survey Instrument for Measuring Behavior in Domestic Cats（*Felis s. catus*），” *Behav. Process.*, **141**, 329（2017）; J. Wilhelmy et al.,“Behavioral Associations with Breed, Coat Type, and Eye Color in Single-Breed Cats,” *J. Vet. Behav.*, **13**, 80（2016）; M. Salonen et al., “Breed Differences of Heritable Behaviour Traits in Cats,” *Sci. Rep.*, **9**, 7949（2019）．フィンランドでの研究は以下：S. Mikkola et al., “Reliability and Validity of Seven Feline Behavior and Personality Traits,” *Animals*, **11**, 9911（2021）．ペルシャはおとなしい品種という見解は，“Desmond Morris, Catworld: A Feline Encyclopedia,” Viking（1996）で述べられており，またサラ・ハートウェルもEメールのやりとりで語った（2022年6月2日）．ローズマリー・フィッシャーによれば，長毛種はブラッシングができるようにおとなしい気質でなくてはならないという（Eメールでのやりとり，2022年7月27日）．サイアミーズとタイのほかのネコの比較は，M・R・クラッ

ロシアの長毛ネコについての記述はウィアーの著書より．ルーシー・ドルーリーは 2021 年 6 月 21 日から始まる E メールのやりとりを通じ，サイベリアンの歴史をレクチャーしてくれた．またドルーリー（2022 年 6 月 21 日）とサラ・ハートウェル（2022 年 8 月 19 日）は，同じ品種の基準が血統登録組織によってどの程度異なるかについて教えてくれた．イリニア・サドフニコワによるサイベリアンについての記事は情報が盛りだくさん（https://www.pawpeds.com/cms/index.php/en/breed-specific/breed-articles/the-siberian-cat）で，このなかで彼女はサイベリアンの起源について次のように述べている：「当時，ロシア生まれの品種をつくろうというアイデアは漠然としていた．「サイベリアン・キャット」という名前になったのは，このよび名の長い歴史を考えれば当然だ．しかし外見に関しては，まだはっきり決まっていなかった．セミロングヘアであるべきなのはいいとして，そのほかは？　体型，サイズ，頭の形，マズルの輪郭，耳の位置——ネコ学者《フェリノロジスト》たちが調べたところ，これらの特徴に関して，都市と郊外のセミロングヘアのネコの集団（ここでは「伝統的在来集団」とよぶことにしよう）のなかには大きなばらつきが見られた．かれらは集団内の多数派を基準としつつ，すでに認められたセミロングヘアの品種，とくにメインクーンとノルウェージャン・フォレストキャットのことも考慮に入れた判断を迫られた．すでにあるものの焼き直しは避けたいというのが，皆の総意だった」．A・V・コレスニコフ（http://www.tscharodeika.de/unmasked.html），オルガ・O・ザイツェワ（https://www.biorxiv.org/content/10.1101/165555v1）による記事もためになる．後者はサイベリアンと過去のロシアの長毛ネコの間のつながりに疑問を呈している．

タイの野良ネコの写真は以下参照：http://www.siamesekittens.info/thailand.html

カイロの野良ネコはロレイン・チトックの著書 “Cats of Cairo,” Abbeville Press（2000）が参考になる．イギリスの野良ネコについては，ネットサーフィンで探すか，BBC のドキュメンタリー The Secret Life of the Cat〔『密着！　ネコの一週間』〕を参照．ただし，こうした情報に頼るよりも，野良ネコの形質の地理的変異について，研究者による学術的調査がおこなわれることが望ましい．ケニア沿岸にほど近いラム島の野良ネコも，ソコケ・フォレストキャットに似た外見をしている．アカデミー賞を受賞した映像作家ジャック・コーファーは，風光明媚なこの島の旧市街に暮らすネコたちが主役のチャーミングな本 “The Cats of Lamu,” Aurum Press（1998）を著した．M・R・クラッターバックの “Siamese Cats: Legends and Reality,” 2nd ed., White Lotus（2004），p.95 には，バーミーズの品種の歴史が取り上げられている．

第 11 章：百花繚乱キャットショー

ネコのさまざまな品種の特徴に関するすばらしい情報源として，キャット・ファンシアーズ・アソシエーション（https://cfa.org/）と国際ネコ協会（http://tica.org/）のウェブサイトの品種紹介ページがある．たとえば CFA のペルシャのページは以下：https://cfa.org/breed/persian/

Cats: The Rise and Fall of the Sacred Cat," Routledge（1999）. M・R・クラッターバックの"Siamese Cats: Legends and Reality," 2nd ed., White Lotus（2004）は,『タムラ・ミャウ』と現代のタイのネコをめぐる考察の完全版だ.「トーティチュード」についての情報は以下より："'Tortitude' Is Real, and Other Fun Facts About Tortoiseshell Cats," October 2, 2018（https://www.meowingtons.com/blogs/lolcats/tortitude-is-real-and-other-fun-facts-about-tortoiseshell-cats）.

このサイトにも引用されている定番の参考書は以下：I. King, "Tortitude: The BIG Book of Cats with a BIG Attitude," Mango Media（2016）. さびと三毛がほとんど例外なくメスである理由は以下：Kat McGowan, "Splotchy Cats Show Why It's Better to Be Female"（https://nautil.us/splotchy-cats-show-why-its-better-to-be-female-3608/）.

第10章：モフモフネコの物語

トビーのフルネームはグランド・チャンピオン・オブ・ディスティンクション・ラップキャッツ・トビアス・マクニフィコだ. ネコの人気品種の数字はキャット・ファンシアーズ・アソシエーション調べ：https://cfa.org/

メインクーンの外見はフランシス・シンプソンの"The Book of the Cat," Cassell and Company（1903）や, ハリソン・ウィアーの"Our Cats and All about Them," Houghton Mifflin（1889）に描写されている. 19世紀のメインクーンの写真は以下で見ることができる：https://www.pawpeds.com/cms/index.php/en/breed-specific/breed-articles/forebears-of-our-present-day-maine-coons

ノルウェージャン・フォレストキャットの品種改良の取り組みを主導したノルウェー人のひとりは, 1977年に次のように述べている：「ノルウェージャン・フォレストキャットの歴史は謎に包まれている. このネコとその出自について, これまで語られてきたことの大部分は, 憶測や完全な想像でしかない. ただし, ひとつ確かなことがある. 人びとの記憶が及ぶかぎりのはるか昔から, ノルウェーの森にはネコがいた」（E. Nylund, "The Norwegian Forest Cat," *All Cats*, **14**, 27（1977）. 品種としてのノルウェージャン・フォレストキャットの始まりを記したノルウェー語の文書（http://www.skogkattringen.no/artikler/Norsk_Skogkatt_histore_m_bilder_2.pdf）には,「ノルウェー全土から品種の典型にあてはまる個体が集められた ...... ネコたちは文字どおり, 納屋から連れだされ, 審査員のテーブルに乗せられて, 事前に定められたテクニカルな要件に適合するかどうかが確かめられた. 針の穴を通ったネコもいれば, だめだったネコもいた. こうしてついにブリーディングが始まった」とある. ビャーネ・O・ブラースタッドによれば（Eメールのやりとり, 2021年6月2日）, 基準は創始個体が選ばれて以来, ずっと変わっていないという. だとすると, 現代のノルウェージャン・フォレストキャットのなかには, 数十年前に森で捕まったり, 農場から連れてこられたりしたネコと似た個体もいるはずだ. さらに詳しくは以下を参照：https://www.norgeskaukatt.co.uk/Norgeskaukatt/History/firstshowcats.html

域は重複しないと考えられてきたが，新たなデータはこれに反して，南東ヨーロッパには2亜種が混在していることを示唆している．オットーニは，ヨーロッパのキタアフリカヤマネコのDNAを，同じくらい古い時代のトルコのネコのDNAと比較し，わずかながら一貫した遺伝的差異を見つけだした．トルコでは一般的だが，ヨーロッパには存在しない，特定のアレルを検出したのだ．この違いは，2つのエリアのキタアフリカヤマネコの個体群が，相当な期間にわたって別べつに進化してきた結果，遺伝的な差異が蓄積されたことを物語っている．つまり南東ヨーロッパには人類がトルコから移住し，ヨーロッパに農耕をもたらすよりもずっと前から，キタアフリカヤマネコが生息していたことになる．時代が下ると，トルコのアレルがヨーロッパのサンプルからも見つかるようになることから，トルコのネコがヨーロッパに大量に流入したことが窺える．フィオナ・マーシャルはトルコのアレルが南東ヨーロッパに出現することについて，既存の知見を統合し，見事な考察を以下に示した："Cats as Predators and Early Domesticates in Ancient Human Landscapes," *Proc. Natl. Acad. Sci. U.S.A.*, **117**, 18154（2020）．古代エジプト人がフェニキア人を「猫泥棒」とよんだ，とする情報源はオンラインにも書籍にも学術文献にも豊富に存在するが，わたしはこれについて信頼できる一次情報を見つけることができなかった．憶測だが，誰かが過去のどこかの時点でこのあだ名を発明し，いまでは広く事実として受け入れられているのではないだろうか．同様に，エジプト人が国からもちだされたネコを懸命に取り返そうとしたという記述はすべて，もとをたどればギリシャの歴史家シケリアのディオドロスの Library of History," Volume 1（https://penelope.uchicago.edu/Thayer/e/roman/texts/diodorus_siculus/1d*.html）〔『歴史叢書』〕の以下の記述に行き着く：「そのうえ，かれらは他国への軍事遠征の際，とらわれのネコとタカを買い戻してエジプトに連れ帰り，ときにはそのせいで遠征費用が枯渇することさえある」．多くの文献にはディオドロスの記述の誤解が含まれ，ときにはネコを取り戻すために軍隊を派遣して他国を侵略したとまで書かれている．これもまた，ある文筆家の勘違いをほかの人びとが丸写しし，ときには尾ひれをつけていった結果，誤解が繰り返され，やがて事実とみなされるようになった例だろう．ネコの地理的拡散の経緯についての考察は，おもに以下の2つの文献に基づく：D. Engels, "Classical Cats: The Rise and Fall of the Sacred Cat," Routledge（1999）; E. Faure, A. C. Kitchener,"An Archaeological and Historical Review of the Relationships Between Felids and People," *Anthrozoös*, **22**, 221（2009）．M・トプラクはノルウェーのネコ神話における歴史修正を以下で論じている："The Warrior and the Cat: A Re-evaluation of the Roles of Domestic Cats in Viking Age Scandinavia," *Current Swedish Archaeology*, **27**, 213（2019）．オットーニが獲得した助成金の詳細は以下："A History of Cat-Human Relationship," University of Rome Tor Vergata（https://farmacia.uniroma2.it/a-history-of-cat-human-relationship-2mln-granted-by-erc-to-the-felix-project/）．

第9章：三毛柄トラがいないわけ

絵画に描かれたネコの毛色についての情報は主として以下による：D. Engels, "Classical

“Are Cats the Ultimate Weapon in Public Health,” CNN, July 15, 2016 (https://www.cnn.com/2016/07/15/health/cats-chicago-rat-patrol).

フィオナ・マーシャルは，ネコの遺体が考古学遺跡でなかなか見つからないことについて，考えられる理由もいくつかあげてくれた．ヤロミール・マレクの “The Cat in Ancient Egypt,” British Museum Press (1993) は，古代エジプトのネコについて知りたい人には必携の参考書で，写真やイラスト，興味深い逸話が目白押しだ．より広い地域と年代を扱った，D･エンゲルスの “Classical Cats: The Rise and Fall of the Sacred Cat,” Routledge (1999) も役に立つ．中国の考古学遺跡でのネコの発見を最初に報じたのは，Y. Hu et al., “Earliest Evidence for Commensal Processes of Cat Domestication,” *Proc. Natl. Acad. Sci. U.S.A.*,” **111**, 116 (2014) であり，この種の正体を突き止めたフォローアップ研究は以下：Vigne et al., “Earliest ‘Domestic’ Cats in China Identified as Leopard Cat (*Prionailurus bengalensis*), ” *PLoS One*, **11**, no.1, e0147295 (2016).

第 8 章：ミイラが明かす本当の故郷

ベン・ジョンソンによる以下の記事は，オットーニの研究の楽しく読めるまとめになっているが，一部わたしは同意しかねる解釈もある：“How Cats Took Over the World,” June 20, 2017 (https://natureecoevocommunity.nature.com/posts/17958-how-cats-took-over-the-world).

オットーニの研究についてのわたしの記述は，おおむね 2020 年 12 月から 2021 年 1 月にかけての，Zoom および E メールでのやりとりを通じた理解に基づく．動物のミイラに関する 2005 年刊行のすばらしい入門書は以下：“Divine Creatures: Animal Mummies in Ancient Egypt,” American University in Cairo Press (2005). 同書の編著者であるサリマ・イクラムは 2020 年 12 月 30 日の E メールのなかで，古代エジプトでもっとも多くミイラにされた動物はイヌだと教えてくれた．有罪判決の詳細は以下で読むことができる：https://en.wikipedia.org/wiki/Murder_of_Shirley_Duguay.

イエネコのトルコ起源説を強力に推す M・ゴラブは，オットーニの論文についてのよくまとまったひとつの解釈を以下に提示している：“Egyptian Cats, Anatolian Cats and Vikings: Separating Evidence from Fiction About the Cat Domestication,” June 25, 2017 (https://www.anadolukedisi.com/en/cat-domestication-fiction-evidence/).

オットーニが示した結果は，実際にはさらに複雑だ．ヨーロッパヤマネコはトルコに分布しないだけでなく，ヨーロッパ大陸を独占してさえいなかった．というのも，紀元前 800 年よりも古い西ヨーロッパのサンプルはすべてヨーロッパヤマネコの DNA を含んでいたが，南東ヨーロッパのさらに古い（この地域で農耕が始まる前の）サンプルから，新たな筋書きが浮かび上がった．ルーマニアで発掘された 1 万年前の骨にはキタアフリカヤマネコの DNA が含まれ，さらにブルガリアの 8000 年前のサンプルも同様だったのだ．全体として，5000 年以上前の南東ヨーロッパのネコのサンプルの半数以上から，キタアフリカヤマネコの DNA が発見された．興味深いことに，これまでヤマネコの 2 つの亜種の分布

26, 1（2016）．ダーウィンは “The Variation of Animals and Plants Under Domestication,” vol. 2, 2nd ed.,（1883），p.292）のなかで，高名なフランスの動物学者イジドール・ジョフロワ・サン=ティレールが 1756 年のドーベントンによる報告を論じた記述を引用しつつ，こう述べている：「イエネコの腸はヨーロッパのヤマネコの腸よりも 3 分の 1 だけ長い ...... 腸が長くなった原因はおそらくイエネコの食性が，ほかのどの野生ネコと比較しても厳密な肉食性から遠いことにあるようだ．たとえば，わたしはフランスで，肉と同じくらい野菜も喜んで食べる子猫を見たことがある」．ネコのヴィーガン食の是非については以下を参照：“Are Vegan Diets Healthier for Dogs & Cats?,” Skeptvet, April 29, 2022（https://skeptvet.com/Blog/2022/04/are-vegan-diets-healthier-for-dogs-cats/）．

M・A・ジーダーによる “The Domestication of Animals,” *J. Anthropol. Res.*, **68**, 161（2012）は家畜化と脳の縮小の関係に関するすぐれたレビューとなっている．アフリカヤマネコの優雅なキャットウォークは以下の動画を参照：https://www.youtube.com/watch?v=iDiL4YSNxwc　スコティッシュ・ワイルドキャット・アクションのウェブサイト（https://www.scottishwildcataction.org/about-us/#overview）はこのゴージャスなネコについての情報収集の出発点として最適だ．

第 6 章：イエネコという「種」の起源

カルロス・ドリスコルの研究は以下：“The Near Eastern Origin of Cat Domestication,” *Science*, **317**, 519（2007）．ドリスコルは 2020 年 12 月から 2022 年 6 月にかけて，研究の細部を電話と E メールのやりとりを通じて詳しく説明してくれた．ジョン・ブラッドショーは『猫的感覚』のなかで，種間交雑がアフリカヤマネコに影響を与えている可能性に繰り返し言及している．反論として，ジョフロイネコや近縁の南米の野生ネコはヒトに対してきわめて友好的だが，イエネコとの交雑は起こっていない．南米のネコがこのようなフレンドリーさを進化させることができたのだとしたら，アフリカヤマネコにも同じことができたのでは？

第 7 章：古代のネコを掘り起こす

M・A・ジーダーの “The Domestication of Animals,” *J. Anthropol. Res.*, **68**, 161（2012）は，家畜化の過程に関するすぐれたレビュー．D・レアルらによる動物の性格研究のレビューは以下：“Evolutionary and Ecological Approaches to the Study of Personality,” *Philos. Trans. R. Soc. B.*, **365**, 3937（2010）．オリオール・ラピエドラの論文 “Predator-Driven Natural Selection on Risk-Taking Behavior in Anole Lizards, ” *Science*, **360**, 1017（2018）は自然科学のトップジャーナルに掲載された．わたしは彼に，このプロジェクトはうまくいくはずがない，時間の無駄になるとアドバイスしたが，彼は断固として忠告を聞き入れなかった．わたしの先見性はしょせんこんなものだ！　人為環境においてイヌがネコに与えるリスクを指摘してくれたのは，ワシントン大学でのわたしの同僚のフィオナ・マーシャルだった．ワーキング・キャットの里親募集プログラムについての議論は以下：Jen Christensen,

個体差を判別しにくい種もある．このようなケースでは，より複雑な数学的手法を駆使して個体数推定がおこなわれるが，そこでは個体の行動範囲がどれだけ広いか，したがって同じ個体が複数のカメラに捉えられる確率がどの程度であるかがベースとなる．ヤマネコが互いに近接して生活しているという情報は，大英自然史博物館の標本コレクターだったウィロビー・プレスコット・ロウによるフィールド手記に基づくもので，ジョン・ブラッドショーの『猫的感覚』に引用されている．イエネコにおける複数父性〔複数のオスが同腹のきょうだいの生物学的父親となる現象〕は以下を参照：L. Say et al. "High Variation in Multiple Paternity of Domestic Cats（*Felis catus L.*）in Relation to Environmental Conditions," *Proc. R. Soc. Lond. B*, **266**, 2071（1999）．「鉄則」はブラッドショーの『猫的感覚』からの引用．飼い主がときにネコの同居に伴う問題を悪化させることを指摘してくれたのは，ネコのしつけの専門家パム・ジョンソン＝ベネットだ（E メールでの私信，2021 年 3 月 20 日）．よそ者がときにコロニーへの加入に成功することについて，"The Domestic Cat: The Biology of Its Behaviour," 2nd ed., eds. D. C. Turner, P. Bateson, Cambridge University Press（2000）〔『ドメスティック・キャット』〕に収録された O・リバリらによる章 "Density, Spatial Organisation and Reproductive Tactics in the Domestic Cat and Other Felids"〔「イエネコとその他のネコ科動物における生息密度と空間構成ならびに繁殖戦術」〕は，メスが集団を移る例はあるもののまれで，オスの分散が一般的だとしている．

第 5 章：昔のネコと今のネコ

ネコ科の進化史は Macdonald et al., "Biology and Conservation of Wild Felids" に収録された L・ウェルデリンらによる章 "Phylogeny and Evolution of Cats（Felidae）" によくまとまっている．ペットの名前の人気ランキングは，ペット保険に加入したネコの情報に基づく（"Naming Your Cat," Nationwide Pet Health Zone, https://phz8.petinsurance.com/pet-names/cat-names/male-cat-names-1）．

「シンバ」は世界的に人気が高く，ほかにも 2 つの調査において，オスネコの名前の人気ナンバーワン，また雌雄を問わないネコの名前の人気ランキングで 3 位に入っている．ファーストヴェット〔オンライン獣医相談アプリ，ここではそのウェブサイト〕の記事（"A Rover by Any Other Name," https://firstvet.com/us/articles/a-rover-by-any-other-name）は，ニューヨークのハーツデールペット墓地の墓銘に基づく 115 年間のペットの名前の変遷を報じている．

J・R・カステロの "Felids and Hyenas of the World," Princeton University Press（2020）は，野生ネコ全種を網羅した情報源として最適だ．「ビッグキャット」と「スモールキャット」という二分法は，野生ネコのサイズのばらつきの連続性を無視している．オオヤマネコ，カラカル，アフリカゴールデンキャットなどの中型ネコは中型の獲物を捕食する．現生種の間の系統関係については以下を参照：W. E. Johnson et al., "The Late Miocene Radiation of Modern Felidae: A Genetic Assessment," *Science*, **311**, 73（2006），G. Li et al., "Phylogenomic Evidence for Ancient Hybridization in the Genomes of Living Cats（Felidae），" *Genome Res.*,

主のいないネコのコロニーにおける社会行動に関する研究を的確にレビューしている．本書〔の原書〕ではネコの生息密度を平方マイルあたりで表記したが，研究対象のエリアは1平方マイルを大幅に下回ることも珍しくなかった（車の走る速さを時速で表記したとしても，1時間以上走ったとは限らないのと同じだ）．

ナクラオットのネコについての情報は，V. Mirmovitch, "Spatial Organisation of Urban Feral Cats（*Felis catus*）in Jerusalem," *Wildlife Research*, **22**, 299（1995）および2021年2月19日のヴェレド・ミルモヴィッチとのEメールでのやりとりに基づく．本書で引用した数字よりも大きな生息密度の推定値もあるが，これらは閉鎖空間に暮らすネコに関するものであったり，ネコの行動圏全体が網羅されていなかったりするために，生息密度が過大に推定されている．ナクラオットのネコと違って，相島のネコについては最近の状況がわかっている．最初の研究から40年が経過し，集落の人口は半分以下に減少した．おそらく漁業従事者が高齢化する一方，若い世代の加入が少ないためだろう．2014年の新聞記事によれば，ネコ観光とそれに伴う観光客と住民によるネコへの餌やりは増加している．ネコたちはいまも魚くずを主食としており，観光客による餌やりがそれを補っているものの，個体数は50%以上も減少した．A. Mosser, C. Packer, "Group Territoriality and the Benefits of Sociality in the African Lion, *Panthera leo*," *Anim. Behav.*, **78**, 359（2009）は，ライオンにおいてプライドの規模が大きいほどなわばりの獲得と維持に有利であることを簡潔にまとめている．子殺しに関するすぐれた議論は，"Infanticide and Parental Care," eds. S. Parmigiani, F. S. vom Saal, Routledge（1994）に収録されたピュージーとパッカーによる章 "Infanticide in Lions: Consequences and Counterstrategies" を参照．ただし，詳細は読んでいてつらい部分もある――自然の無慈悲さは，時としてわたしたちの心をかき乱すものだ．共同哺育によって子猫の生存率が上昇することを示す証拠はやや弱いが，D・W・マクドナルドによる雑誌記事 "The Pride of the Farmyard," *BBC Wildlife*, **9**, 782（November 1991）はこの話題を農場のネコのコロニーに関するすばらしい考察とともに取り上げている．"The Domestic Cat: The Biology of Its Behaviour, eds. D. C. Turner, P. Bateson," Cambridge University Press（2014）に収録された，カービーとマクドナルドが1988年に著した章 "Cat Society and the Consequences of Colony Size" によれば，コロニー内でより質のよいなわばりをもつ集団は，子猫を無事に育てあげる確率がより高い．イエネコにおける子殺しのレビューは以下を参照：D. Pontier, E. Natoli, "Infanticide in Rural Male Cats（*Felis catus L.*）as a Reproductive Mating Tactic," *Aggress. Behav.*, **25**, 445（1999）．複数のメスが集まることで子殺しが抑制されることを示すもっとも有力な証拠は，マクドナルドによる *BBC Wildlife* の記事だ．この記事に引用されているワーナー・パッサニージは自身の観察に基づき，メスの集団は単独のメスよりも子猫を子殺しから守ることに長けていると語った（Eメールでの私信，2021年4月8日）．ネコを舐めるシカの写真は以下に掲載されている：P. Bisceglio, "Why Is This Deer Licking This Fox?," *The Atlantic*, October 23, 2017（https://www.theatlantic.com/science/archive/2017/10/why-is-this-deer-licking-this-fox/543621/）．

カメラトラップ法は個体ごとに固有の模様をもつ野生ネコにとりわけ有効だが，

Felids and People," *Anthrozoös*, **22**, 221（2009）.『猫的感覚』の第 4 章のネコの社会化に関する議論はとても参考になる．このテーマの研究は乏しいため，ハンドリングの臨界期が正確にいつ始まり，いつ終わるのかは定かではない．生後 3 週間ですでに始まっている可能性もある．ネコの行動の多様性に関する初の学術調査は以下の論文として刊行された：D. L. Duffy et al., "Development and Evaluation of the Fe-BARQ: A New Survey Instrument for Measuring Behavior in Domestic Cats（*Felis s. catus*），" *Behav. Process.*, **141**, 329（2017）.
（デボラ・ダフィは親切にも元データを提供してくれた）フィンランドでの研究は以下：S. Mikkola et al., "Reliability and Validity of Seven Feline Behavior and Personality Traits," *Animals*, **11**, 1991（2021）．ネコのフェッチに関するたいへん興味深い記事が，便利なサイト Messybeast.com に掲載されている（http://messybeast.com）．わたしは本書の準備段階で頻繁にこのサイトを参照した．

イヌとオオカミの違いはブライアン・ヘアとヴァネッサ・ウッズの以下の著書で論じられている："The Genius of Dogs: How Dogs Are Smarter Than You Think," Plume（2013）〔『あなたの犬は「天才」だ』，古草 秀子 訳，早川書房（2013）〕．ヒトの指差しに従う能力が生まれつきなのか，それともヒトのそばで育った結果なのかは論争の的となってきた．たとえば，クライブ・D・L・ウィンの "Dog Is Love: Why and How Your Dog Loves You," HOughton Mifflin Harcourt（2019）〔『イヌはなぜ愛してくれるのか――「最良の友」の科学』，梅田智世 訳，早川書房（2022）〕と，ヘアとウッズの "Survival of the Friendliest: Understanding Our Origins and Rediscovering Our Common Humanity," Random House（2020）〔『ヒトは〈家畜化〉して進化した――私たちはなぜ寛容で残酷な生き物になったのか』，藤原多伽夫 訳，白揚社（2022）〕を比較してみよう．ネコにおいてヒトとの相互作用のあとにオキシトシンレベルが上昇するかどうかを検証した研究はいくつかあるが，これらは学術文献として刊行されておらず，メディアに掲載されただけだ（たとえば以下：https://www.hillspet.com/pet-care/behavior-appearance/why-humans-love-pets）．

尾のシルエットの研究は以下にまとめられている：J. Bradshaw, C. Cameron-Beaumont, "The Signalling Repertoire of the Domestic Cat and Its Undomesticated Relatives," in "The Domestic Cat: The Biology of Its Behaviour, " eds. D. C. Turner, P. Bateson, Cambridge University Press（2000），p. 67,〔「イエネコとその近縁野生種が使うさまざまなシグナル」以下収録：『ドメスティック・キャット――その行動の生物学』，武部正美・加隈良枝 訳，チクサン出版社（2006）〕．ライオンが尾を上げる動画は以下で見ることができる：https://www.youtube.com/watch?v=jAPd90ePJ_U

第 4 章：数の力は偉大なり

D・W・マクドナルドは編著書 "Biology and Conservation of Wild Felids," eds. D. W. Macdonald, A. J. Loveridge, Oxford University Press（2010），p.125 のすばらしい章 "Felid Society" において，野生ネコの社会構造に関する話題を網羅的に取り上げた．クリスティン・ヴィターレの "The Social Lives of Free-Ranging Cats," *Animals*, **12**, 126（2022）は，飼い

Relationship," Hanover Square Press (2017). ショッツはチャープとチャター〔口をぱくぱくと開閉させながら小刻みに鳴く声〕をひとつのカテゴリーにまとめているが，わたしには両者は別べつの音声に思える．キャメロン＝ボーモントはイギリスの動物園で飼育されている，数かずの知られざるクールな小型野生ネコ（アジアヤマネコ，ジョフロイネコ，カラカル，ジャングルキャット）を研究し，ニャアと鳴く頻度に関するデータを以下に示した：C. L. Cameron-Beaumont, "Visual and Tactile Communication in the Domestic Cat (*Felis silvestris catus*) and Undomesticated Small Felids," PhD dissertation, University of Southampton (1997). ネコ科の 16 種を扱った経験があるレネー・バンパスによれば，ニャア鳴きは小型野生ネコに共通であり，ふつう母親と子猫のあいだ，または求愛の文脈で発せられる（E メールでの私信，2021 年 1 月 15 日）．野生ネコのニャアを聞いてみたい？
サーバル：https://www.youtube.com/watch?v=Le1GEAHnaGo.
カラカル：http://www.youtube.com/watch?v=mZ_CDMyz374.
動物園の飼育担当者への調査結果は以下の論文になっている：Cameron-Beaumont et al., "Evidence Suggesting Preadaptation to Domestication Throughout the Small Felidae," *Biol. J. Linn. Soc.*, **75**, 361 (2002). ニカストロのアフリカヤマネコの発声に関する研究は 2004 年に刊行された："Perceptual and Acoustic Evidence for Species-Level Differences in Meow Vocalizations by Domestic Cats (*Felis catus*) and African Wild Cats (*Felis silvestris lybica*)," *J. Comp. Psychol.*, **118**, 287 (2004). ニカストロの「ミィーオオオオオウ！」はこの論文を紹介した『コーネル・クロニクル』の楽しい新聞記事からの引用：https://news.cornell.edu/stories/2002/05/meow-isnt-language-enough-manage-humans.
カレン・マッコームによる，異なるタイプのゴロゴロ音に関する研究は以下を参照：McComb et al., "The Cry Embedded Within the Purr," *Curr. Biol.*, **19**, R507 (2009). マッコームは実験手続きの詳細について 2021 年 2 月 3 日に E メールで説明してくれた．懇願のゴロゴロの録音データは以下で聞くことができる：https://www.cell.com/current-biology/supplemental/S0960-9822(09)01168-3#supplementaryMaterial.

第 3 章：優しいものが生き残る

ジョン・ブラッドショーの名著 "Cat Sense: How the New Feline Science Can Make You a Better Friend to Your Pet," Basic Books (2013)〔『猫的感覚――動物行動学が教えるネコの心理』，羽田詩津子 訳，早川書房 (2014)〕の第 1 章には，かつてヤマネコの飼育を試みた人びとの逸話が紹介されている．ノーベル賞受賞の動物行動学者コンラート・ローレンツは，自身の経験に基づき "Man Meets Dog, " Methuen & Co., 1954, p.16)〔『人イヌにあう』，小原秀雄 訳，早川書房 (2009)〕で次のように語っている：「アフリカヤマネコを深く知る機会に恵まれた人なら誰でも，この種を家畜動物にするのにそれほど労力はいらないという意見に同意するだろう．ある意味で，この種は家畜になるべくして生まれた」．一方，彼いわくヨーロッパヤマネコは「まったく馴らすことができない」．人馴れしやすい種のリストは以下より：E. Faure, A. C. Kitchener, "An Archaeological and Historical Review of the Relationships Between

出典についての原注

より網羅的な参考文献リストと追加のコメントについては，著者のウェブサイト（www.jonathanlosos.com/books/the-cats-meow-extended-endnotes）を参照のこと．特記がないかぎり，すべてのウェブサイトの URL は 2025 年 1 月 7 日時点で有効．ここに記した参照 URL は本書の書誌ページ（https://www.kagakudojin.co.jp/book/b656568.html）にリンク先としてまとめてある．

第 1 章：モダン・キャットのパラドックス

ネコ科の種ごとの行動の相違点と共通点は以下で論じられている：M. C. Gartner et al., “Personality Structure in the Domestic Cat（*Felis silvestris catus*），Scottish Wildcat（*Felis silvestris grampia*），Clouded Leopard（*Neofelis nebulosa*），Snow Leopard（*Panthera uncia*），and African Lion（*Panthera leo*）: A Comparative Study,” *J. Comp. Psychol.*, **128**, 414（2014）．『ナショナル・ジオグラフィック』のウェブサイトの記事は，学術文献のレビューに基づき，ヒトの遺体を食べたケースはネコよりもイヌのほうがはるかに多いとしている：https://www.nationalgeographic.com/science/article/pets-dogs-cats-eat-dead-owners-forensics-science

以下も参照：M. L. Rossi et al., “Postmortem Injuries by Indoor Pets,” *Am. J. Forensic Med. Pathol.*, **15**, 105（1994）．家畜化の世界的権威のひとりであるスミソニアンの考古学者ミンディ・ジーダーは，このテーマについてのすぐれた概説をいくつも執筆しており，入門にはもってこいだ．たとえば以下：M. A. Zeder, “The Domestication of Animals,” *J. Anthropol. Res.*, **68**, 161（2012）．ペットに占める血統品種と不妊化個体の割合のデータは以下の Humane Society のウェブサイトから引用：https://www.humanesociety.org/resources/pets-numbers（2019 年 1 月 4 日アクセス）

第 2 章：ネコはどうしてニャアと鳴くの？

原典はサラ・ブラウンの以下の博士論文：“The Social Behaviour of Neutered Domestic Cats,” University of Southampton（1993）．ニコラス・ニカストロは博士研究の背景について，2021 年 1 月に E メールでのやりとりを通じて丁寧にわたしに教えてくれた．異なるタイプの「ニャア」についての彼の研究の結果をまとめた論文は以下：N. Nicastro, M. J. Owren, “Classification of Domestic Cat（*Felis catus*）Vocalizations by Naïve and Experienced Human Listeners,” *J. Comp. Psychol.*, **117**, 44（2003）．研究対象のネコと同居している人びとが参加したフォローアップ研究は以下：S. L. H. Ellis et al., “Human Classification of Context-Related Vocalizations Emitted by Familiar and Unfamiliar Domestic Cats: An Exploratory Study,” *Anthrozoös*, **28**, 625（2015）．ショッツの研究は 2017 年の自身の著書に読みやすくまとまっている：“The Secret Language of Cats: How to Understand Your Cat for a Better, Happier

マヌルネコ……86,95,107
マーブルキャット……86
マレーヤマネコ……86
マンクス……197,206,215,276,304
マンチカン……12,211,246,257,291,294
マン島……276
ミイラ……151
三日月地帯……127
三毛……172,183,299
南アジア……416
南アフリカ……30,106,301,353
ミナミアフリカヤマネコ……90,114
南カリフォルニア……270
ミナミジャガーネコ……186
ミニュエット……302
耳折れ……275
ミミズ……91
耳のカール……422
ミル，ジーン……260
ミルモヴィッチ，ヴェレド……59
ミンク……93
無線発信機……377
無毛……207,246,278,422
メインクーン……190,206,221,229,305,416
メイン州……190
メンデル，グレゴール……291
猛毒ヘビ……373
モスクワ……194
模様……177,187
モンゴル……106,115
モンテネグロ……104

や・ら・わ

野外活動……419
野生……396
——動物……418
——ネコ……30,38,52,85,119,264
山火事……367
ヤマネコ……88
ヤモリ……354
有袋類……355,406
ユーラシアオオヤマネコ……66
幼児退行……45
ヨタカ……362
ヨルダン……301
ヨーロッパ……115
——ヤマネコ……39,91,111,161,175,189,195
ヨーロピアン・バーミーズ……43,200,219,220,280,390
ライオン……1,39,50,51,67,84,102,209,360,426
——の社会性……70
ライオンズ，レスリー……286
ラグドール……206,221,280,417
ラット……130
ラーテル……105
ラパーマ……207,216,245,308
ラブラドール・レトリーバー……307,428
リス……69,354,379
リーディング……191
リャマ……93
リュコイ……207
倫理委員会……365
ルイジアナ……245
ルーマニア……408
レーザーポインター……46
レックス・キャット……289
レッサーパンダ……144
連続体……231
ロイド，ケリー・アン……335
ロシア……193
ロシアンブルー……206,285,304
ロゼット柄……260
ロバ……125
ローマ……163
ロンドン自然史博物館……154
ワニ……360

ビスケットづくり……44
ビッグキャット……70,88
ヒツジ……93
ヒト……161
人食いモギー……2
ヒトの健康……295
ヒマラヤン……203,302
ピューマ……39,50,74,88,102,387
ヒョウ……2,39,52,71,85,185,189,260,360
ヒョウガエル……351
品種…5,43,91,173,189,203,219,229,251,285,333,410,425
——改良……7,198,226,238,265,414
——基準……235
ファン・ネール，ウィム……149
フィトアティ……424
フィンランド……418,419
フェッチ……43,222
フェネック……72,123
フォックステリア……266
フォーリン……197
ふさふさしっぽ……173,190
ブタ……4,93,149,407
ブチハイエナ……64
プードル……307
ふみふみ……45
プライド……50,51
ブラックパンサー……184
ブラッドショー，ジョン……312,417
フランス……92
ブリーダー……226,230
ブリティッシュ・ショートヘア…197,231,304,317
ブリーディング……15,243,261
ブルガリア……104
ブルックリン……57,131,246
ブルメシアン……242
フレイヤ……166
フレンドリー……3
プロアイルルス……426
——・レマネンシス……81
ブロッチトタビー……176,300,260
ブロンズ……206
分子時計……88
ヘアレス・キャット……247
米国動物愛護協会……388
ペキニーズ……229
ヘテロ接合……243,276
ヘビ……365,371,379
ペーボ，スヴァンテ……168
ペルシャ……12,14,95,197,206,207,219,229,277,293,413,416,417,422
ベレニケ……150
変異……177
ベンガル……203,221,226,258,280,417,418
——ヤマネコ……38,95,111,141,160,189,258,287
ペンシルベニア……246
ポイント……174
防衛……65
ホエザル……321
保護猫……76,279
捕食行動……350
ポートランド……387
哺乳類学……415
ボブキャット……35,81,86,209
ホモ接合……242,305
ボルティモア……131
ポーランド……160
ホールデンの法則……255
ボルネオヤマネコ……86
ボンベイ……303

ま

マウス……407
マウンテンライオン……50
巻毛……207
マーシャル，グレッグ……337
マクドナルド，デイヴィッド……102
マクニール，アレクサンドラ・ニュートン…376
マクレガー，ヒュー……359
マーゲイ……38,68,88,260,421
マズル……209,252,285
マダガスカル……423
マタタビ……46
マッカレルタビー……91,172,299,424

——エイズ……387
——科……1,37
——学者……431
——カメラ……11,344,382
——プロジェクト……340
——ゲノム……288
——趣味……190,220,225,229
——脱走防止フェンス……430
——追跡研究……332
——の起源……123
——の個体差……354
——の寿命……395
——の狩猟欲……417
——の食べ物……139
——の多様性……187
——のミーム……165
——の未来……14,405
——の眼……360
——白血病……387
——パンチ……219
——ひっかき病……387,404
——ミイラ……152
——目線……342
——もよう……173
——用ウェアラブルカメラ……336
——養殖場……153
——用ビジネス……306
ネズミ……161,365
熱感知カメラ……321
熱帯雨林……67
ネルソン……37,76,172,201,220
ノースカロライナ州ローリー……321
ノネコ……18,40,54,92,104,132,178,323,357,374,380,420
野焼き……369
野良ネコ……18,60,92,118,131,178,190,268,296,335,374,419
ノルウェー……193
ノルウェージャン・フォレストキャット……192,298,304,308
ノルド人……165

は

灰色……172,174,182,299
灰色と白……183
ハイイロネコ……107,111
ハイテクネコカメラ……338
ハイブリッドキャット……264
ハイブリッド個体……121
ハイブリッドネコ……118
ハイランダー……216
ハイランド地方……116
パキスタン……164,299,301
ハゲワシ……64
箱……46
バステト神……137
パズル……397
ハタネズミ……352
ハツカネズミ……129,132
発信機つき首輪……314
抜爪……281
バッタ……371,379
ハッチャーソン，アンソニー……261
パトロール……320
鼻と鼻のタッチ……49
ハバナブラウン……206,285
バーバリーライオン……72
『ハムナプトラ／失われた砂漠の都』……152
バーマン……297
バーミーズ……297
バリニーズ……14,302
バルトネラ症……387
バーレーン……106
ハワイ……423
——モンクアザラシ……337
ハンガリー……104
犯罪捜査……157
繁殖……230
——能力……110,254
伴性遺伝子……253
バンビーノ……247
伴侶動物……39,190.405
ヒエラコンポリス……149
ピクシーボブ……245
非血統ネコ……8,206,278,289,331,418
非社会性……53

タフーラ・レパードドッグ……360
タムラ・ミャウ……174
多様性……98
探検……47
短足……422
炭素同位体……139
探知犬……360
短尾……215
短毛……173,206
チェコ……95,98
地中海……163
窒素同位体……161
チーター……39,53,71,84,88,102,209,212,382,426
チベット高原……107
チャウシー……264
チャウチャウ……308
中国……106,138,299
中東〔リビア〕ヤマネコ……107
チュニジア……301
長毛……172,174
地理的伝播……157
チワワ……213,416
鎮火……370
ツァボの人食いライオン……321
追跡アプリ……319
爪とぎ……222
ディスプレイ……56
ディンゴ……362,421
適応放散……11,421,426
デザイナー犬種……242
デッラ・ヴァッレ，ピエトロ……303
テネシー・レックス……245
デボン……290
——・レックス……203,207,244,291
デンマーク……167
ドイツ……95
トゥアレグ族……148
トゥイスティーキャット……274
同位体……160
淘汰……231
淘汰上中立……180
南西アジア……97
動物考古学……133,149
動物行動学……23,38,364
——者……128,394
動物の倫理的扱いを求める人びとの会……388
動物福祉……364,413
トカゲ……10,346,351,367,371,379
トキソカラ症……404
トキソプラズマ症……401
『ドッグ・ショウ!』……202
トーティチュード……182
ドバト……162
トラ……1,52,74,85,209,270,426
鳥……350,352,362,387,399,430
——の巣……371
ドリスコル，カルロス……101,287
トルコ……107,127,135,158,298
トロント……245
トンキニーズ……204,221,304
ドンスコイ……216,245
トンボ……379

な

ナクラオット……59,178
ナショナル・ジオグラフィック…12,229,235,296
——協会……335,358
ナミビア……106
なわばり……65
におい嗅ぎ……49
ニカストロ，ニコラス……25,183
肉球……36
ニューイングランド……246
ニュージーランド……132,329,353,388,423
ニューヨーク州オールバニー……315
尿スプレー……222
妊孕性……256
ネアンデルタール人……143,147
ネイチャー・カナダ……388
ネオテニー……50
ネコ
——アレルギー……410
——遺伝学者……306

ジョージア州アセンズ……347
ジョージア州ジキル島……374
ショージー……216
ジョフロイネコ……38,88,264,328,426
シリア……127,135,163
シルクロード……164
シルバー……206
シールポイント……175
白……174,299
白黒……183
人為淘汰……8,133,181,187,195,206,225,233,272,389,413,415
進化……29,37,56,81,102,129,168,180,189,203,225,231,253,299,329,373,389,406
——学……11,415
——生態学……309
——生物学者……10
——的適応……73
シンガプーラ……8,204,297,416
進行性関節炎……276
ジンジャー……299
——カラー……182
シンプソン，フランシス……235
「錐歯」ネコ……82
スカンク……105
スクイトゥン……274
スコットランド……92,275,423
——ヤマネコ……103,112,116,423
スコティッシュ・ディアハウンド……267
スコティッシュ・フォールド……210,245,275,304
スターリングラード……246
スーダン……129
ストライプタビー……349
スナドリネコ……86,421
スナネコ……88,95,421
スナネズミ……72
スノーシュー……216
スフィンクス……204,221,246,298,410
スプリンガースパニエル……360
スミロドン・ファタリス……408
スミロドン・ポプラトル……98
スモーク……206
スモールキャット……88
スリランカ……301
スレンダー……196
スロベニア……104
寸胴のがっしり体型……196
性染色体……253
生息密度の最高記録……61
生物多様性……11
世界征服……138,157,168
脊髄の形成不全……276
脊椎の癒合……276
セミ……379
セルカーク・レックス……197,207,245,293
セルビア……104
セレンゲティ……63,216,268
セレンディピティ……338
全ゲノム配列……408
先祖返り……383
選択交配……5,231,232,268
セント・バードゥードル……241
創始者効果……215
ソコケ・フォレストキャット……297
外飼い……279,323,392,395
ソマリ……204,302

た

タイ……238
第1世代ハイブリッド……256
対立遺伝子……96
ダーウィン，チャールズ……6,91
タキシード……299
ターキッシュ・アンゴラ……204,219,243,303
ターキッシュ・ヴァン……214,216,303
多指症……181
タスマニア……359
——デビル……421
立ち耳……242
ダックスフント……212,308
脱走……48
多発性嚢胞腎……293
タビー……173
——ストライプ……206

コーカサス地方……423
小型ネコ……87
小型野生ネコ……30,52,86,141,421
コーギー……212
ゴキブリ……365
国際ネコ協会……203,247
黒死病……185
国立がん研究所……101
コケ・フォレストキャット……197
古代 DNA……148
古代エジプト……18,39,95,132,151,171,198,253
個体群サイズ……67
黒化型……184
コドコド……86,426
コーニッシュ・レックス……207,214,219,244,290
個別化医療……295
コミュニケーション……21,25,49,54,215
コヨーテ……68,322,387,421
コラット……219,302
ゴロゴロ……33,48,223
コロニー……22,55,123,374
――ネコ……18,374,419
コーンウォール……244,289
コンゴ盆地の熱帯雨林……97
昆虫……353

さ

サイアミーズ……10,14,22,43,95,172,174,202,229,233,280,285,413,422
サイトハウンド……267
サイベリアン……204,298,308,410
サウジアラビア……72,107
サウスマン, カレン……265,414
サグデン, ジュディ……270,414
サハラ砂漠……97
サーバル……30,39,69,74,86,251,405,416
サバンナ……203,216,226,254,405,416
さび……172,175,183,299
サビイロネコ……74,86,90,416
サファリ……264
サーベルイエネコ……406
サーベルタイガー……406
サル……407
サンクトペテルブルク……194
サンゴ礁……91
ジェーン……76
シカ……68
シカゴ……132
シカネズミ……68
自然環境……366,380
自然淘汰……7,64,91,97,119,129,178,181,189,195,206,215,253,274,300,415,419
しっぽ……50,56,116,171,173,214,216,217,231
柴犬……308
シベリアトラ……85
シベリアンハスキー……308
シマウマ……70
シマリス……341,352,387,395
ジャイアントパンダ……144
ジャヴァニーズ……302
ジャガー……68,74,185,186,260
ジャガーネコ……86,111,186
社会行動……24,87,321
社会性……51,53
ジャガランディ……68,86,185
ジャパニーズ・ボブテイル 206,215,219,249,298
ジャーマン・レックス……291
シャムネコ……22
シャムリー・グリーン……311,382
シャルトリュー……206,304
ジャングルキャット……39,88,95
集団生活……65
収斂進化……56,87,144,406
種間交雑……103,115,117,175,253
出産……56
ジュラシック・パーク……147
狩猟衝動……397
準家畜……4,41,78,403
準社会性……53
障害物競走……201
ショウジョウバエ……233,274
食料源……75
食料入手……62

家畜化……4,40,75,97,121,126,133,157,350
——の初期段階……140
——プロセス……18,389,403
家畜動物……241
カナダヤマアラシ……356
カメラトラップ……68
カモノハシ……156
カラカル……86,88,264
ガラパゴス諸島……328
カラハリ砂漠……72
狩り……51,137,171,252,419
——の影響……402
カリバンカー……244
カール耳……242
感覚バイアス仮説……32
環境エンリッチメント……394
カンザス州レネックサ……190
完全室内飼い……393
黄色……182
寄生虫……401
北アフリカ……72
キタアフリカヤマネコ……113,128,164,171,196,383,403,420
キツネ……107,129,135
キプロス……125,135,140,158,301
キャッツ・セーフ・アット・ホーム……387
キャッツ・プロテクショ……388
キャット・ウィスパラー……14,394
キャットカメラ……313
キャットショー……11,90,190,201,217,229,296
キャットトラッカー……47,318,382,392,427,430
キャット・ファンシアーズ・アソシエーション……191,204
キャットフード……411
キャティオ……388
ギリシャ……164
近縁種……108
キンカジュー……321,360
クーガー……50
グッピー……32
クモ……379
クラシックタビー……176
グランド・ティトン国立公園……74
グリズリー……426
クリッターカム……358
クリーブランド……203
クリリアン・ボブテール……216
グリーンアノール……352
クルーガー国立公園……2
グレイハウンド……212
グレー……179
黒……172,174,299
クロアシネコ……86,88
クロアチア……104
黒いノネコ……423
クロコンドル……380
黒猫……173,185,239,285
クロヒョウ……184
形質……6
ケイズ, ローランド……321
形成異常……216,276
系統……6
——樹……87,108,144,253,432
毛色……177,187
ゲーム……397
齧歯類……350,371
結腸の異常……276
血統……7
——ネコ…7,90,206,228,229,239,279,303,331,390,419
ケナガマンモス……147,189
ケニア……301
毛の長さ……177
ゲノム……5
——解析……168
——シークエンシング……11
ケープタウン……354
下僕……16,143,322
ケラス・キャット……423
剣歯ネコ……82,426
考古学……13
行動観察……13,61
行動特性……225
交尾……53
コウモリ……379
コオロギ……379

イスラエル……106,107,127
遺伝学……13
遺伝子……96,265
——検査……294
——企業……309
——工学……407,409
——プール……112,122,124,143,178,231,282,300,432
——編集……411,425
——マーカー……308
遺伝性疾患……286
遺伝的浮動……181
遺伝的変異……4,96,232,295
イヌ……93,120,125,152,161,322,354,407
イノシシ……4
イボイノシシ……105
イラン……127
イリノイ州……328
イワバネズミ……372
イングランド……22,27,130,229,234,246
イングリッシュ・ポインター……428
イングリッシュ・マスチフ……416
インターナショナル・キャットショー……204
インド……164
ヴァージニア州……245
ヴァイキング……151,165
ヴァン……175
ウィアー，ハリソン……193,225
ウィチェンマート……227
ウィルソン，アラン……312,382
ウィルソン，ロビー……213
ウィンストン……76
ウーリーオポッサム……360
ウェーブ……207
ウエスタンブラウンスネーク……372
ウサギ……379,399
ウシ……407
ウズラ……367,371
ウッドチャック……68,428
ウマ……93,365
ウンピョウ……88,111,408
エキゾチック……317
エジプシャン・マウ……14,198,206,304
エジプト……134,136,158,163,298,301
獲物の豊富さ……72
エリス，サラ……312
襟巻き……396
エルナンデス，ソニア……335,374
遠隔動画撮影……335
尾……48
大型ネコ……39,70,87
オオカミ……41,120,126
オオトカゲ……105,421
オオヤマネコ……17
オカメインコ……335
オキシトシン……47
オシキャット……219
オーストラリア……156,186,301,329,359,402,420,429
——サンゴヘビ……373
オーストラリアン・ミスト……216
オセロット……5,35,38,45,67,68,69,73,90,209,261,328,426
オックスフォード……104
オットーニ，クラウディオ……148,408
尾なし……173
オブライエン，スティーヴン……101,287
オポッサム……68,129,162,342,348,381,407
——・ファンクラブ……355
おもちゃ……42
オリエンタル……197,221,304
オールバニー……351
オレンジ……174,183,272
音響スペクトル分析……13

か

蛾……361
飼い主へのプレゼント……351
カエル……32,371,379
カオマニー……199,204
かぎしっぽ……215
火災……369
カザフスタン……106,115
化石記録……81
仮説……369
ガゼル……212

索　引

アルファベット

BBC……311
CAT……277
CFA……204
CRISPR……407
DNA……87,119,147,175,253,286,408
——解析……105
——サンプル……103,148,179
GoPro……367
GPS……316,367
——追跡……11
——つき首輪……312
HSUS……388
NCI……101
PETA……388
PKD……293
——遺伝子……295
TICA……203,247
TNR プログラム……374
X 線分析……153

あ

相島……61,79
アウトバック……15,328,373
アエティウス……173
アオカケス……68
アカネズミ……399
アグーチ……187
アザラシ……355
アジア……39
——ヤマネコ……98,107,112,150
アジリティ……201
アゼルバイジャン……106
遊び……43
頭や体のこすりつけ……49
アノールトカゲ……352
アバーナシー，カイラー……337
アビシニアン・14,84,172,203,219,221,226,280,417
アヒル……125
アフリカ……39,360
——ゴールデンキャット……86
——タテガミヤマアラシ……354
——ヤマネコ……3,30,35,39,45,142,175,180,195
アムールトラ……85,116,189,416
アメリカ……329,388,402
——アカシカ……74
アメリカン
——・カール……210,240
——・ショートヘア……260,303
——・バード・コンサバンシー……388
——・バーミーズ……199
——・ボブテイル……245
——・ワイヤーヘア……207,216,245
アライグマ……69,129,144,380,381,428
アラブ首長国連邦……106
アレル……96,157,159,176,216,231,271,276,290,411
アレルゲンフリー……411
アンテロープ……361
イエスズメ……129
イエネコ……1,9,21,37,405
——の家畜化……98
——の起源……103,113,149,159
——の全ゲノム配列決定……96
イェリコ……135
イギリス……112,276,329,388,399
育種家……6
異系交配……263,282,297

著者紹介

ジョナサン・B・ロソス（Jonathan B. Losos）

進化生物学者。ハーバード大学教授、ハーバード大学比較動物学博物館両生爬虫類学部門主任を経て、現在セントルイス・ワシントン大学教授。同大とセントルイス動物園、ミズーリ植物園が共同運営する生物多様性研究拠点「リビング・アース・コラボラティブ」の代表も務める。『ネイチャー』『サイエンス』などトップジャーナルに多数論文を掲載。著書に『Improbable Destinies: Fate, Chance, and the Future of Evolution（邦訳：生命の歴史は繰り返すのか？――進化の偶然と必然のナゾに実験で挑む、化学同人）』『Lizards in an Evolutionary Tree: Ecological and Adaptive Radiation of Anoles』、編著に編集主幹を務めた『The Princeton Guide to Evoluion』がある。

訳者紹介

的場　知之（まとば　ともゆき）

翻訳家。1985年大阪府生まれ。東京大学教養学部卒業。同大学院総合文化研究科修士課程修了、同博士課程中退。訳書に『生命の歴史は繰り返すのか？』『Life Changing――ヒトが生命進化を加速する』『カタニア先生は、キモい生きものに夢中！』（化学同人）、『哺乳類前史』『空飛ぶ悪魔に魅せられて』（青土社）、『親切の人類史』『「絶滅の時代」に抗って』（みすず書房）、『人類が滅ぼした動物の図鑑』（丸善出版）、『もしニーチェがイッカクだったなら？』（柏書房）ほか。

ネコはどうしてニャアと鳴くの？
すべてのネコ好きに贈る魅惑のモフモフ生物学

2025年2月22日　第1刷　発行

訳　者　的場知之
発行者　曽根良介
編集担当　栫井文子
発行所　（株）化学同人

検印廃止

〒600-8074 京都市下京区仏光寺通柳馬場西入ル
編集部　TEL 075-352-3711　FAX 075-352-0371
営業部　TEL 075-352-3373　FAX 075-351-8301
振　替　01010-7-5702
e-mail　webmaster@kagakudojin.co.jp
URL　https://www.kagakudojin.co.jp
印刷・製本　創栄図書印刷
カバーデザイン　おうめ
DTP　YOROKOBO

ISBN 978-4-7598-2400-1